L'USINE À LA CAMPAGNE

Sociologies et environnement

Collection dirigée par Salvador JUAN

Le « progrès » est aussi progrès d'une menace de plus en plus exportée vers les pays les plus dépendants. Trop peu de travaux sociologiques émergent pour rendre intelligibles les tendances profondes d'une société à la fois plus inhumaine, plus dangereuse pour les équilibres du milieu et plus riche. La collection *Sociologies et environnement* est née de ce constat. Certes, selon le mot du poète Hölderlin, *avec la menace croît ce qui sauve*, mais seule une conscience informée des risques et de ce qui provoque la dégradation tant de la qualité que des conditions de vie est susceptible de se concrétiser en réformes humainement supportables et socialement admissibles...

Dans une perspective socio-anthropologique et critique tant des questions d'environnement global que d'écologie urbaine, en articulant les interprétations théoriques et les résultats empiriques, la collection *Sociologies et environnement* entend participer à l'émergence de cette conscience sociale. Elle présente aussi les alternatives portées par les mouvements sociaux et les pratiques de résistance contestant le produc-tivisme ou la domination des appareils technocratiques.

Ouvrages parus

Denis DUCLOS (dir), *Pourquoi tardons-nous tant à devenir écologistes ?*, 2006

Salvador JUAN, *Critique de la déraison évolutionniste*, 2006

Céline VIVENT, *Chasse Pêche Nature Traditions, entre écologisme et poujadisme ? Socio-anthropologie d'un mouvement des campagnes*, 2005.

Gérard BOUDESSEUL, *Ecologisme et travail*, 2005.

Stéphane CORBIN, *La vie associative à Saint-Lô,* 2003.

Frédérick LEMARCHAND, *La vie contaminée,* 2002.

Michèle DOBRE, *L'écologie au quotidien,* 2002.

S. JUAN et D. LE GALL (dir.),*Conditions et genres de vie*, 2002.

Salvador JUAN, *La société inhumaine,* 2001.

Maxime Prével

L'USINE À LA CAMPAGNE

Une ethnographie du productivisme agricole

Préface de Salvador Juan

L'Harmattan

5-7, rue de l'École-Polytechnique ; 75005 Paris

http://www.librairieharmattan.com
diffusion.harmattan@wanadoo.fr
harmattan1@wanadoo.fr

ISBN : 978-2-296-02329-1
EAN : 9782296023291

Remerciements

Cet ouvrage est issu d'une thèse de sociologie réalisée sous la direction de Salvador Juan à l'Université de Caen Basse-Normandie avec le soutien financier du Groupe Régional d'Etudes sur le Cancer. Je voudrais remercier en premier lieu Pierre Lebailly et Michel Henry-Amar pour m'avoir accueilli dans leur laboratoire et pour l'intérêt qu'ils ont toujours manifesté pour ma recherche. Je suis également redevable à Jacques Rémy qui a examiné attentivement l'intégralité du manuscrit afin de me faire bénéficier de son expérience de chercheur et de sa connaissance du milieu agricole. Sylvie Bigot, Cyril Coinaud, Estelle Deléage, Gillonne Desquesnes et Patrick Volant ont également participé au travail de relecture. Je reste bien entendu seul responsable des analyses développées dans ces pages. Je ne saurais oublier les agriculteurs et toutes les personnes qui m'ont donné leur temps sans compter alors qu'il aurait pu être utilisé à des tâches plus productives. Je souhaite enfin exprimer ma gratitude à Salvador qui, conformément à son prénom, a sauvé cette entreprise du naufrage qui la menaçait.

A Aïcha

PREFACE

A l'image de sa thèse, que Maxime Prével transforme aujourd'hui en livre, le texte qui suit risque fort de heurter le sens commun et les certitudes établies tant dans la population qu'auprès de la majorité des sociologues. Même si la conscience du risque alimentaire ne cesse de croître avec les diverses épizooties récentes et les autres accidents sanitaires liés aux aliments ; même si l'agriculture dite « biologique » a de plus en plus de succès, à la fois comme critique sociale et en tant que symptôme d'une anxiété ; même si chacun a déploré l'absence de goût d'une tomate hollandaise, de la viande ou des fruits (y compris de saison) ; même si, en résumé, la confiance dans les fruits agricoles de la croissance (souvent un peu empoisonnés) ou dans la qualité de ce « grain à moudre » (de plus en plus souvent toxique) décline fortement, ce qu'apporte cet ouvrage n'est pas facile à admettre. La conscience sociale, tout comme beaucoup de sociologues, n'est pas encore prête à regarder froidement le productivisme agricole sous tous ses angles.

Qu'apporte ce livre à la connaissance sociologique ? Certainement pas que l'intensification (favorisée par la logique capitaliste dans un premier temps puis généralisée sur toute la planète) altère la fertilité, épuise à la fois la terre et le travailleur ; Marx et Engels le disaient déjà tout en valorisant assez aveuglément les « forces productives ». Que les intrants, tels que les engrais de synthèse, soient de plus en plus utilisés en agriculture, voire que « la terre est bourrée d'engrais artificiels » comme Max Weber l'écrivait voici plus d'un siècle dans ses textes de jeunesse, n'est pas la principale originalité de cet ouvrage. Le livre ne révèle pas non plus que ces intrants, engrais de synthèse et pesticides, tout en augmentant les rendements (en les doublant *grosso modo*) affectent très dangereusement les équilibres écologiques et la biodiversité – ce que les agriculteurs eux-mêmes subissent, par exemple avec le déclin de la pollinisation ou la prolifération d'insectes par disparition de leurs prédateurs naturels (ce qui conduit, par un cercle vicieux sans fin, à augmenter les doses d'engrais ou de pesticides) – ; tout cela, on le sait depuis longtemps, au moins depuis que le mouvement écologiste a lancé l'alerte à ce sujet et que les études se sont multipliées. L'ouvrage ne nous apprend pas plus que les intrants sont constitués d'éléments toxiques incorporés par les êtres humains et générateurs de sociopathologies plus ou moins manifestes chez les agriculteurs et les consommateurs ; cela, on le sait parfaitement depuis les empoisonnement catastrophiques de Minamata dès 1953 (usine d'engrais chimiques), depuis les dégâts du DDT et depuis les doutes sur la stérilité croissante des populations ou sur certains cancers associés au mode d'alimentation (connus depuis une vingtaine d'années). Enfin, que l'agriculture soit devenue une industrie (du moins dans les pays dits développés) est une certitude depuis les travaux de Mendras, d'ailleurs évoqués sur ce point dans l'ouvrage, et qu'elle s'inscrive dans un modèle économique productiviste n'est contesté par personne, la croissance économique étant censée donner à tous le fameux « grain à moudre » pour utiliser la formule de Bergeron.

Mais quels sont l'intérêt et l'originalité scientifique de ce long travail ? On peut répondre à cette question en une phrase : c'est l'explication fine et approfondie des causes et motifs qui perpétuent un mode de production agricole dont on connaît parfaitement les conséquences négatives (qui viennent d'être rappelées). Point de folie ou d'irrationalité dans ce paradoxe ; seulement des mécanismes sociaux, des logiques non moins sociales et des politiques : des actions collectives, des lobbies et des stratégies fort clairement orientés. Plus précisément, Maxime Prével nous apprend :

1. Comment agissent les acteurs et les raisonnements légitimant l'industrialisation toujours plus nette de l'agriculture et sa technocratisation externe, en particulier les lobbies du pesticide (ou des grands opérateurs commerciaux), mais aussi les autorités publiques, apparemment en charge non pas du bien commun mais de la promotion des intérêts économiques des entreprises et appareils parties prenantes dans l'agriculture ;

2. De quelle manière opèrent les mécanismes d'influence nécessaires au développement des appareils technocratiques concernés et les vecteurs de cette influence : les coopératives, les lycées agricoles, les médias, les jeux symboliques ou les manipulations par les publicités ;

3. Enfin – dernier mais non le moindre, sans doute le principal apport de l'ouvrage –, comment vivent les agriculteurs productivistes. A la différence des paysans (aussi bien ceux d'antan que ceux qui choisissent de le rester à l'instar de la Confédération paysanne), qui certes ne sont pas dénués de vulnérabilité et ne sont pas totalement libres mais conservent un minimum d'autonomie décisionnelle, le genre de vie des agriculteurs productivistes est décrit par un certain nombre d'attributs fort clairement analysés. Malgré un chiffre d'affaires de l'exploitation souvent très important, la vie de ces agriculteurs se caractérise globalement par une grande précarité liée au surendettement, par une anxiété et un stress à la mesure des enjeux, par un asservissement lié au respect de protocoles de plus en plus précis donc contraignants, par une dépendance croissante à l'égard des entreprises fournisseuses, mais aussi par une solitude existentielle assez manifeste et par un affaiblissement symbolique de leur rapport au monde. Tout ce qui est nommé dans ce livre la « vulnérabilité symbolique » et quelquefois la « survie ».

Maxime Prével a une vraie thèse qu'il défend avec audace : la valorisation (on pourrait ajouter la sacralisation religieuse) de ce que Lafargue nommait le « dieu progrès » structurerait l'esprit d'un productivisme dont les effets sont de minorer les conséquences sanitaires et environnementales du mode de production qu'il voudrait légitimer. La grande majorité des travaux de sociologie (rurale ou non), très descriptifs ou spécialisés, sont souvent inadaptés, voire trompeurs, car ils cèdent à une normativité qu'ils sont censés analyser, et se trouvent pénétrés par une idéologie productiviste et évolutionniste qui aveugle bien souvent les auteurs au point de les empêcher de voir ce que cherche précisément à montrer le texte.

Par quels chemins méthodologiques Maxime Prével est-il passé pour asseoir son raisonnement et administrer les preuves étayant ses énoncés ? Il réussit à dépasser, grâce aux mises en œuvre de terrain, les limites respectives de l'idéalisme et du matérialisme par une approche « socio-anthropologique » consistant à articuler les éléments explicatifs et compréhensifs qui sont habituellement disjoints. En effet, plusieurs techniques de recherche utilisées relèvent de l'explication sociologique la plus classique : le suivi d'un technicien agricole, l'observation opaque de la pantomime de l'Assemblée nationale, l'observation du lycée agricole et, enfin, l'authentique analyse secondaire partielle de la très riche base de données du GRECAN sur les exploitations agricoles, avec une construction d'indicateurs de spécialisation et de consommation d'intrants (croisés pour constater la très nette corrélation entre les deux phénomènes) et une interprétation rigoureuse des résultats du tableau manifestant une grande connaissance du milieu agricole.

La logique démonstrative ne s'arrête pas là puisqu'à l'explication, l'auteur ajoute la compréhension ; on peut même dire qu'elle a sa préférence. L'échantillon des publicités adressées aux agriculteurs relève d'une approche documentaire du type archive historique (à l'objectivité iconographique et textuelle) mais fait l'objet d'une analyse de contenu approfondie tendue vers la compréhension des symboles manipulés. Le matériau est riche et Maxime Prével en tire toute la substance pour mieux appréhender le monde imaginaire dans lequel vivent les agriculteurs, monde auquel s'adaptent les publicitaires mais qu'ils contribuent également à créer par la manipulation des mythes. D'un autre côté, les entretiens réalisés sont exploités avec soin et Maxime Prével ne cherche pas une illusoire représentativité d'échantillon à cet égard. Il vise des représentants à l'image des « informateurs privilégiés » des anthropologues. Cette démarche est typique de la socio-anthropologie telle qu'elle se donne à voir dans les travaux de Coenen-Huther, Delcroix ou Lahire qui n'hésitent pas à approfondir au point d'interviewer plusieurs fois la même personne. Ce choix du témoignage, à condition d'être réellement approfondi, est préférable à la pluralité d'entretiens souvent examinés partiellement, survolés. Ici, est appliqué le principe selon lequel la totalité sociale est dans la partie personnelle qui en condense les éléments institutionnels. La valeur de généralisation des résultats obtenus est dans la contextualisation que les autres techniques utilisées permettent.

Au total, cette recherche, ce qui est rare, s'appuie sur des méthodes d'investigation relevant des quatre quadrants de la méthode en sciences sociohumaines, ce qui lui donne une valeur de réalisme peu commune. Elle montre vraiment que Maxime Prével est un chercheur accompli. Mais on ne peut s'empêcher de relever que c'est en matière de récit d'observation que l'auteur manifeste le plus sa verve.

Le chapitre le plus long est celui consacré à l'analyse d'un « colloque » ayant eu lieu dans les locaux de l'Assemblée nationale. A juste titre, car il s'agit d'un travail de terrain du plus grand intérêt sociologique. De la même manière que les Espagnols du seizième siècle, ayant besoin de main d'œuvre dans les colonies d'Amérique, se sont livrés à la pantomime de la Controverse de Valladolid relative à l'âme des Indiens, l'industrie des pesticides met en scène tout un simulacre de démocratie dont le seul but, sous couvert de débat public, est de légitimer son activité. La plupart des orateurs, Maxime Prével le montre avec précision, manifestent dans leurs propos la volonté d'opposer la rationalité scientifique aux peurs jugées infondées et les protocoles de mesure aux impressions floues ou au sens commun. Or, il est patent que le lobby des pesticides ne détient pas le monopole du discours légitime ni de la rigueur des raisonnements, en particulier s'agissant de sondages d'opinion manipulateurs (car contenant des questions polysémiques) ou d'évaluation des conséquences socio-environnementales de l'usage massif des pesticides. A cet égard, comme tous les grands appareils technocratiques, le lobby des producteurs de pesticides tend à présenter une image de l'opinion tout aussi irréelle que conforme à ses intérêts.

Le lecteur attentif ne manquera pas de sentir la critique sociale sous la plume de Maxime Prével ; une critique douce, sublimée en hypothèses et en suppositions à l'apparente candeur mais que l'on peut aussi ranger du côté du doute cartésien. Sans doute l'ironie de certains passages doit-elle être considérée comme un mécanisme de défense face à la mauvaise foi institutionnelle et aux logiques de soumission aux puissances de l'argent au détriment de la Santé publique ; à leur capacité, aussi, à présenter comme scientifiques diverses manipulations des faits.

En refermant ce livre lumineux, qui perce profondément les arcanes du productivisme agricole et où Maxime Prével analyse, par le menu, les formes de la domination technocratique, on s'enrichit d'une nouvelle perspective sur l'ensemble des facteurs de déshumanisation. En décrivant les détours et les stratégies de légitimation des appareils dont l'activité est mise en cause pour des raisons de dégradation de l'environnement et de la santé publique, le livre favorise la prise de conscience des dégâts d'une croissance débridée et contribue à renforcer la réflexivité de toute démocratie digne de ce nom.

Un tout dernier mot. Le sociologue durkheimien Célestin Bouglé, à la fin d'un texte sur « Les producteurs et les coopérateurs » (édité en 1931), écrivait : « À la racine de l'optimisme productiviste, il y a cette conviction que, dans les pays et les temps où l'activité industrielle est exubérante, on se chicane moins pour le partage des bénéfices : à râtelier garni, chevaux tranquilles. » Aujourd'hui, le râtelier est de plus en plus garni mais les « chevaux » sont de moins en moins tranquilles et bien souvent malades : le productivisme est contesté et l'on « se chicane » de plus en plus sur le partage des bénéfices, tout comme sur les effets écologiques et sanitaires des facteurs de la production outrancière. Le contrat social tacite du productivisme – toujours plus de production pour mieux répartir la richesse et améliorer les conditions de vie – est désormais rompu. Ce livre contribue indirectement à tracer les linéaments d'un autre contrat socioéconomique en matière agricole, plus respectueux des équilibres naturels et de la qualité de la vie, tant au plan de l'alimentation des consommateurs qu'au niveau des conditions de travail des agriculteurs.

Salvador Juan

***

« Les petits paysans propriétaires de Picardie cultivent des plantes industrielles. (...) Leur indépendance est donc toute formelle. Ils représentent plutôt comme une section des grandes usines où ils envoient tous leurs produits, au sort et à la durée desquels leur propre existence est liée. La seule différence entre eux et ces cardeurs et fileurs de la campagne qui travaillaient, pour le compte des tisserands, la laine tondue sur leurs propres moutons, c'est qu'ils ne poussent pas aussi loin le procédé de préparation du produit. Mais ici comme là, bien que dispersés, ils font partie du même ensemble économique que les ouvriers industriels rassemblés dans l'usine où iront leurs produits, et leur terre, comme le travail de ceux-ci, deviendrait une non-valeur, du jour où les machines s'arrêteraient ».

Maurice Halbwachs, *La Classe ouvrière et les niveaux de vie*

INTRODUCTION

> « Au cours de sa domination de classe à peine séculaire, la bourgeoisie a créé des forces productives plus massives et plus colossales que ne l'avaient fait dans le passé toutes les générations dans leur ensemble. Asservissement des forces de la nature, machinisme, application de la chimie à l'industrie et à l'agriculture, navigation à vapeur, chemins de fer, télégraphe électrique, défrichement de continents entiers, canalisation de rivières, populations entières surgies du sol, quel siècle antérieur aurait soupçonné que de pareilles forces de production sommeillaient au sein du travail social ? »
>
> Marx et Engels, *Manifeste du parti communiste*

Comme une machine continuellement sous tension, l'usine fermière tourne à la vitesse maximale sans jamais s'arrêter devant les conséquences de son activité incessante. Produire toujours plus et à tout prix, telle pourrait être la devise de l'agriculture industrielle. Le productivisme agricole peut en effet être défini par « *la valorisation de la croissance de la production des marchandises pour elle-même* » (Juan, 2006, 10), c'est-à-dire quelles que soient les « *conséquences institutionnelles ou naturelles* » (Juan, 2006, 10) qui peuvent en résulter[1]. Par conséquent, la quête de la productivité n'implique pas nécessairement le productivisme mais ce dernier comprend toujours la volonté d'obtenir le rendement maximum. La recherche de l'abondance alimentaire est ancienne, mais l'utilisation massive d'énergie fossile, d'engrais et de pesticides est un événement récent qui est le produit d'une longue histoire dont on peut rappeler quelques étapes à grands traits.

Au XVIIe siècle, La Hollande et les Flandres connaissent la « première révolution agricole » qui provoque une hausse des rendements. La jachère est abandonnée ; le cheptel se développe du fait de l'introduction des plantes fourragères dans l'assolement ; les animaux élevés en plus grand nombre fournissent du fumier qui est utilisé pour enrichir les sols. Au début du siècle suivant, les *gentlemen-farmers* britanniques s'intéressent aux techniques hollandaises. Obtenant en 1727 le droit d'enclore les terrains communaux (Polanyi, 1944, 60-70), ils intensifient leurs efforts de sélection des semences et des animaux d'élevage dans le but d'augmenter leur production agricole. Entre 1700 et 1800, le poids

---

[1] Les mots productiviste et productivisme sont utilisés depuis 1902 et 1932 (Juan, 2006, 10).

moyen du bœuf anglais et les rendements des céréales sont multipliés par deux[2]. En 1811, pour la première fois en Normandie, une batteuse à traction animale est utilisée dans le pays de Caux. En 1834, l'industriel américain Mac Cormick met au point la première moissonneuse-batteuse. Dans les années 1840, Von Liebig crée les premiers engrais chimiques en Allemagne. A partir de 1854, les terres européennes sont amendées avec du guano sud-américain. Dans la seconde moitié du XIXe siècle, la marine à vapeur et le chemin de fer permettent la spécialisation des régions selon leurs caractéristiques climatiques et agronomiques. Dès la fin de la première guerre mondiale, le ministère de l'Agriculture et du ravitaillement cherche à intensifier la production agricole. La France, qui possède encore son empire, impulse une politique de développement des engrais basée sur l'exploitation systématique des ressources métropolitaines et coloniales. L'Office chérifien des phosphates est créé en 1920. L'Office National Industriel de l'Azote (ONIA) est fondé en 1924 ainsi que les sites de Toulouse et Basse-Indre. Cette deuxième usine produisait 12 000 tonnes de superphosphates en 1926. En 2000, elle a produit presque trente fois plus[3]. Commencée en 1910, la production des potasses d'Alsace atteint 3 500 000 tonnes en 1939 et 13 400 000 tonnes en 1974. La période des trente glorieuses se caractérise par une nouvelle hausse des rendements qui sont multipliés par deux. On passe de cinquante à cent quintaux de blé par hectare pour les terres les plus riches. C'est la « seconde révolution agricole ».

Actuellement, la consommation d'engrais de synthèse s'élève à 4 000 000 tonnes par an selon le ministère de l'Industrie[4]. La France est le deuxième pays consommateur de pesticides derrière les Etats-Unis avec environ 100 000 tonnes de produits vendues chaque année. Le recours massif aux « intrants » – ainsi nommés parce qu'ils entrent dans les processus de production et donc dans les fermes alors qu'ils sont produits à l'extérieur – permet d'obtenir des rendements élevés. Matériel, carburant, semences, engrais, substances destinées à amender les sols, aliments du bétail et enfin pesticides sont les principales fournitures achetées par les agriculteurs. Parmi les différents éléments de cette liste non exhaustive des intrants, nous avons décidé de porter plus particulièrement notre attention sur les pesticides. Conçus pour améliorer les rendements en éliminant les animaux et les végétaux qui s'attaquent aux plantes cultivées, les herbicides, les fongicides et les insecticides sont au cœur des débats passionnés, des controverses et des crises que traverse l'agriculture productiviste. Les mutations de l'agriculture occidentale, sous l'impulsion du marché, de la technique et de la science, suscitent de nombreuses interrogations dans les médias, les organismes professionnels et les associations. Dans ce contexte, l'utilisation massive des engrais et surtout des pesticides semble susceptible de cristalliser une partie importante des débats provoqués par l'industrialisation de l'agriculture. Les

---

[2] De 400 à 800 livres et de 25 à 50 quintaux par hectare.
[3] 348 000 tonnes d'engrais dont 110 000 de superphosphates et 220 000 de composés.
[4] Soit une moyenne de 135 kilogrammes par hectare de Surface Agricole Utile (SAU).

Français sont de plus en plus hostiles aux produits agrochimiques accusés de polluer l'environnement et soupçonnés d'empoisonner les consommateurs. C'est pourquoi le rapport des agriculteurs aux créations de l'industrie chimique est sans doute un analyseur de l'essence sociologique du productivisme.

Mais l'agriculture industrielle n'est pas uniquement caractérisée par sa quête obstinée de la productivité. Notre hypothèse est que le productivisme a des incidences économiques, symboliques, politiques et imaginaires. La volonté de produire toujours plus et les pratiques mobilisées dans ce but retentissent sur la vie des agriculteurs qui est placée sous le sceau de la démesure, de la vulnérabilité[5], de l'hétéronomie et du progressisme défini comme l'« *idée que l'humanité avance graduellement et inexorablement vers des états chaque fois plus élevés de connaissance, de culture et de perfection morale* » (Nisbet, 1980, 25). La thèse centrale de cet ouvrage est donc que ces quatre dimensions du productivisme agricole s'entremêlent pour former un fait social total[6]. En d'autres termes, pour valider notre hypothèse, nous devrons constater sur le terrain que les agriculteurs productivistes sont effectivement les plus excessifs, les plus vulnérables, les plus dépendants du système et les plus progressistes. Caractérisé par la démesure et la survie[7], le productivisme agricole implique aussi une soumission au pouvoir du complexe économique, technique et scientifique dominé par les sociétés multinationales. Mais cette servitude est en partie volontaire dans la mesure où elle repose sur l'adhésion à l'idéologie du progrès. Nous allons donc tenter de montrer que la démesure économique, la vulnérabilité symbolique, l'hétéronomie politique et le progressisme imaginaire sont indissociables du modèle dominant. Telles sont, à notre avis, les quatre principales dimensions du productivisme agricole analysé dans une perspective socio-anthropologique.

Du côté de la tradition sociologique, nous avons principalement inscrit notre démarche dans l'héritage des approches qui mettent en avant l'effet de la matérialité, des structures sociales, des conditions objectives, de la contrainte du système et des politiques publiques sur les acteurs ou les institutions. Les faits sociaux consistant « en des manières d'agir, de penser et de sentir, extérieures à

---

[5] Michelle Dobré définit ce concept comme un « *état de fragilité sociale nouveau dans l'histoire* » tout en affirmant que la vulnérabilité reste « un terme complexe et difficile à définir d'un point de vue socio-anthropologique » (Dobré, 2003, 413).

[6] Ces quatre champs qui seront séparés artificiellement pour les besoins de l'analyse ne recouvrent pas exactement la typologie proposée dans *Essai sur le don* : « Dans ces phénomènes sociaux "totaux", comme nous proposons de les appeler, s'expriment à la fois et d'un coup toutes sortes d'institutions : religieuses, juridiques et morales – et celles-ci politiques et familiales en même temps ; économiques – et celles-ci supposent des formes particulières de la production et de la consommation, ou plutôt de la prestation et de la distribution ; sans compter les phénomènes esthétiques auxquels aboutissent ces faits et les phénomènes morphologiques que manifestent ces institutions. » (Mauss, 1923-1924, 147)

[7] La survie définie comme *une existence « au jour la journée »* (Castel, 1995, 11) constitue une des dimensions de la vulnérabilité.

l'individu, et qui sont douées d'un pouvoir de coercition en vertu duquel ils s'imposent à lui » (Durkheim, 1895, 5), il nous a paru nécessaire de « les étudier du dehors comme des choses extérieures » (Durkheim, 1895, 28). Par ailleurs, une posture ethnologique a été adoptée pour dévoiler les aspirations, les croyances, les valeurs, les représentations et les idéologies qui sont à l'œuvre chez les agriculteurs productivistes. La socio-anthropologie peut donc être définie comme *une démarche qui cherche à conjuguer l'explication du réel avec la compréhension de l'imaginaire et du symbolique*. Quel est l'intérêt de cette perspective analytique ? Il nous semble qu'une synthèse équilibrée des traditions sociologique et anthropologique permet d'éviter les deux écueils majeurs que constituent l'idéalisme et le matérialisme. Dans le premier cas, les contraintes structurelles sont négligées au profit d'une conception idéelle du social :

> « Le risque principal de la compréhension outrée est la dérive idéaliste. Ceux qui ne voient dans le monde social que de l'*ethos*, des valeurs ou de l'imaginaire tendent à faire abstraction des contraintes matérielles, de l'épaisseur des conditions objectives de travail et de vie. » (Juan, 1999, 111-112)

Dans le second cas, la dimension matérielle est favorisée au détriment de l'idéel. Ainsi, chez Marx (1846, 35-77), l'infrastructure économique est la dernière instance qui explique la forme de la superstructure idéologique, religieuse et philosophique. De même, pour Durkheim, la réalité sociale est un substrat tangible qui produirait les représentations sociales à son image. Dans ces optiques, le symbolique ou l'idéologie n'ont aucune autonomie puisqu'ils sont de simples reflets de la morphologie ou de l'infrastructure économique du social.

A partir d'une démarche ethnographique attentive à la réalité du terrain, nous examinerons les déterminants culturels (première partie) et sociaux (seconde partie) du productivisme agricole avant de proposer une comparaison systématique et empiriquement étayée des quatre dimensions du phénomène étudié (troisième partie).

PREMIERE PARTIE

COMPREHENSION DU PRODUCTIVISME RURAL

« La classe paysanne a disparu dans les pays industriels et est en voie de disparition accélérée dans les pays du tiers-monde au profit d'une nouvelle classe dont on peut se demander si elle est plus saine et plus heureuse : les chômeurs ici, les clochards des bidonvilles là-bas... Quant aux agriculteurs restants, ils sont devenus des prédateurs de la nature. Ils ne la cultivent plus, ils l'exploitent à outrance. »

Serge Latouche, *La Mégamachine*

Notre désir de ne pas limiter le questionnement aux concepts traditionnels de la sociologie, notre goût pour les méthodes qualitatives, ainsi que notre intérêt pour la démarche ethnologique nous ont rapidement convaincus de la pertinence que pouvait présenter une analyse anthropologique du productivisme agricole. En effet, même si sociologie et ethnologie tendent de plus en plus à se confondre pour un grand nombre de chercheurs, l'histoire de ces deux disciplines explique aisément que chaque approche conserve un certain nombre de spécificités. L'anthropologie accorde une grande attention à l'inconscient culturel, au symbolique, aux idéologies, aux imaginaires sociaux, ainsi qu'à la circulation du sens et des valeurs indispensables à l'humanité de l'homme. Par ailleurs, la comparaison avec d'autres sociétés permet à l'anthropologue d'éviter plus aisément le travers de l'ethnocentrisme imputable à l'incorporation de sa culture d'origine. L'anthropologie en effet, depuis qu'elle a adopté le paradigme du relativisme, a abandonné ce travers qui « *consiste à répudier purement et simplement les formes culturelles : morales, religieuses, sociales, esthétiques, qui sont les plus éloignées de celles auxquelles nous nous identifions* » (Lévi-Strauss, 1952, 19)[8]. Si l'ethnologie constitue une méthode privilégiée pour appliquer la rupture épistémologique recommandée par Durkheim, elle devrait nous permettre d'accéder aux *Anthropo-logiques* (Balandier, 1974) des agriculteurs productivistes.

Après avoir construit l'objet à partir d'un examen sommaire de la littérature spécialisée, nous analyserons les motivations des agriculteurs qui ont adhéré au productivisme depuis son apparition sur la scène sociale et historique à la fin de la seconde guerre mondiale. Le troisième chapitre tentera de cerner au plus près les caractéristiques anthropologiques des agriculteurs productivistes.

---

[8] Le célèbre anthropologue ajoute : « "Habitudes de sauvages", "cela n'est pas de chez nous", "on ne devrait pas permettre cela", etc., autant de réactions grossières qui traduisent ce même frisson, cette même répulsion, en présence de manières de vivre, de croire ou de penser qui nous sont étrangères. » (Lévi-Strauss, 1952, 19-20)

Chapitre premier

PROLEGOMENES

Dans l'ouvrage de référence qu'il fit paraître en 1967, Henri Mendras propose une thèse visant à expliquer l'industrialisation de l'agriculture française. Dès la fin du XVIIIe siècle (Mendras, 1967, 14-15), les petits et grands propriétaires terriens tentent de suivre l'exemple donné par leurs homologues britanniques en clôturant les terrains communaux qui permettaient aux ouvriers et aux petits paysans de faire paître leurs animaux. Malgré la résistance des sociétés paysannes, le processus de rationalisation technique et économique s'accentue lentement au cours du XIXe siècle puis s'accélère brutalement dans les années consécutives à la seconde guerre mondiale :

> « La plupart des historiens de l'agriculture française se sont félicités de la "sagesse française" grâce à laquelle notre pays s'est gardé de pousser la révolution agricole du XVIIIe siècle jusqu'à ses conséquences sociales extrêmes et a su conserver une paysannerie nombreuse, alors que les Anglais, cédant à la logique de l'économie industrielle "sacrifiaient" leur agriculture au développement de l'industrie. En quelque sorte, la France s'est arrêtée en chemin ; elle a fait une pause d'un siècle et demi ; tout en acceptant lentement les nouveautés techniques, ses paysans sont demeurés "paysans". Aujourd'hui, la seconde révolution agricole bouleverse toutes les structures et le sage équilibre est rompu. L'agriculture, à son tour, "s'industrialise" et la paysannerie française est tuée, avec cent cinquante ans de retard, par la civilisation qu'on appelle industrielle. » (Mendras, 1967, 15)

La nouvelle mentalité productiviste contribue à faire disparaître les sociétés paysannes caractérisées selon Mendras (1967, 17-18) par l'autonomie qu'elles manifestent par rapport au pouvoir des élites bourgeoises. Le monde rural étant entièrement urbanisé, les paysans disparaissent au profit d'agriculteurs obéissant aux règles du marché et de la technique :

> « Après un siècle d'exode rural continu, la révolution actuelle fait diminuer le nombre des agriculteurs au rythme affolant de 160 000 par an, tant par la mort d'agriculteurs sans successeurs que par le passage de jeunes agriculteurs à d'autres professions. Les exploitants qui demeurent s'agrandissent d'autant et peuvent faire face aux exigences nouvelles de l'économie et de la technique, mais la société villageoise en est totalement bouleversée. L'équilibre est brisé, la lente agriculture s'ébranle et se met au pas de l'industrie à laquelle elle emprunte ses sources d'énergie et ses dernières découvertes. En moins de dix ans, les rendements ont souvent plus que doublé : l'agriculteur qui se satisfaisait de quinze quintaux de blé à l'hectare et de deux mille litres de lait par lactation obtient maintenant quarante quintaux et cinq mille litres. Les machines se multiplient, le parc de tracteurs est passé en France, de 1946 à 1965, d'une vingtaine de mille à plus d'un million. Les techniques nouvelles sortent directement des recherches de laboratoire et non des lents tâtonnements d'agriculteurs progressistes. Toute la production agricole est commandée par les goûts des consommateurs et l'évolution des marchés. Au même titre que les autres secteurs de production, l'agriculture doit se soumettre au rythme de changement technique et économique de la société industrielle. » (Mendras, 1967, 21-22)

Même si de grandes exploitations capitalistes existent depuis la fin du Moyen-âge, notamment dans le bassin parisien (Moriceau, 1992), il faut attendre les années consécutives à la seconde guerre mondiale pour que l'agriculture française passe majoritairement de la logique paysanne[9] à la nouvelle rationalité économique. Le productivisme devient la politique dominante dès la nomination de François Tanguy-Prigent au ministère de l'Agriculture en septembre 1944. Grâce à l'aide financière du plan Marshall, la quatrième République poursuit dans cette voie avec l'aide des agronomes du Commissariat au plan (Dumont, 1951) et de l'Institut National de la Recherche Agronomique (INRA)[10]. Malgré les inquiétudes exprimées par René Colson (1950), la politique productiviste se poursuit jusqu'à la chute du régime en 1958. Nommé ministre de l'agriculture en 1961, Edgar Pisani accélère la modernisation en s'alliant avec le Centre National des Jeunes Agriculteurs (CNJA) :

> « On se souvient de la théorie des "trois agricultures", l'une ne nécessitant pas d'aide particulière, l'autre étant l'objet privilégié de la politique agricole, à travers les aides et subventions, et du travail de l'appareil d'encadrement en pleine expansion, la troisième enfin relevant de l'IVD[11], des mesures sociales, et du départ vers l'industrie, c'est-à-dire vers les usines alors demandeuses de main d'œuvre. Cette "théorie" impliquant des "réformes de structures", résumait les termes de l'alliance entre le Gaullisme et le CNJA. » (Rémy, 1985, 95)

---

[9] Dans les zones bocagères de l'Ouest français où les sociétés paysannes étaient solidement instituées, des crises de sorcellerie sanctionnant les velléités d'enrichissement de certains paysans (Favret-Saada, 1977 ; Mallet, 1980) côtoyaient encore récemment les nouvelles valeurs du marché et de l'ascension sociale valorisées par l'idéal démocratique moderne.

[10] Ces institutions sont créées en 1946 (3 janvier et 18 mai) par le gouvernement provisoire de la République française (présidé par Charles de Gaulle puis Félix Gouin).

[11] Indemnité Viagère de Départ.

Le pouvoir gaulliste bénéficie donc de la collaboration des dirigeants du CNJA – souvent formés à la Jeunesse Agricole Chrétienne (JAC) – pour transformer les paysans de conditions diverses en « professionnels »[12]. Pourtant, l'agriculture industrielle n'adopte pas la terminologie des économistes – la croissance – jugée trop favorable à la recherche du profit. Sous l'influence de l'humanisme chrétien, la vulgarisation agricole se transforme donc en 1966 en développement agricole. Si la quatrième République cherchait à inculquer aux agriculteurs les innovations élaborées par ses savants, la cinquième République modernise l'agriculture tout en ménageant son partenaire syndical attaché aux idéaux qui légitiment le productivisme agricole :

> « Le "développement", c'est donc la rencontre de "l'éthique chrétienne et de l'esprit du capitalisme" avec une connotation "missionnaire" et "mission civilisatrice" (cf. le développement du Tiers-Monde) donnant à la revendication de "parité" tout son sens, non seulement économique mais aussi social, l'objectif étant "d'intégrer" l'agriculture à la société, de sortir la paysannerie de son isolement, de son "retard", de sa "routine", sans lui faire perdre son identité et sa spécificité. » (Rémy, 1985, 96)

Ayant incorporé l'idéologie qui assimile les paysans à des êtres imperméables à l'esprit de la modernité, les agriculteurs du CNJA puis de la FNSEA[13] ont tout fait pour conquérir un niveau de dignité économique et sociale comparable à celle des citadins. Décidés à rompre avec l'image du paysan « archaïque », ils ont légitimé la disparition d'une partie de leurs confrères jugés incapables d'adopter les nouvelles techniques tout en prétendant servir l'intérêt de tous les agriculteurs. Pour Jacques Rémy en effet, le pouvoir politique et les exploitants modernistes s'accordaient à penser qu'il fallait faire disparaître les paysans insuffisamment adaptés à l'économie de marché :

> « Le développement regroupait sous sa bannière une part importante de l'agriculture familiale qui pensait en bénéficier et échapper au destin de la petite paysannerie condamnée pour faute de "non-rentabilité", ainsi que les conseillers agricoles désireux de travailler pour tous. [...] Le "développement", ce n'est donc pas un mouvement de toute la paysannerie, mais l'instrument d'une couche sociale pour assurer sa reproduction. » (Rémy, 1985, 96-97)

Mais il ne suffit pas d'adhérer à l'idéologie du développement pour échapper à la désaffiliation (Castel, 1995). L'absorption de l'agriculture dans le mode de production capitaliste (Servolin, 1972) produit en effet l'élimination des paysans traditionnels mais aussi d'une partie des exploitants modernistes, ainsi qu'une

---

[12] Pour Jacques Rémy, « "l'agriculture professionnelle" définie comme "l'ensemble sur lequel porte la politique agricole" n'est rien d'autre que l'agriculture jugée socialement nécessaire par l'instance politique » (Rémy, 1990, 264).

[13] Fondée en 1946, la Fédération Nationale des Syndicats d'Exploitants Agricoles est contrôlée à partir de 1964 par d'anciens du CNJA (Deléage, 2004, 34).

dégradation des conditions de vie engendrée notamment par une surcharge de travail et l'apparition d'une vulnérabilité économique inédite :

> « Dès la fin des années soixante, les interrogations qui se faisaient jour ici et là se transforment en critiques de plus en plus violentes contre un processus qui élimine une partie de ceux-là même qui croyaient en profiter, qui exige une très forte intensification du travail, un endettement considérable et qui déçoit quant à ses résultats économiques et sociaux. » (Rémy, 1985, 96)

Pour Agnès Batt, Arnaud Campeon, Noreen Kearns et Paul Corcoran (2002), le processus de développement explique au moins en partie l'augmentation des suicides[14] observée en Bretagne depuis 1930. Ces auteurs remarquent ainsi que dans les années cinquante, la mécanisation a propulsé les agriculteurs du canton de Bourbriac (Côtes d'Armor) « *dans un mode d'existence qui a fait du changement perpétuel sa caractéristique première* ». De plus, la généralisation du tracteur et des machines a provoqué une perte progressive de la convivialité des travaux collectifs ainsi qu'une montée de l'individualisme et de la rationalité économique capitaliste. Le changement des conditions de travail, lié à la nouvelle mentalité caractérisée par la recherche du profit[15], provoque en effet une disparition brutale du monde traditionnel :

> « L'avènement de l'individualisme au cœur du milieu paysan se fait sentir comme un poids lourd qui pèse sur les mentalités. L'entraide, la solidarité ont presque disparu chez les jeunes générations qui se trouvent commandées par des logiques de rentabilité qui les obligent à devenir compétitifs. » (Batt *et al.*, 2002, 51)

Un nouveau rapport au travail est apparu avec l'effondrement des sociétés paysannes consécutif à leur intégration totale dans la société globale. Auparavant, certaines tâches collectives comme les foins ou la moisson favorisaient l'intégration dans la vie communautaire. Désormais, la faucheuse et la moissonneuse, en permettant l'économie du recours aux autres agriculteurs, favorisent une nouvelle conception du travail conçu comme moyen de l'enrichissement personnel. La disparition de la mentalité traditionnelle a finalement provoqué l'avènement d'une nouvelle vision du monde :

---

[14] Sur ce point, cf. Dupont (1998), Grandazzi (2002), Legrand (1993) et Salmona (1994, 61-62). Pour Batt *et al.* (2002, 85-86), une forte hausse relative du taux de suicide est intervenue entre 1866-1876 et 1968-1978 dans la Manche, l'Ille et Vilaine, les côtes d'Armor, le Finistère, le Morbihan, la Loire-Atlantique, l'Indre, le Cher, le Puy de Dôme, l'Ariège et l'Aude. L'effondrement des sociétés paysannes semble avoir provoqué une vague massive de suicides anomiques (Durkheim, 1897).

[15] Un exemple de mentalité précapitaliste en milieu agricole est fourni par Weber (1905, 60-61). Les ouvriers chargés de la moisson réagissent à une augmentation de leur rémunération en diminuant la surface fauchée, de telle sorte qu'ils conservent leur revenu habituel.

« D'une logique de stabilité par soumission à la Nature, le paysan s'est ainsi vu propulsé dans une logique de croissance et de changements perpétuels, caractérisée par la volonté de progrès permanents pour maîtriser cette Nature. » (Batt *et al.*, 2002, 51)

Pour l'agriculteur moderne, la terre n'est plus qu'un facteur de production qu'il faut dominer avec l'aide de la technique pour en extraire le maximum de produits et de profit[16]. Le remembrement a favorisé l'apparition du chef d'entreprise agricole en provoquant un déracinement (Bourdieu, Sayad, 1964) des paysans traditionnels. Par cette politique, la société globale a brisé les cadres sociaux qui structuraient l'ancienne mentalité et favorisé l'émergence de l'agriculteur moderne. Dans ce passage de la « *terre de cœur (celle des ancêtres notamment et qui est physiquement cultivée et symboliquement investie de génération en génération) à une terre sans racine parce qu'inconnue* » (Batt *et al.*, 52), disparaît l'affection du paysan pour son domaine qui devient un substrat désenchanté pourvoyeur de matière première pour l'usine agricole. Cette désaffection de la nature est la conséquence de la disparition du sacré au profit des logiques profanes issues du monde urbain. L'économie capitaliste impose aussi un changement du rapport à l'animal qui se transforme en machine productive. Désormais, les organisations bureaucratiques habitées par le processus de rationalisation désymbolisent les animaux d'élevage en leur attribuant un numéro :

« A la saveur des noms poétiques d'autrefois s'est substituée une logique de quantité/rentabilité qui a obligé les agriculteurs à perdre le contact avec leurs bêtes. [...] Une perte de contact d'autant plus grave que dans la société paysanne traditionnelle, l'animal (comme la terre) n'était pas utilisé comme un simple outil de travail mais était symboliquement et émotionnellement investi. » (Batt *et al.*, 2002, 53)

---

[16] Voir également l'analyse de Marie-Claude Pingaud : « Il est évident qu'au sein du groupe ou autrefois la valorisation des qualités personnelles [...] s'insérait dans une éthique d'austère égalité [...], s'instaure aujourd'hui une différence fondée sur la réussite économique de l'*entreprise* et les signes extérieurs qui en témoignent ; à la compétition pour le savoir-faire, pour l'art, a succédé la rivalité pour la possession des instruments [...]. De la solidarité, on est passé à l'isolement : "Maintenant, il y a plus d'argent, le monde est personnel". [...] D'autre part, ils [les agriculteurs] ont conscience de ne plus maîtriser leurs conduites, soumises à des normes techniques, comptables et économiques surimposées : "Maintenant l'agriculture, ça n'est plus la question du travail, c'est les responsabilités : on emprunte pour tout et après il faut payer, payer, payer..." ; " maintenant les machines font tout, la machine, ça a dévidé les gens". [...] Ce qui bouleverse le plus profondément sans doute leur identité, c'est la rupture du rythme qui, liant le *travail* de la terre à leur activité propre, fondait sa nécessité. A la fécondité de la terre nourricière, qu'ils ont patiemment ordonnée en laissant jouer le temps, en organisant l'espace – ce qui garantissait, par un périodique "retour au même", la permanence de la production –, se substitue le forçage de la terre qui rapporte. Un temps linéaire se surimpose peu à peu au temps circulaire : d'une année à l'autre, ce sont les "prix de campagne", institués en dehors d'eux, qui désormais commandent l'assolement ; toute prévision leur échappe, ils ne peuvent que se résigner à "suivre" et se contenter de "gagner". Ils étaient les maîtres de la terre, ils en deviennent les manipulateurs » (Pingaud, 1990, 99-100).

Avec l'arrivée du maïs en Bretagne autour de 1970, la révolution productiviste prend une nouvelle tournure. L'abandon des prairies permet aux coopératives d'augmenter le pouvoir qu'elles exercent sur les agriculteurs car la plante est un hybride que les agriculteurs ne peuvent ressemer avec profit. Ils doivent donc acheter chaque année la semence qu'ils sont incapables de se procurer par eux-mêmes. De plus, les coopératives[17] ou les entreprises privées encouragent fortement les agriculteurs à utiliser des engrais et des désherbants afin d'obtenir des rendements élevés. La surproduction ayant provoqué une lente érosion des prix de vente, les petites fermes disparaissent au profit d'agriculteurs déjà installés qui s'agrandissent pour tenter de compenser la baisse de leurs revenus. Par ailleurs, les auteurs insistent sur les bénéfices liés à l'acquisition de la machine qui symbolise le processus de modernisation de l'agriculture :

> « Dans de nombreux cas, il semble que lors de l'achat d'un tracteur, la préoccupation économique ait été éclipsée par le profit social que le paysan pouvait tirer de cette acquisition. Le tracteur devient autant un outil de travail qu'un objet de prestige. Symbole du progrès, [...] son acquisition permet une promotion non seulement technique mais également sociale : l'agriculteur peut tenir son rang et il a la reconnaissance de son entourage. » (Batt *et al.*, 2002, 57-58)

Mais la révolution productiviste n'est pas seulement désirée, elle est aussi subie. La pression commerciale exercée par les coopératives, les marchands de matériel agricole ou les autres entreprises de l'amont s'est considérablement accrue avec l'intensification encouragée par les pouvoirs publics depuis la fin de la seconde guerre mondiale. En aval, l'agriculture est devenue un fournisseur de matière première pour l'industrie agro-alimentaire. La révolution productiviste a fait disparaître l'ancien paysan et l'autonomie qu'il chérissait. En outre, que l'on adhère ou non au processus de modernisation, elle a nourri la peur de perdre l'accès aux moyens matériels nécessaires à la vie :

> « Il fallait suivre le progrès pour ne pas disparaître. Ne pas suivre, c'était se risquer à la disparition éventuelle qui apparaissait comme d'autant plus problématique et angoissante qu'elle impliquait une rupture totale [...] dans son mode d'existence. Dans ces conditions, faire faillite, disparaître, c'était risquer sa vie, son ménage, en s'exposant à des difficultés financières et morales qui étaient susceptibles de rompre la cohérence interne d'une existence que l'on avait mis une vie entière à construire. Parallèlement, se risquer à investir, c'était également se risquer à perdre tout en cas de crise agricole ou de problème quelconque. [...] On peut ainsi percevoir la situation comme un étau où dans les deux cas, l'agriculteur se risquait à tout perdre. Il faut donc voir [...] la pression à laquelle sont soumis ces agriculteurs, en situation instable, prisonniers d'un système qui ne les a jamais autant fragilisés. » (Batt *et al.*, 2002, 58-59)

L'apparition de cette vulnérabilité affecte profondément le rapport au monde des agriculteurs productivistes. L'instabilité des statuts propres à la modernité

---

[17] « Entreprise où les droits de chaque associé (coopérateur) à la gestion sont égaux et où le profit est réparti entre eux. » (Rey, Rey-Debove, 1987)

démocratique, si elle permet parfois l'ascension sociale, favorise aussi la peur de la marginalisation. L'existence se transforme alors en lutte pour la vie dans la mesure où l'accès aux ressources alimentaires n'est plus garanti par le social. Entre l'adoption ou le refus systématique des innovations techniques qui leur sont proposées, certains cherchent une voie intermédiaire qui tente de limiter la charge financière et psychologique de l'endettement. Mais l'industrialisation menée par les agriculteurs les plus libéraux avec le soutien de la puissance publique augmente le risque économique de l'activité agricole. Les difficultés matérielles vécues par de nombreux exploitants provoquent une anxiété chronique, des troubles du sommeil, des dépressions, ou de la jalousie envers les exploitants qui ont su tirer parti du productivisme pour s'enrichir :

> « La promotion sociale de certains, engendrée par un contexte de compétition, a paradoxalement engendré un niveau de frustration global considérable pour la majorité des participants qui se sont vus exclure ou marginaliser faute de prise de risques ou de moyens suffisants pour rester dans la course. » (Batt *et al.*, 2002, 62-63)

En outre, l'aspiration à accéder à un niveau de revenus comparable à celui des citadins n'a pas été souvent satisfaite. De même, la charge de travail reste très élevée pour de nombreux agriculteurs même s'ils semblent de plus en plus nombreux à souhaiter travailler moins. Bien que la pénibilité physique du travail ait globalement diminué, la bureaucratisation provoque une souffrance mentale considérable pour les exploitants qui se sentent humiliés et dépendants du système technocratique (Gurvitch, 1949 ; Juan, 1986 et 2003) pour leur survie quotidienne. En cas de difficultés financières importantes, les hommes peuvent se trouver dans des situations d'autant plus difficiles qu'à la différence de leurs compagnes, ils vivent l'appel au secours comme une profonde humiliation. Dans ces conditions, certains préfèrent la mort au sentiment de culpabilité, à la mésestime de soi et à la honte d'avoir fait faillite :

> « Depuis quelques décennies, l'augmentation du suicide chez les agriculteurs a été remarquée au Canada, aux Etats-Unis et en Europe. Les agriculteurs sont en effet considérés comme un groupe à haut risque un peu partout dans les pays développés. » (Batt *et al.*, 2002, 64)

Même si elle a débuté dans l'euphorie du mouvement social porté par la Jeunesse Agricole Catholique (Colson, Houée, Lambert, 1980 ; Colson, 1976 ; Houssel, 2002), la transition brutale d'une économie agricole socialisée à une économie capitaliste anomique a contribué au développement de vulnérabilités dont le suicide constitue la forme extrême :

> « Nous avons montré, avec l'aide des personnes interviewées, que dans une région agricole comme l'était la Bretagne dans les années 1950-1960, le stress, le désenchantement, la frustration qui ont pris la suite d'une période d'exaltation et de dévouement ont eu une part importante dans l'augmentation des suicides dans la région. Il fallait produire toujours plus, toujours plus vite, s'endetter pour acheter des machines plus performantes... A lire les entretiens, on pense plus souvent aux *Temps modernes* qu'aux

images d'Epinal d'une Bretagne rurale et bucolique. Et pourtant, les entretiens ne disent pas les silences, les doutes, les regards qui fuient. » (Batt et *al.*, 2002, 76)

Finalement, l'industrialisation de l'agriculture a fait apparaître des problèmes sociaux qui ne sont pas spécifiques à la campagne. L'intégration des sociétés paysannes dans la société globale a ainsi provoqué une prolétarisation des agriculteurs qui aspiraient pourtant à devenir des chefs d'entreprise agricole. Jocelyne Porcher (2003) montre par exemple les effets du productivisme pour les éleveurs qui sont obligés de travailler avec un nombre croissant d'animaux :

> « Le processus d'intensification induit une répression de l'affectivité dans le travail. L'augmentation du nombre d'animaux et le temps restreint consacré à chaque animal en particulier rendent difficile l'expression des liens d'attachement qui peuvent exister entre l'éleveur et ses animaux. » (Porcher, 2003, 37)

En production porcine ou avicole notamment (Procoli, 2004), les éleveurs prolétarisés par l'industrialisation frappent ou mutilent leurs animaux pour satisfaire aux exigences de rendement propres à l'usine agricole. N'ayant plus le temps de domestiquer ses élèves[18], l'agriculteur recourt à la violence plutôt qu'à l'incitation pour obtenir leur déplacement. De plus, l'odeur liée à la concentration des animaux provoque pour l'agriculteur, qui la véhicule même après le travail, une altération du rapport à soi-même et aux autres :

> « L'éleveur n'est plus dans un rapport à son métier qui lui permet d'honorer la vie mais il perçoit au contraire qu'il la déshonore, se déshonore et qu'il fait un "sale boulot". » (Porcher, 2003, 39)

L'industrialisation de l'élevage produit aussi une disparition de la signification de la mort animale provoquant de la souffrance chez les agriculteurs qui ont du mal à accepter le traitement infligé à leurs bêtes par le système agro-industriel :

> « La mort des animaux d'élevage ne paraît plus légitimée par aucun rapport de sens. La souffrance des éleveurs contraints d'intensifier leurs systèmes et de déléguer l'abattage de leurs animaux à de grands abattoirs d'une part et l'indifférence face à la souffrance et à la mort construite par les systèmes industriels d'autre part témoignent d'une dramatique "pathologie" du métier du point de vue de son rapport à la vie. » (Porcher, 2003, 41-42)

D'autres travaux montrent que les agriculteurs n'échappent plus au pouvoir des firmes multinationales qui se livrent une concurrence acharnée en vue de breveter les plantes et les animaux autrefois considérés comme naturels. Les semences excitent particulièrement les convoitises des appareils privés du

---

[18] « Animal né et élevé chez un éleveur. Plante, arbre dont on dirige la croissance. » (Rey, Rey-Debove, 1987).

secteur agricole car leur marchandisation crée de toutes pièces des intérêts politiques et financiers gigantesques. Les brevets sur le vivant permettent en effet d'obtenir des gains faciles et un pouvoir immense pouvant s'étendre aux agriculteurs du monde entier. Jeremy Rifkin dévoile les enjeux de la brevetabilité du vivant :

> « La privatisation de l'ensemble des semences de la planète – jadis patrimoine commun de l'humanité – en un peu moins d'un siècle n'a guère attiré l'attention des médias ; elle constitue néanmoins une des évolutions majeures de l'ère moderne. Il y a à peine un siècle, des centaines de millions de paysans dans le monde entier géraient leurs propres stocks de semences et les échangeaient librement entre eux. Aujourd'hui la majeure partie du stock de semences est cultivée, manipulée et brevetée par des multinationales qui s'en sont assuré la propriété industrielle. » (Rifkin, 1998, 157)

Ces sociétés qui accumulent les brevets sur les organismes génétiquement modifiés (OGM) instrumentalisent le vivant afin d'accroître leurs profits, leur pouvoir sur les agriculteurs et surtout les quantités produites conformément à l'idéal industriel qui s'est profondément enraciné dans les campagnes françaises :

> « Des plantes alimentaires, des produits agricoles sont génétiquement modifiés pour s'adapter à des terrains particuliers, résister à certains insectes, augmenter leur productivité, accélérer leur maturation. On introduit dans les plantes des gènes mortels pour certains prédateurs. Parfois il s'agit de produire hors-sol, d'éliminer la production agricole, c'est-à-dire de supprimer les plantes ou les arbres tout en bénéficiant de leurs produits. Des milliers d'animaux transgéniques sont déjà fabriqués par croisement de gènes, et éventuellement reproduits ensuite par clonage pour des impératifs de marketing : afin d'accroître le rendement en viande ou en lait (par exemple supprimer la panse de vache pour qu'elle accélère sa digestion), réduire le pourcentage en graisse de la chair, etc. On sait génétiquement neutraliser l'instinct maternel des dindes pour bloquer le processus de couvaison et les faire pondre davantage, greffer des hormones de croissance d'une autre espèce (celles de l'homme par exemple) à des animaux pour les rendre plus lourds et accélérer leur développement. » (Le Breton, 1999, 134-135)

L'instrumentalisation du vivant au profit de la logique productiviste engendre une réduction de la valeur à sa seule dimension économique. Le monde du capitalisme technoscientifique semble donc difficilement habitable pour l'homme qui est un être symbolique (Cassirer, 1923-1929). L'utopie scientifique, technique et marchande pourrait abriter un risque anthropologique majeur si l'existence venait à perdre les différentes significations historiquement et culturellement instituées par les sociétés humaines. Mais les dirigeants des appareils productivistes ne se préoccupent pas des conséquences que pourrait engendrer leur activité économique et politique. Il leur importe seulement d'augmenter leurs bénéfices tout en repoussant toujours plus loin les limites du pouvoir humain :

> « Les laboratoires de biotechnologies réinventent un monde où les animaux et les végétaux transformés délibérément par transgénèse seront de pures fabrications

humaines, des objets techniques manufacturés pour le marché selon des finalités étroites. Une raison instrumentale appliquée au vivant et au végétal, non pour vivre mieux, non pour juguler la famine dans le monde, au contraire ces techniques ruinent l'agriculture traditionnelle et accroissent les inégalités entre les pays riches et pauvres, mais pour alimenter sans fin un marché. Ce sont des impératifs économiques propres à certaines sociétés qui modifient la structure même de la nature avec une ignorance non négligeable touchant aux conséquences de ces manipulations. [...] D'un trait, l'ingénierie génétique transforme plus profondément certaines espèces animales ou végétales, et sans doute bientôt l'homme lui-même, que ne le firent des millions d'années. [...] Ici ce n'est plus seulement le corps humain qui est méprisable, mais dans une surenchère gnostique le monde lui-même tout entier quand il n'a pas été revu et corrigé. » (Le Breton, 1999, 137)

Lorsqu'un système économique est orienté vers la production de valeurs d'usage, il peut en résulter une sous-exploitation des ressources naturelles (Descola, 1986, 381-386)[19]. La naissance du capitalisme a donc contribué de manière lointaine mais décisive à intensifier la production agricole. A la fin du Moyen-âge, les valeurs d'échange qui étaient auparavant strictement réglementées s'affranchissent du contrôle qui maintenait la sphère économique dans le social et commencent à fluctuer en fonction de l'offre et de la demande :

« Le mouvement d'autonomisation relative des acteurs de certains groupes sociaux ne cesse de s'accentuer au fur et à mesure que les cadres sociaux de l'économie médiévale volent en éclats dans la prolifération des intérêts privés. L'économie médiévale s'oppose en effet structurellement à l'enrichissement de l'un au détriment des autres. Elle se fonde sur la mesure, le souci de contrôler au plus juste les sommes allouées en échange d'un service. Ce *justum pretium* traduit la notion "d'un sacrifice raisonnable demandé au consommateur" (Henri Hauser) suffisant pour faire vivre la maisonnée du producteur. Les règles canoniques en vigueur interdisent le prêt avec intérêt. C'est Calvin en 1545 qui distingue les lois célestes et les lois humaines, afin de justifier le crédit et donner ainsi une légitimité décisive à l'entreprise commerciale ou bancaire. » (Le Breton, 2001, 45)

Une nouvelle philosophie matérialiste prend ainsi son essor en valorisant le bonheur qui résulterait de l'abondance des biens et des richesses. En France, ces théories libérales s'imposent avec la prise de pouvoir de la bourgeoisie consécutive à la révolution de 1789. La suppression des derniers privilèges possédés par les corporations et la création de la machine à vapeur liée au développement de la science expérimentale (Gras, 2003) favorisent le déchaînement de l'écono-

[19] Cf. également Mendras et Forsé à propos des résistances paysannes à l'introduction du maïs hybride dans le Béarn : « Le maïs [le Grand Roux] autrefois n'était guère vendu, il servait à nourrir la volaille et à engraisser oies et canards pour faire des beaux foies gras, orgueil de la patronne : or, poules, oies et canards avaient l'air de bouder le grain blanc [l'hybride] et d'avoir faim peu de temps après l'avoir mangé. Ainsi, l'argument du rendement, convaincant pour celui qui vend son maïs, l'est moins pour celle qui nourrit sa basse-cour. D'ailleurs, puisqu'on n'en vend pas, pourquoi en produire plus ? La femme ne peut pas indéfiniment augmenter le nombre de ses volailles... » (Mendras, Forsé, 1983, 87).

mie et l'industrialisation de l'agriculture. L'idéologie « *qui identifie le mieux au plus et le progrès à la croissance économique, c'est-à-dire qui fétichise la marchandise et la quantité* » (Deléage, 2004, 23) gagne peu à peu du terrain chez les agriculteurs qui deviennent alors des exploitants décidés à maîtriser, dominer et posséder la nature. Adoptant l'idéologie du progrès, ils aspirent de plus en plus à mettre en œuvre les nouvelles technologies qui leur permettront d'augmenter toujours plus les rendements. Au XIXe siècle, le chemin de fer et le bateau à vapeur décuplent les facultés d'exportation des produits agricoles ainsi que l'importation d'amendements et d'engrais organiques en provenance de pays proches ou lointains. Au début du siècle suivant, les entreprises chimiques se mettent à commercialiser des engrais synthétiques tandis que la vapeur s'incline progressivement devant le moteur à explosion. Les lourdes moissonneuses fixes sont remplacées par des machines automotrices tandis que les années cinquante voient la disparition des chevaux au profit des tracteurs. Le développement du machinisme agricole crée un nouveau rapport au temps conforme à l'esprit du capitalisme. Puisqu'il importe de profiter de chaque instant, il faut éradiquer l'oisiveté et accroître le rythme du travail dans le but de maximiser les volumes produits et les bénéfices de l'activité économique. Avec le culte de la vitesse, l'agriculture machinale cherche à s'affranchir des contraintes spatiales qui limitent son régime de production. L'obsession de rentabilisation maximale du temps véhicule le fantasme d'une éradication totale de l'espace. Comme si l'agriculture « hors-sol » avait enfin réussi à rompre avec la terre pour flotter dans l'univers infini créé par la révolution copernicienne... Mais l'imaginaire de « l'arrachement à la terre » (Alphandéry, Bitoun, Dupont, 1992) a sa contrepartie dans le registre du réel. L'accélération qui résulte du nouveau rapport au temps et à l'espace entraîne en effet une activité intensive et une valorisation absolue du labeur :

> « Considérant le travail comme l'activité fondamentale de l'homme, l'activité à travers laquelle il s'épanouit, ces agriculteurs ne se réalisent qu'à travers lui. Mais s'ils ne se réalisent qu'à travers le travail, c'est aussi, parce qu'en le survalorisant, ils en arrivent à oublier les autres activités humaines et sont pris dans la reproduction sans fin d'une activité éphémère et aliénante. » (Deléage, 2004, 47)

Si l'oubli de l'œuvre et de l'action (Arendt, 1958) concerne manifestement l'ensemble des agriculteurs intensifs, l'aliénation semble circonscrite aux agriculteurs intégrés par les firmes agro-alimentaires ou même parfois par les coopératives agricoles (Luneau, 2004) qui se proposaient pourtant d'améliorer la condition des exploitants :

> « Les agriculteurs en intégration ne sont plus qu'un maillon de la filière. En production porcine par exemple, certains agriculteurs ont pour seule tâche d'engraisser – avec des concentrés produits industriellement et dont ils ne connaissent pas la composition – des porcelets "nés ailleurs", abattus "à la chaîne", transformés puis vendus sur des linéaires d'hypermarchés à des consommateurs anonymes ». (Deléage, 2004, 48)

Dans ces conditions, des formes de vulnérabilité apparaissent chez les agriculteurs et leurs familles. Les savoir-faire traditionnels tombent en désuétude devant les méthodes des techniciens qui bénéficient du prestige social associé au discours de la science. Le monde des agriculteurs est donc colonisé par les organisations technocratiques de la société globale qui légitiment leur pouvoir par la référence à la notion de développement. L'hétéronomie produite par ce processus de bureaucratisation produit alors un affaiblissement du sens de l'activité agricole. La signification du métier et de l'existence disparaît pour les anciens paysans transformés en exploitants agricoles :

> « Cette colonisation du monde vécu par le système se traduit également par une crise du sens – comme direction et comme signification –, liée au développement d'une technocratie publique (développement d'appareils tels que la FNSEA) et privée (entreprises de l'agrochimie, semencières... telles que MONSANTO ou NOVARTIS) au service d'un développement hétéronome. » (Deléage, 2004, 51-52)

Estelle Deléage a évidemment raison d'insister sur le fait que le projet productiviste n'a pas plus de signification que de direction. Pourtant, la mise en lumière de la carence du sens laisse dans l'ombre les modalités du plaisir que les agriculteurs tirent du productivisme. Si l'agriculture intensive se caractérise effectivement par sa pauvreté symbolique, il conviendrait sans doute d'étudier les imaginaires technoscientifiques qu'elle nourrit. Nous pourrions ainsi comprendre pourquoi le productivisme fait tellement rêver les chefs d'entreprise agricole. Mais la paupérisation symbolique du monde liée au processus de bureaucratisation n'intéresse pas les organisations marchandes uniquement préoccupées par la création de conditions sociales favorables à la perpétuation ou à l'accentuation de la domination qu'elles exercent sur les agriculteurs. De plus, les OGM sont utilisés par les firmes agrochimiques et semencières pour accroître l'hétéronomie des exploitants agricoles :

> « La transgénèse constitue [...] la poursuite de ce que l'hybridation du maïs avait permis dès le début du XXe siècle, à savoir la mise sous dépendance des agriculteurs par rapport aux semenciers [...] L'utilisation des biotechnologies dans l'agriculture n'est donc pas un moyen de résoudre la question de la faim dans le monde, ainsi que le prétendent les thuriféraires des OGM. Au contraire, c'est un moyen, pour les industries agro-alimentaires des pays du Nord, de maintenir leur hégémonie sur la production alimentaire mondiale et ainsi, de consolider leur pouvoir économique et politique sur l'ensemble de la planète. » (Deléage, 2004, 132-133)

L'artificialisation[20] du vivant est donc indissociable du projet hégémonique véhiculé par les entreprises multinationales qui commercialisent des engrais, des pesticides et des semences certifiées, hybrides ou génétiquement modifiées.

---

[20] Ce concept peut être défini comme une *domestication* (Descola, 1986 ; Digard, 1988 ; Haudricourt, 1962 ; Sigault, 1988) *faisant intervenir des techniques issues de la connaissance scientifique.*

D'après le Service Central des Enquêtes et Etudes Statistiques (SCEES) du ministère de l'Agriculture, si 1 016 755 exploitations agricoles étaient répertoriées en France métropolitaine en 1988, elles n'étaient plus que 663 807 en 2000, soit une diminution d'un tiers en douze ans. Cette concentration du capital agricole est synonyme d'agrandissement pour les exploitations qui subsistent. La surface moyenne a ainsi augmenté de 50 pour cent (de 28 à 42 hectares). On observe également une raréfaction des fermes dont la surface est inférieure à 75 hectares et une augmentation du nombre des exploitations dont la Surface Agricole Utilisée (SAU) est plus élevée. Cette évolution est préjudiciable à l'emploi agricole : toutes catégories confondues, l'effectif des personnes ayant une activité au moins à mi-temps sur les exploitations métropolitaines a chuté d'un tiers (de 2 038 595 à 1 319 210). En revanche, elle est favorable à la mécanisation lourde car le nombre de tracteurs dont la puissance est inférieure à 80 chevaux diminue alors que l'on observe une augmentation des effectifs au-delà de cette limite. De même, les presses à grosses balles se sont multipliées et de nouvelles machines sont apparues entre 1988 et 2000 : ensileuses automotrices, pulvérisateurs automoteurs, épandeurs de lisiers enfouisseurs et chargeurs automoteurs télescopiques. Les effectifs des animaux élevés en bâtiments industriels (volailles et porcins) ont également augmenté durant ce laps de temps. Le nombre d'exploitants individuels diminue tandis que les formes sociétaires sont de plus en plus nombreuses (Groupement Agricole d'Exploitation en Commun et surtout Exploitation Agricole à Responsabilité Limitée). Malgré la diminution du nombre de fermes, les céréales et oléoprotéagineux sont cultivés dans un plus grand nombre d'exploitations en 2000 qu'en 1988.

Selon la même source, le nombre d'exploitations bas-normandes est passé de 54 200 à 29 700 entre 1988 et 2003. La surface moyenne a augmenté de 26 à 46 hectares. On observe une raréfaction des fermes en deçà de 50 hectares et une augmentation au-delà. Tous statuts confondus, la moitié des travailleurs agricoles a disparu : ils étaient 72 400 en 1988 et 36 800 en 2003. Durant ces douze années, le nombre de tracteurs de plus de 80 chevaux a presque triplé (de 7100 à 19 400) et celui des presses à grosses balles a plus que doublé (de 2100 à 4900). Entre 1988 et 2003, l'effectif de porcins a augmenté de 50 pour cent (de 389 000 à 575 000) et celui des dindes et dindons a quasiment triplé (de 375 000 à 1 040 000). Les exploitants individuels sont de moins en moins nombreux à l'inverse des formes sociétaires qui se développent (Groupement Agricole d'Exploitation en Commun et surtout Exploitation Agricole à Responsabilité Limitée). On observe également une diminution des prairies permanentes au profit des céréales, des oléoprotéagineux, des cultures fourragères en général et du maïs en particulier.

L'excès

> « Si grâce à la modernité nous nous sommes libérés de nos liens, nous devenons par ailleurs de plus en plus dépendants de nos biens [...], de nos produits, et surtout de la nécessité de produire toujours plus. »
>
> Jacques Godbout, *Homo donator versus homo œconomicus*

Notre interprétation du productivisme agricole comme excès s'inscrit dans la perspective de Karl Polanyi (1944). Elle pourrait être résumée ainsi : le productivisme est le fruit du déchaînement de l'économie[21] qui s'est émancipée de sa tutelle sociale. Le désir de réaliser l'utopie du marché autorégulé a participé à la création d'une sphère échappant à tout contrôle culturel et politique. La coalescence, dans les campagnes françaises, de la destruction du tissu social et de l'existence de pratiques productivistes chez les agriculteurs qui ont réussi à survivre en agrandissant leurs exploitations n'est pas le fruit du hasard. L'expérience est concluante ; elle vient confirmer la thèse de Polanyi selon lequel le libéralisme économique travaille à la destruction de la société. D'un côté, l'exode rural n'en finit pas de vider des campagnes dans lesquelles ne vit plus qu'une minorité[22] de la population française, le nombre d'agriculteurs diminue (cf. encadré page 33)[23] depuis les années 1830 (Chamboredon, 1977, 19-21), les artisans disparaissent, les écoles ferment faute d'enfants, les services publics faute de clients. De l'autre, les agriculteurs font l'expérience désastreuse de relations humaines réduites à leur dimension économique. A l'exception de leur famille et éventuellement de collègues dont l'amitié pourrait se transformer en inimitié à la première occasion, leur réseau de sociabilité se réduit souvent aux représentants de commerce préoccupés, jusqu'à l'obsession, par la croissance de leur chiffre d'affaires, même si certains ont aussi des caractéristiques qui montrent qu'ils ne sont pas complètement désocialisés.

---

[21] Il n'est pas anodin que la naissance de la discipline économique (De Mandeville, 1750 ; Quesnay, 1768 ; Smith, 1776) coïncide avec l'apparition de l'économie capitaliste dans les sociétés européennes. Du point de vue théorique, la naissance du libéralisme résulte du désir d'appliquer à l'homme les concepts des sciences naturelles. Pour l'idéologie utilitariste, l'homme serait ainsi naturellement enclin à maximiser son intérêt.

[22] Cette partie de la population est majoritairement composée de « rurbains » qui sont des personnes travaillant en ville et habitant à la campagne (Bauer, Roux, 1976).

[23] Ce mouvement, qui s'est considérablement accéléré depuis la seconde guerre mondiale (Mendras, 1967, Alphandéry, Bitoun, Dupont, 1988) continue encore aujourd'hui. En France, la population agricole regroupe 8,8 millions d'actifs en 1906 et 7,5 millions en 1946, soit respectivement 43,1% et 36,4% de la population active totale. Ce pourcentage chute ensuite à 17,8% en 1968, 8% en 1980 et moins de 3% en 2004 (Deléage, 2004, 28 et 45).

En outre, l'utilisation massive des produits agrochimiques, qui sont accusés de causer des dommages sanitaires et environnementaux, est un analyseur de la démesure qui anime le mode de production industriel en agriculture. Les agriculteurs productivistes considèrent ainsi qu'il est inutile d'appliquer le principe de précaution. Un exploitant a par exemple déclaré qu'il changerait ses pratiques s'il était prouvé que la pollution par l'atrazine et les nitrates a effectivement « causé la mort d'au moins une personne ». En attendant, il se refuse à abandonner le recours à la chimie agricole qui provoquerait une baisse de la production. Il importe seulement que l'usine agricole atteigne son rendement maximum conformément au processus d'emballement de l'activité économique caractéristique du mode de production capitaliste. Puisqu'il contribue à accélérer le régime de la machine productive, le travail est considéré comme une valeur absolue et une fin en soi palliant le fait que la course au rendement a perdu sa signification. « *L'époque moderne,* écrit Hannah Arendt, *s'accompagne de la glorification théorique du travail et elle arrive en fait à transformer la société tout entière en une société de travailleurs* » (1958, 37). Dans ces conditions, une ferme marginale au regard de la norme dominante peut provoquer un sentiment de répulsion chez des jeunes pour lesquels une vie qui ne serait pas entièrement dévouée au travail n'a aucun sens. Des élèves[24] de l'Institut Secondaire et Supérieur d'Agro-Technologies de Redon, manifestement habités par l'imaginaire productiviste, réagissent à une visite chez un couple d'éleveurs adhérents au Réseau Agriculture Durable :

> « Je n'aimerais pas être dans cette exploitation parce que, quand on est jeune, on aime travailler et une heure de tracteur par semaine, ce n'est pas assez pour moi. Moi qui aime bien les animaux et le matériel, je ne pourrais pas rester sans rien faire. Ce n'est pas un système pour moi. »

Et encore :

> « C'est une ferme qui ne m'intéresserait pas car il n'y a pas assez de travail : traire les vaches, donner du foin, emmener l'eau, faire les travaux du foin, emmener les vaches au champ, les ramener, faire des clôtures les premières années, implanter des haies pour abriter les vaches laitières. Une fois ce travail fait, il n'y a plus rien à faire. On doit vraiment s'ennuyer. »

L'amour du travail dévoile ici son motif véritable : l'angoisse de ne rien avoir à faire et d'être confronté au vide de son existence. Pour un productiviste, l'herbe est suspecte car elle pousse seule, c'est une plante de « fainéant » : « Il faut avoir l'esprit tout herbe si on veut un système comme celui-là » (Cahiers techniques de l'agriculture durable, 2001, 22). Le jugement qui attribue une valeur absolue au surtravail constitue donc la représentation principale de l'idéologie productiviste. Dans cette optique, l'activité humaine doit être exclusive-

---

[24] Préparant un baccalauréat « Conduite et Gestion de l'Exploitation Agricole ».

ment consacrée au labeur. L'existence ne saurait avoir d'autre but que de travailler toujours plus afin de maximiser sa production personnelle. Avec l'amour de l'argent, le fait que le travail est conçu comme une fin en soi constitue pour Weber une caractéristique majeure de l'esprit du capitalisme. La pratique excessive du travail lui semble d'autant plus problématique qu'elle n'a pas de signification :

> « Interroge-t-on [les gens présentement animés par l'esprit du capitalisme] sur le "sens" d'une activité sans relâche, leur demande-t-on pourquoi ils ne sont jamais satisfaits de ce qu'ils possèdent [...], ils répondront [...] que leur affaire, avec son activité sans trêve, est tout simplement devenue indispensable à leur existence. De fait, c'est là l'unique motivation possible ; cependant, considérée du point de vue du bonheur personnel, elle exprime combien *irrationnelle* est cette conduite où l'homme existe en fonction de son entreprise et non l'inverse. » (1905, 72-73)

Max Weber, qui n'était pas un contestataire, avait parfaitement décelé une des dimensions du phénomène qui nous intéresse ici : l'aliénation de l'être au travail par le système capitaliste.

La vulnérabilité

> « Certaines personnes, qui seraient prêtes à concéder que la vie dans un vide culturel n'est pas une vie, semblent néanmoins s'attendre à ce que les besoins d'ordre économique remplissent automatiquement ce vide et fassent que la vie paraisse vivable dans n'importe quelles conditions. » Karl Polanyi, *La grande transformation*

Nous faisons l'hypothèse que les agriculteurs productivistes souffrent d'une désymbolisation[25] de leur existence due à l'« éclipse du symbolisme collectif » (Le Breton)[26]. Leur vie n'aurait plus de signification autre qu'assurer leur survie au quotidien ou satisfaire leur amour de l'argent en s'adonnant sans retenue au travail conçu comme une fin en soi. Caractérisée par une hypothèque générale sur l'avenir, cette désolation fondamentale intervient lorsque le futur est problé-

---

[25] Ce concept désigne l'atténuation ou la disparition des cadres sociaux de la signification : « Si l'on définit la *symbolisation* comme le processus de la production et de l'investissement des symboles, la *désymbolisation* désignerait le fait de désinvestir de leur dimension symbolique, ou de leur inscription dans l'ordre symbolique, des objets, des événements, des discours » (Tarot, 2003, 108). Sur les rapports entre symbolique et sacré, cf. Tarot (2007). La désacralisation (ou « profanation ») désigne l'effacement de la limite institutionnelle entre sacré et profane découverte par Durkheim (1912).

[26] « Nous vivons un temps d'éclipse du symbolisme collectif, de plus en plus lacunaire, où les questions qui se posent à l'homme ne trouvent plus de réponses autres que techniques. Dans l'insatisfaction qui en naît, s'exerce la créativité inégale des acteurs pour symboliser les événements qu'ils rencontrent et leur propre vie en général » (Le Breton, 1991, 13).

matique et l'exigence anthropologique d'attribuer un sens à la vie mal satisfaite. De plus, l'utilisation systématique des intrants, par la charge économique qu'elle représente, inscrit les agriculteurs productivistes dans une vulnérabilité chronique. Ils sont en effet à la merci des aléas climatiques qui font facilement fondre les bénéfices escomptés. Une mauvaise récolte ou une baisse des prix de vente peut remettre en cause l'existence de la ferme[27] pour ceux qui prennent le plus de risques en utilisant de grandes quantités d'intrants. A bien des égards, l'agriculture productiviste ressemble à un jeu de casino où l'on peut gagner ou perdre beaucoup d'argent. En institutionnalisant l'incertitude, elle produit du stress chez les agriculteurs qui ont souvent le sentiment de jouer à la « roulette russe ».

Mais la vulnérabilité n'est pas seulement économique, elle est aussi sanitaire. En effet, l'utilisation des pesticides fait planer une menace sur la santé de l'acteur. Qui peut prédire les conséquences à long terme de l'usage des pesticides alors que ces substances sont conçues pour provoquer la mort d'organismes vivants ? Cette épée de Damoclès peut modifier la tonalité de la vie en provoquant l'angoisse d'avoir un jour un cancer ou une autre maladie du fait de la manipulation des produits agrochimiques[28]. Les gênes occasionnées par les pesticides nourrissent en effet la peur de l'empoisonnement associé aux produits agrochimiques. Ils donnent une assise matérielle à l'évaluation administrative du danger décrite dans une terminologie savante et illustrée par des icônes sur les étiquettes des emballages. La menace sanitaire se concrétise lorsque des sensations désagréables sont attribuées, par les agriculteurs, aux pesticides qu'ils utilisent. La tête de mort, présente sur les produits classés en catégorie toxique, ainsi que les mises en garde explicites évoquant la possibilité d'un risque à court ou à long terme, ont d'autant plus de poids que la culture empirique des agriculteurs dispose d'éléments concrets qui semblent légitimer l'évaluation officielle du danger. L'utilisation des pesticides produit ainsi une menace qui place l'existence sous la bannière de la vulnérabilité sanitaire. La crainte de la maladie vient alors alimenter la peur de l'avenir et du malheur. Un certain fatalisme accompagne quelquefois cette tonalité dépressive dans la mesure où la prise de risque semble inévitable. Le matériel de protection individuelle

---

[27] « On comprend la révolte et l'amertume de ces agriculteurs qui ont fait tout ce qu'on leur a demandé de faire et qui, pourtant, se retrouvent en difficulté, et même, pour un nombre croissant d'entre eux, en faillite. » (Champagne, 1993, 537)

[28] L'analyse secondaire d'une enquête épidémiologique et biologique (Epibio 98) dirigée par Pierre Lebailly (Groupe régional d'études sur le cancer, Caen) montre l'omniprésence de ces peurs sanitaires (le cancer étant souvent explicitement mentionné) liées notamment à l'utilisation des pesticides chez les exploitants agricoles du Calvados. Nous avons ainsi rencontré un agriculteur de la plaine de Caen qui était terrorisé par la perspective de contracter une tumeur cancéreuse. Passant la moitié de l'année à épandre des pesticides sur trois cent hectares de cultures, il considérait même, au grand étonnement des chercheurs du GRECAN, que ces derniers avaient conclu à la responsabilité indéniable des pesticides dans la survenue des cancers touchant les agriculteurs.

recommandé par la Mutualité Sociale Agricole (MSA) – des gants, des vêtements et un masque imperméables aux produits chimiques – est en effet difficile à porter et à supporter. Les tracteurs équipés d'une cabine réellement filtrante sont très coûteux et abandonner l'usage des pesticides est souvent à proprement parler inimaginable. Dans ces conditions, la vie peut devenir un jeu dangereux où la chance et la malchance paraissent totalement arbitraires. Un agriculteur nous a ainsi confié qu'il espérait seulement que la maladie ne tomberait pas sur lui. Dans ce cas, le recours au hasard fonctionne comme une nouvelle figure du destin. Hormis la croyance à la fatalité, certains adoptent parfois une attitude paradoxale afin de lutter contre cette perspective déprimante. Défiant les catégories de notre logique aristotélicienne qui interdit l'équivalence de deux principes contradictoires, ils estiment en effet que le danger est réel tout en affichant un discours sceptique sur la nocivité des pesticides. Ainsi cet autre agriculteur nous ayant déclaré que :

> « l'utilisation des produits phytosanitaires n'est pas risquée. Ni pour l'homme, ni pour la plante ».

Et d'ajouter aussitôt :

> « La seule chose quand même qui est très importante, ce sont les heures d'utilisation des produits : en fin d'après-midi, il y a moins de vent et la plante absorbe mieux car elle respire, donc il y a moins de risques... »

Même si l'on tient des propos rassurants, la manipulation de substances biocides n'est pas sans provoquer une certaine inquiétude.

L'hétéronomie

> « Le puritain voulait être un homme besogneux – et nous sommes forcés de l'être. Car lorsque l'ascétisme se trouva transféré de la cellule des moines dans la vie professionnelle et qu'il commença à dominer la moralité séculière, ce fut pour participer à l'édification du cosmos prodigieux de l'ordre économique moderne. Ordre lié aux conditions techniques et économiques de la production mécanique et machiniste qui détermine, avec une force irrésistible, le style de vie de l'ensemble des individus nés dans ce mécanisme [...]. Selon les vues de Baxter, le souci des biens extérieurs ne devait peser sur les épaules de ses saints qu'à la façon d'un "léger manteau qu'à chaque instant l'on peut rejeter". Mais la fatalité a transformé ce manteau en une cage d'acier. »
>
> Max Weber, *L'Ethique protestante et l'esprit du capitalisme*

Sur le versant politique, l'hétéronomie est provoquée par l'enfermement dans la « cage d'acier » (Weber, 1905, 224) de l'économie capitaliste et de la politique bureaucratique. Cette dépendance inscrit les agriculteurs dans une relation de domination qui stérilise les racines de la culture paysanne selon laquelle la liberté est une valeur. Si le paysan cultivait son autonomie, l'agriculteur contemporain tend à devenir l'employé docile du Crédit Agricole, des industriels de l'alimentation, des puissantes firmes multinationales qui brevètent semences et pesticides, mais aussi des marchands qui commercialisent des aliments du bétail, des machines ou d'autres fournitures agricoles. Sa capacité à gérer et à maîtriser sa ferme disparaît au profit des techniciens des chambres d'agriculture et des coopératives qui orientent souvent le travail des exploitants dans une logique productiviste. Par exemple, un agriculteur nous a dit que si nous voulions savoir ce qu'il faisait sur sa ferme, nous n'avions qu'à aller voir son technicien à la coopérative puisqu'il faisait exactement ce que ce dernier lui conseillait...

De l'autonomie relative et locale à l'hétéronomie presque absolue et mondiale, tel semble être le chemin véritable suivi, notamment dans le monde agricole, par le processus de modernisation et de développement économique. Certains agriculteurs considèrent même que le productivisme est la seule façon de produire en agriculture et que, sans pesticides, aucune culture ne peut pousser[29]. Le stéréotype teinté d'évolutionnisme est le suivant : les hommes auraient consacré tout leur temps à pratiquer la chasse et la cueillette, le ventre tenaillé par la faim[30], lorsqu'ils étaient dépourvus de ces substances jugées indispensables. Grâce aux pesticides, l'agriculture aurait été inventée et l'humanité serait enfin sortie de la misère préhistorique. Cette croyance étonnante, qui postule que rien n'est cultivable sans agrochimie, montre que les pesticides, comme toute l'entreprise technoscientifique, sont liés au mythe du progrès. La puissance de cet imaginaire est patente dans la mesure où il ne semble pas craindre le démenti des faits.

L'hétéronomie pourrait être résumée simplement par le respect des recommandations du pouvoir. Plus les agriculteurs font ce qu'on leur dit de faire, plus ils sont soumis. L'asservissement total est défini par l'application de toutes les directives de l'appareil d'encadrement, aussi absurdes soient-elles. La liberté des chefs d'exploitation agricoles est rationalisée, elle devient de plus en plus formelle et de moins en moins réelle. Alors que les agriculteurs – hormis les ouvriers agricoles – ont les moyens juridiques d'être autonomes, leur condition semble tendre toujours plus vers celle des prolétaires « libres »[31] de vendre leur force de travail au capitaliste. Si le paysan cultivait son autonomie, l'entrepreneur agricole cherche avant tout à tirer profit du complexe économique, technique et scientifique.

---

[29] Un tel refoulement de la culture paysanne laisse les agriculteurs démunis face à la pression commerciale qu'ils subissent.

[30] Cette représentation idéologique a été contestée par M. Sahlins (1976).

[31] Contre les économistes de l'école classique, Marx (1867) a bien montré que cette « liberté » était purement formelle pour les ouvriers déracinés des cadres sociaux traditionnels.

Bien entendu, il existe différents degrés de soumission à la parole des vendeurs d'intrants. Certains agriculteurs ne suivent pas exactement les conseils des commerciaux tandis que d'autres appliquent à la lettre les doses de pesticides recommandées. D'une manière générale, il leur est souvent difficile d'envisager un autre système de production. Il nous semble que ce manque d'imagination est le signe essentiel de leur asservissement au système. S'ils font ce qu'on leur dit de faire, il faut sans doute en chercher la raison dans l'opinion selon laquelle il serait impossible de rompre avec les pratiques productivistes. L'obéissance aux agents du pouvoir peut également être expliquée par la volonté de gagner davantage ou le désir de se conformer à la norme afin de bénéficier des avantages symboliques (reconnaissance des techniciens) ou matériels (petits cadeaux) liés à la soumission au système.

Les attributs culturels des classes dominées peuvent également être sollicités afin d'évaluer le niveau d'hétéronomie des agriculteurs. L'endurance au mal, souvent liée aux valeurs de la virilité, la conception traditionnelle du corps, ainsi que la faiblesse du souci de soi et de sa santé, sont des valeurs et des représentations caractéristiques des milieux populaires (Le Breton, 1995, 130). L'asservissement se lit d'autant plus dans le rapport au corps que l'acteur est soumis à la domination de l'élite politico-économique. Mais la culture de classe, toujours prompte à valoriser les contingences inhérentes à la position sociale, n'adhère pas à l'idéologie bourgeoise de la surprotection corporelle. Loin de la représentation qui assimile le corps à un capital que l'individu se doit de protéger à tout prix, la dureté au mal est une manière de sauver la face menacée par la honte que peut engendrer la soumission.

Le progressisme

> « Le culte de l'avenir et la foi dans le Progrès (imaginé comme la somme de tous les progrès) représentent les deux piliers sur lesquels repose la religion civile des Modernes. »
>
> Pierre-André Taguieff, *Du progrès*

Le fondement imaginaire du productivisme est constitué par l'adhésion à l'idéologie du progrès. La croyance en l'idée selon laquelle produire le plus possible est à la fois un devoir moral et un progrès technique implique souvent un attachement à ce mode de production : il est parfois possible d'envisager une alternative mais ce n'est jamais souhaitable puisque le productivisme est considéré comme une bonne chose. Ce puissant imaginaire social et historique est en fait la vision du monde des industriels. La fascination pour la technique, pour les capacités de production d'une usine, ainsi que pour la croissance de l'économie et le développement des forces productives constituent autant de variantes du mythe du progrès.

En fait, l'idée d'une progression infinie de l'humanité vers un avenir imaginairement radieux[32] reprend en la laïcisant la promesse de bonheur du christianisme. Depuis la sécularisation initiée avec la révolution copernicienne, la foi se détourne de la religion chrétienne pour investir la science et la technique. La naissance des sciences expérimentales et le « désenchantement du monde » (Weber, 1905, 117) produisent une nouvelle conception de la nature. Dépouillée des ses dieux, cette dernière devient un stock inépuisable et disponible à un arraisonnement infini (Heidegger, 1958). Dès le début du XVIIe siècle, Francis Bacon propose aux scientifiques une nouvelle vision du monde où le sentiment religieux a cédé la place au fantasme sexuel :

> [la nature est] « une femme publique ; nous devons la mater, pénétrer ses secrets et l'enchaîner selon nos désirs » (*in* Latouche, 1995).

Dans un registre différent, Descartes énonce le programme des sciences naturelles en montrant que le progrès de la connaissance pourrait entraîner d'importantes modifications des techniques usuelles :

> « Connaissant la force et les actions du feu, de l'eau, de l'air, des astres, des cieux, et de tous les autres corps qui nous environnent, aussi distinctement que nous connaissons les divers métiers de nos artisans, nous les pourrions employer en même façon à tous les usages auxquels ils sont propres, et ainsi nous rendre comme maîtres et possesseurs de la Nature. » (Descartes, 1637, 168)

Pour les agriculteurs, le progrès est orienté vers une amélioration de la maîtrise des éléments naturels qui doit permettre d'augmenter la production. La volonté de contrôle des « mauvaises herbes » s'appuie aussi sur un désir d'hygiène et de propreté. Le travail est bien fait lorsque le champ est totalement dépourvu d'adventices. C'est pourquoi, imaginairement, les pesticides sont des produits du progrès qui transforment les agriculteurs en médecins de la campagne. Les « produits phytosanitaires » soignent les plantes et bénéficient du prestige du corps médical. Parce qu'ils permettent une augmentation des rendements, ils sont considérés comme les auxiliaires de l'idéal humaniste – « nourrir le monde » – que s'était fixée la JAC au milieu du vingtième siècle en France. La devise des militants chrétiens est encore présente chez de nombreux agriculteurs même si pour certains cet aspect moral est profondément enfoui

---

[32] En Union Soviétique, l'utopie marxiste-léniniste a tenté de réaliser les promesses des « lendemains qui chantent ». En guise d'avenir radieux, le présent a été massivement irradié depuis notamment l'explosion de Tchernobyl (26 avril 1986). Pour Georges Balandier, le désir de perfection sociale contient les germes du totalitarisme : « C'est l'idée même d'accomplissement, d'avancée vers la perfection, qui porte en elle les périls. Elle a engendré des sociétés qui ont eu la prétention de devenir parfaites, et qui se sont révélées plus qu'inhabitables : désastreuses et ravageuses de vies innombrables. Cette idée [...] présente le plus de perfection comme la forme d'un avenir plus éclairé, alors qu'il peut-être aussi le prétexte de totalitarismes métamorphosés. » (Balandier, 2001, 249)

sous la passion de l'argent. Depuis la seconde guerre mondiale, les idéaux humanitaires et politiques ont travaillé à transformer radicalement les sociétés paysannes jugées coupables de ne pas produire assez pour nourrir la population mondiale. Aujourd'hui, la dimension spirituelle du progrès a souvent déserté l'esprit du productivisme en agriculture. Le progrès est désormais synonyme d'augmentation de la taille des exploitations, il se mesure par l'accroissement des consommations matérielles (engrais, pesticides, semences, machines, carburant, etc.). L'efficacité technique équivaut à produire plus que son voisin afin de gagner la compétition dont la nature est le support. Avec l'idéologie productiviste, l'individualisme moderne pénètre au cœur des campagnes et achève de désenchanter le monde[33].

A propos du concept d'aliénation

S'il est un des cinq[34] concepts fondamentaux de la sociologie que l'on peut évoquer à propos de chacun des quatre axes de cette problématique, c'est assurément celui d'aliénation. Toutefois, il ne serait pas prudent de construire l'analyse du productivisme sur des bases aussi instables. En effet, le concept d'aliénation étant particulièrement riche et polysémique (Ricoeur, 1975), il convient d'éviter d'en faire un usage trop imprécis. De plus, le terme a pris, depuis l'analyse de Marx sur l'aliénation du travail en milieu industriel, une acception spécifique que l'on ne peut généraliser *a priori*. L'emploi du concept d'aliénation pourrait en effet laisser entendre à tort que la condition de l'ensemble des exploitants agricoles est semblable à celle des ouvriers d'usine. Il est utile de citer ici ce célèbre passage des *Manuscrits de 1844* :

> « En quoi consiste l'aliénation du travail ? D'abord dans le fait que ce travail est extérieur à l'ouvrier, c'est-à-dire qu'il n'appartient pas à son essence, que donc, dans son travail, celui-ci ne s'affirme pas mais se nie, ne se sent pas à l'aise, mais malheureux, ne déploie pas une libre activité physique et intellectuelle, mais mortifie son corps et ruine son esprit. En conséquence, l'ouvrier n'a le sentiment d'être auprès de lui-même qu'en dehors du travail et, dans le travail, il se sent en dehors de soi. [...] Le travail extérieur, le travail dans lequel l'homme s'aliène, est un travail de sacrifice de

---

[33] Le productivisme agricole est le résultat d'une histoire complexe combinant l'apparition en Occident de l'individualisme et de l'économie comme catégorie, théorie et programme politique ; la création de la chimie moderne et de l'industrie pétrochimique ; le désenchantement du monde et la création de la Jeunesse Agricole Catholique ; les restrictions alimentaires pendant la seconde guerre mondiale ; la politique agricole de la quatrième et de la cinquième République ; le mouvement syndicaliste et la création des coopératives ; le processus de constitution de grandes firmes par agression, regroupement ou fusion ; etc. Cf. infra, notamment *Histoire de la modernisation agricole*.

[34] Selon Robert Nisbet (1964), ces concepts sont la communauté, l'autorité, le statut, le sacré et l'aliénation.

> soi, de mortification. Enfin le caractère extérieur à l'ouvrier du travail apparaît dans le fait qu'il n'est pas son bien propre, mais celui d'un autre, qu'il ne lui appartient pas, que dans le travail l'ouvrier ne s'appartient pas lui-même, mais appartient à un autre. » (Marx, 1844, 60)

L'application de cette analyse à la majorité des agriculteurs constituerait sans doute un contresens grossier. Toutefois, le recours au concept d'aliénation pourrait se révéler judicieux pour la couche la plus prolétarisée des agriculteurs. Si l'autonomie des exploitants agricoles disparaissait complètement du fait de leur intégration totale dans la sphère agro-alimentaire, l'analyse de Marx pourrait s'appliquer mot pour mot aux paysans qui cultivaient autrefois leur liberté. Bien qu'indépendants au sens juridique du terme, ils seraient alors comparables à des salariés à domicile rémunérés à la tâche. Dans le domaine de l'élevage de volailles, des contrats d'intégration lient ainsi les agriculteurs aux industriels de l'agro-alimentaire. Ces derniers proposent aux exploitants aliénés de construire un poulailler à leur charge afin d'élever des poussins vendus puis rachetés quelque temps plus tard à des prix fixés unilatéralement. De plus des mesures incitatives ou coercitives encouragent ou imposent l'utilisation de nourriture produite par l'entreprise. Les épidémies ou d'autres circonstances pouvant provoquer la disparition des volailles sont considérés comme des risques à charge pour l'agriculteur. Le statut d'agriculteur intégré par la firme peut ainsi être moins enviable que celui des ouvriers aliénés de l'industrie agro-alimentaire :

> « Lorsque des agriculteurs signent un contrat avec un grand fabricant d'aliments du bétail, pour la production de poulets de chair, ils perdent une grande partie de leur autonomie de chef d'entreprise et tombent sous la dépendance de ce fabricant. Il n'est pas exagéré de dire qu'ils deviennent des travailleurs à façon : ils appliquent scrupuleusement les instructions qui leur sont données et n'interviennent pas dans la vente du produit. » (Klatzmann, 1978, 51)

Outre cette aliénation, le même auteur remarque qu'il existe des formes d'hétéronomie moins radicales et que « plus souvent, c'est du secteur aval, des entreprises de transformation, que les agriculteurs sont dépendants » (Klatzmann, 1978, 51). Il est possible que cette hétéronomie structurelle constitue un prélude à une prolétarisation (Kautsky, 1900, 424 ; Jollivet, 1972, 231-232) future de l'ensemble des agriculteurs qui passeraient ainsi du statut d'exploitants à celui d'exploités.

Chapitre deuxième

HISTOIRE DE LA MODERNISATION AGRICOLE

> « La sorcellerie nous semble être la réponse d'une société rurale, vivant dans la stabilité sa propre reproduction, aux tentatives continuelles de la société qui l'englobe, d'introduire en son sein le changement social par le biais de l'innovation technique et du marché. En effet, c'est par l'introduction de techniques nouvelles et par la baisse des prix agricoles sur le marché que la société capitaliste industrielle essaie d'investir le mode de production domestique de la paysannerie, jouant sur l'incitation à la production et surtout sur les rapports de contrats qu'introduisit dans la société rurale, aux lendemains de la chute de l'ancien régime, la nouvelle société bourgeoise. »
>
> C. Mallet, *Sorcellerie, échange symbolique, le particularisme de la société bocaine*

Dans ce chapitre, nous nous proposons de réaliser une anthropologie historique du productivisme agricole. Ce travail nous semble nécessaire parce que la perspective diachronique fournit des matériaux particulièrement utiles à l'analyse des motivations conscientes et inconscientes des acteurs sociaux qui ont vécu le processus de modernisation de l'agriculture française. Nous avons donc choisi d'analyser longuement l'histoire de vie d'un agriculteur retraité qui a accepté de nous recevoir à plusieurs reprises[35]. Cette série d'entretiens, qui constitue un matériau riche et doué d'une réelle cohérence interne (Juan, 2005, 61-79), nous a permis de commencer à comprendre la réalité anthropologique de l'agriculture productiviste.

---

[35] Entretiens enregistrés le 12 septembre 2003, le 3 octobre 2003 et le 16 octobre 2003. Comme dans l'ensemble de l'ouvrage, les personnes ayant accepté un entretien ainsi que les tiers qu'elles évoquent apparaissent sous des pseudonymes. L'exploitation de polyculture élevage (uniquement céréalière les deux dernières années) comportait 32 hectares au moment du départ à la retraite de Monsieur Louis.

L'entre-deux-guerres : le début de la « fin des paysans »

Né en 1922 dans un village de la plaine de Caen, Monsieur Louis fait connaissance avec l'agriculture dès sa plus tendre enfance car ses parents sont installés sur une petite ferme appartenant au châtelain local :

> « Mon père était régisseur. Fallait qu'il produise et rende des comptes. Mais comme le comte était toujours sans le sou – il faisait la foire –, il ponctionnait tout le temps la ferme. C'était un bon patron, mais comme tous ces gars-là, il lui fallait de l'argent. Ils avaient la vie belle : il y avait trois fermes dans le village qui travaillaient pour eux. »

Pour Monsieur Louis, cette situation sociale privilégiée se manifeste dans le fait que le châtelain a une voiture – « une belle Fiat » – qui lui permet d'aller à Paris fréquenter les lieux de plaisir à la mode. Par contraste avec le rêve parisien, la vie au village semble terne pour ses parents qui sont animés d'une conscience professionnelle que Monsieur Louis juge excessive :

> « Un jour, une vache avait fait trois veaux. Le père Vivien dit à mon père : "tu ne pouvais donc pas en garder un pour toi ?" Il y a des régisseurs qui s'en sont bien tirés, mais mon père, il n'aurait pas pris un centime au patron. S'il avait fait une bonne affaire, il aurait pu en profiter un petit brin mais non, tout était enregistré. Il était un brin trop honnête pour la situation parce qu'il se cassait le cul quand même. »

Face à l'injustice flagrante du monde traditionnel, émerge chez Monsieur Louis le sentiment qu'il est légitime de chercher à améliorer sa condition, fût-ce en franchissant les bornes du droit ou de la morale. Dans cette société paysanne autonome par rapport à la société globale, le châtelain détient toujours un pouvoir important bien que limité depuis l'abolition des privilèges et des droits féodaux votée le quatre août 1789 par l'Assemblée nationale constituante[36]. D'après Monsieur Louis, sa présence dans la ferme familiale avait ainsi fait l'objet d'un marchandage :

> « Le grand-père [de ma femme, qui était aussi régisseur dans une autre ferme du château], n'avait pas le droit d'avoir ses enfants parce que c'étaient des bouches qui ne rapportaient rien et qui mangeaient. Mon père avait réussi à négocier de garder ses garçons avec lui. Comme on était accepté à la table, sa paye c'était peut-être pas zéro mais à peu près pareil. »

---

[36] La corvée seigneuriale et la dîme ecclésiastique disparaissent sans contrepartie tandis que certaines taxes, comme les cens et les champarts, peuvent être rachetées par les paysans installés sur les tenures qui ont ainsi la possibilité de devenir propriétaires de plein droit des terres qu'ils cultivent. Le seigneur conserve la jouissance de la réserve mais perd la faculté d'exploiter son domaine propre par des serfs ou par les tenanciers qui ne lui doivent plus de corvées.

Avant la création de l'Etat-providence, l'autorité de la troisième République peine à limiter la puissance locale :

« Et puis il n'y avait pas de lois de protection à l'époque : ils pouvaient te foutre dehors [du jour au lendemain]. Le grand-père de ma femme avait un commis qui avait divorcé et qui voulait se remarier. Il lui avait demandé d'être témoin ; le grand-père avait dit oui, mais le comte avait dit "si vous êtes témoin, on vous fout dehors". C'étaient les rois, les maîtres du village. »

Le pouvoir du comte est manifestement un vestige de l'Ancien Régime. Un siècle et demi après la Révolution française, les structures sociales locales sont encore profondément marquées par le poids de ce passé :

« [Les gens du château] n'ont pas de titres de propriété sur leurs terres. C'était descendu des rois et puis ça continuait. Ils étaient forts, il n'y a pas de doutes. Ils avaient l'argent. Ils tenaient tout le monde. Le gars qui ne bossait pas, il n'avait rien du tout. Tout le monde travaillait au château. Ils étaient propriétaires d'une partie de la commune. Ils avaient la mainmise sur l'école libre et le curé. La maison où qu'était l'école libre, c'était au château ; le curé, forcément, il avait son intérêt là-dedans. T'avais pas de défenses, c'étaient les rois. Fallait s'estimer heureux que les nôtres n'étaient pas trop [durs], il y avait pire. »

Dans cette société paysanne, il est donc impossible d'échapper au pouvoir du châtelain. Même les marginaux locaux, un couple qui habite dans les bois du village, appartiennent à la communauté villageoise qui leur fournit quelques victuailles. Ils cultivent aussi quelques pommes de terre sur un talus et ramassent du cresson dans la rivière pour aller le vendre à Caen à pied[37]. Ils ne pourraient évidemment pas habiter dans les bois du château sans l'autorisation du comte.

C'est dans ce contexte social que Monsieur Louis commence sa carrière agricole. Malgré la scolarité obligatoire imposée par Jules Ferry, il travaille dans la petite ferme du comte régie par son père dès son enfance :

« Avant 1934, quand tu rentrais de l'école, il fallait atteler le poney, traire les vaches, il fallait approvisionner les vaches, les chevaux : apporter du foin et des betteraves. On grattait les betteraves une par une à la main. Tu les arrachais à la main [alors] elles étaient pleines de terre. Le samedi, tu passais une demi-matinée à en faire pour le dimanche. J'ai commencé à travailler [à plein temps] en 1934, à douze ans. Mais le salaire n'a commencé qu'en 1936. Ma mère a réglé les charges sociales à partir d'octobre 1936. Mon salaire, les premières années, était attribué à 150 francs par mois. [En plus], j'ai gagné deux-trois sous à faire des tâches : faire du bois l'hiver, biner les betteraves l'été. C'était dur. Dur, dur, dur, dur. »

D'après Monsieur Louis, ses parents ne se soucient pas des devoirs qu'il doit faire chaque soir après l'école. La seule chose qui importe pour eux en dehors

[37] Le village est situé à une quinzaine de kilomètres de Caen.

du travail de la ferme est la religion. Monsieur Louis doit aller au catéchisme ainsi qu'à la messe chaque samedi et chaque dimanche. Il est étonné que sa mère, qui a appris à écrire parfaitement grâce à l'Ecole républicaine, ait si peu envie que son fils bénéficie de la même éducation. Son écriture était tellement assurée qu'elle était sur le point d'être embauchée dans l'administration des Postes, Télégraphes et Téléphones (PTT) lorsqu'elle s'est mariée. Monsieur Louis, qui est bon élève en dépit du fait qu'il a peu de temps à consacrer à ses leçons, arrête prématurément sa carrière scolaire. Il voudrait bien se présenter au certificat d'études mais aucun élève de l'école n'a eu l'occasion de tenter sa chance depuis des années. L'institutrice, dont les qualités pédagogiques semblent laisser à désirer, refuse de présenter ses élèves afin de préserver sa réputation. Monsieur Louis éprouve du ressentiment de ne pouvoir s'adonner à sa passion pour l'école. La perspective d'échapper au statut de paysan se heurte à la réalité impitoyable de la condition sociale de ses parents.

Au niveau du village et de la ferme familiale, la vie quotidienne est articulée autour d'usages du corps que Monsieur Louis a du mal à supporter. Le travail du paysan est physique et cette caractéristique est ressentie comme un archaïsme qu'il est souhaitable de dépasser. Dans cette perspective, l'innovation technique constitue le fondement réel de l'imaginaire du progrès. L'introduction de la machine est perçue comme une bonne chose car elle semble susceptible d'améliorer les conditions de travail :

> « L'évolution a été rapide par rapport à ce que ça pouvait être cinquante ans avant. Quand on pense qu'avant, ils fauchaient à la faux. Marcel, qui fauchait le foin chez son père, me disait toujours que quand la première faucheuse est arrivée dans la commune, le grand-père Laforêt lui avait dit : "Laisse, Marcel je vais te [le faire]". Quand il voyait la faucheuse à foin passer, ça lui coupait les bras. »

La métaphore de la machine qui coupe les bras du paysan traditionnel permet de saisir une dimension essentielle de l'inconscient culturel productiviste. Dans le passage de l'outil traditionnel à la mécanique moderne, outre la désuétude du corps, est perceptible la rupture du lien symbolique qui reliait le paysan à la terre par la médiation de ses bras et de leur prolongement technique. La faucheuse, en se substituant à la faux, inscrit dans le réel une rupture imaginaire avec la nature et introduit le fantasme de l'agriculture hors-sol. Dès lors, le sentiment d'enracinement entretenu par la technique du corps cède la place à la fascination pour la puissance de la machine :

> « Avant, on arrachait les betteraves une à une et après ils les coupaient une à une. Et puis [il fallait] les mettre en rets et les charger. Quand l'arracheuse-chargeuse est venue des années après, à dix/douze à l'heure six rangs [de betteraves] arrachées, coupées, charriées... On ne peut pas s'imaginer, ça fait un choc, tu ne prends plus ta fourche, c'est incroyable, il n'y a pas de doutes. »

Monsieur Louis ressent vivement ce sentiment de désuétude des techniques corporelles qui étaient auparavant indissociables de la condition paysanne. En affranchissant le travail agricole des limites du corps, la machine permet un gain de productivité qui lui paraît d'autant plus désirable qu'il aspire précisément à vivre la « belle vie » plutôt qu'à s'installer dans le statut du paysan traditionnel incarné par son père. La référence constante à la pénibilité du travail physique nous rappelle que la machine est perçue comme un moyen technique permettant l'affranchissement de la servitude héritée de l'Ancien Régime. Puisque le comte a une belle voiture, l'agriculteur moderne aura bientôt de belles machines...

La ferme traditionnelle est organisée sur un modèle hiérarchique recourant à la spécialisation des tâches :

> « Dans la ferme il y avait des vachers ou des vachères qui s'occupaient du troupeau et de la laiterie. Chacun avait sa partie. Avec les chevaux, c'était pareil. Il y avait le grand valet, un genre de contremaître, deux jeunes dessous et puis le petit gamin qui sortait de l'école. Ce n'était pas toujours le plus heureux. Moi je n'ai pas connu ça mais quand le grand valet fermait son couteau, ça voulait dire que c'était la fin du repas. Mon père me disait que ses parents l'avaient mis dans une ferme où le grand valet le levait par les oreilles. »

Potentiellement tyrannique, ce système inégalitaire encourage parfois des révoltes ponctuelles :

> « Dans le village à côté, le père Turpin me disait qu'il y en avait un, Quétel, c'était une saloperie, pire que les patrons. Un jeune est venu, on l'a prévenu. Il a dit : "ce n'est pas grave, je m'en arrangerais". En effet, il lui avait foutu un coup de croc à fumier entre les épaules : "comme ça, t'en fera pas chier d'autres". »

Pour Monsieur Louis, le monde rural traditionnel est contestable parce qu'il semble ignorer la pitié. Il considère ainsi qu'il est anormal que lors de son enfance, son père ait dû marcher chaque semaine sur un parcours de douze kilomètres en étant contraint de passer devant la statue d'une vierge noire qui le faisait courir de peur. La possession d'une voiture, objet moderne et techno-scientifique s'il en est, signifiera pour Monsieur Louis l'affranchissement des contraintes spatiales associées à la tradition. L'agriculture se modernisera donc en abandonnant l'« obscurantisme » d'un monde peuplé de divinités effrayantes pour les merveilleuses machines des ingénieurs...

Bien qu'il soit enfant de chœur, Monsieur Louis semble peu sensible au catholicisme qui légitimait les structures sociales de l'Ancien Régime. La religion dominante est manifestement incapable de fournir une signification à son existence. La croyance en un prolongement de la vie après la mort – enfer, purgatoire ou paradis – est tombée dans la désuétude. Désormais, il n'est plus possible d'envisager l'amélioration *post-mortem* de sa condition. Avec la fin de la compensation symbolique qui facilitait l'acceptation des insatisfactions de la vie quotidienne, l'exigence d'ascension sociale conforme à l'idéal républicain prend de l'ampleur. Un siècle et demi après la révolution, Monsieur Louis incarne donc la transition entre mentalité traditionnelle et esprit démocratique.

L'élément moteur de cette mutation réside sans doute dans la dévitalisation de l'Eglise catholique et dans l'incapacité de la foi chrétienne à satisfaire la nécessité anthropologique selon laquelle la vie doit avoir un sens. L'affaiblissement de l'institution légitimant le pouvoir du comte pousse Monsieur Louis à chercher dans la technique et la science modernes une nouvelle signification à l'existence et au métier d'agriculteur. Pour la culture bourgeoise, le monde traditionnel serait plongé dans l'obscurantisme car il n'aurait pas encore été éclairé par les lumières de la raison. Monsieur Louis décrit ainsi les débuts du machinisme agricole affrontant les ténèbres de l'archaïsme paysan :

> « Avant la guerre quatorze, ils fauchaient encore tout à la faux, ils battaient encore au fléau. Les premières machines, c'étaient des piailleuses : il y avait un tapis roulant incliné, ils montaient un cheval dedans, et le cheval entraînait le tapis. Après 1914, ça a été les batteuses avec les machines à vapeur. Il fallait approvisionner ça toute la journée en charbon et en eau. Et puis quand la journée de battage était finie, il fallait remettre les chevaux sur le matériel pour le remporter – il était quelquefois onze heures ou minuit – avec une mauvaise lampe tempête. »

Traction animale et méconnaissance de l'électricité : l'homme traditionnel semble extrêmement démuni face à la puissance des éléments naturels. L'entreprise technoscientifique va donc consister à donner à l'humanité les moyens de vaincre les ténèbres grâce à de nouvelles sources d'énergie. A la campagne comme à l'usine, le fantasme de possession et de maîtrise de la nature issu de la philosophie cartésienne prendra le chemin privilégié de l'augmentation de la production et de la productivité du travail. Ce changement, perçu comme une évolution inéluctable, est approuvé par Monsieur Louis qui adhère manifestement à la modernisation de l'agriculture :

> « D'abord, ils faisaient les bottes de paille à la main, et après il y a eu une machine que l'on mettait au bout de la batteuse : un diabolo. C'était un lieur. Après ça, il y a eu les grosses presses. Les machines se sont améliorées, forcément : de plus en plus de rendements. »

Puisque la mécanisation permet un accroissement des quantités produites, il lui semble évident qu'elle constitue un bienfait pour l'humanité. Pour Monsieur Louis, le jugement de valeur ne fait aucun doute : l'industrialisation de l'agriculture est une bonne chose. Dès lors, chaque innovation technique permettant d'accroître la vitesse de production et la quantité produite sera accueillie favorablement. Dans le basculement du monde clos à l'univers infini (Koyré, 1973), le désir d'illimitation qui n'est plus satisfait dans le spirituel se déplace vers le matériel. Compensation réelle à une carence du symbolique, le déchaînement de l'économie semble chercher à effacer les effets désastreux du désenchantement du monde (Weber, 1905).

Mais entre les deux guerres, malgré l'introduction de quelques innovations techniques, l'agriculture normande demeure conforme à la tradition et les rendements sont modérés : « quarante quintaux, cinquante les bonnes années »[38]. Le savoir-faire du paysan, s'il permet de tirer parti des processus naturels, ne peut en aucune façon être comparé aux techniques qu'introduiront les ingénieurs après la seconde guerre mondiale. Le paysan traditionnel, loin de chercher à tirer parti des ressources dont il dispose comme un industriel exploite une mine de charbon, cherche à domestiquer la nature plutôt qu'à la dominer. Ainsi, la rationalisation de l'agriculture est toujours embryonnaire bien qu'elle semble souhaitable à Monsieur Louis :

> « Avant les pailles de blé étaient hautes, ça versait, par moment tu serais passé en vélo dans la parcelle, le mouron[39] était au-dessus du blé. Ça ne tenait pas debout. »

On ne peut vraiment pas faire confiance à la nature pour respecter le travail du paysan... A cette époque, les semis sont réalisés à la main et les engrais chimiques ne sont pas encore utilisés. Dans la plaine de Caen, les seuls amendements pratiqués sont la potasse d'Alsace et les phosphates algériens. A l'exception des fermes du château qui disposent de plusieurs dizaines d'hectare d'un seul tenant, l'espace rural semble complètement irrationnel :

> « Il y avait des parcelles enclavées. Il n'y avait pas de chemin pour accéder alors il fallait faire valoir son droit de passage mais c'était des histoires, forcément, ça abîmait les récoltes. Tout ça pour alimenter une parcelle qu'était pas beaucoup plus grande que le chemin qu'il avait fait. Ce n'était pas facile. Il y avait des parcelles en rond, en pointe, c'était infernal. »

L'inconscient culturel catholique est perceptible dans l'allusion à l'enfer qui apparaît dans les propos de Monsieur Louis. Mais à la différence de l'ancienne conception théologique, l'univers infernal n'est plus une des modalités de l'avenir mais plutôt le signe du passé. Et si la tradition est identifiée à l'enfer, l'avenir est par conséquent synonyme de paradis. Bientôt, le progrès viendra faire « table rase » de cette morphologie sociale insuffisamment productive au regard de la rationalité technique et économique.

En dehors de l'électricité arrivée en 1926, l'économie du village est assez peu dépendante de la société globale. L'alimentation de la population est directement produite sur les fermes de la commune. De ce point de vue, les paysans sont parfaitement autonomes :

> « Autrefois, on vivait quand même en autoconsommation. T'avais le jardin déjà : des haricots pour l'hiver, des pommes de terre. Tu élevais des lapins qui prenaient ce que le

[38] Le village de Monsieur Louis est situé dans la partie la plus fertile du département du Calvados.

[39] Herbacée adventice du blé, à fleurs rouges ou bleues.

jardin leur donnait. T'avais des poules : t'avais tous les jours les œufs que tu voulais. T'élevais un cochon ou deux dans l'année. Autrement, tu n'avais pas l'argent toujours pour [acheter tout ça]. T'avais le lait, la crème, le beurre. Les petites fermes, elles vivaient beaucoup comme ça. Ça a commencé à se dégrader à partir de 1936[40] avec les charges sociales et les [cotisations pour les] allocations familiales. Avant, le petit fermier se tirait [d'affaire] parce qu'on ne lui demandait rien, il vivait comme ça. Mais quand on a commencé à lui donner euh à lui demander de l'argent pour toutes ces charges sociales, c'est là que ça a été difficile. Forcément, toutes ces charges-là, il a bien fallu trouver l'argent quelque part. (*Ça obligeait à vendre plus ?*) Voilà. (*A restreindre l'autoconsommation ?*) Forcément. »

Mais l'emprise croissante de la société globale sur la communauté villageoise n'a pas que des inconvénients pour les agriculteurs. En 1936, Georges Monnet, agriculteur et ministre du gouvernement Blum, promulgue une loi instituant l'Office National Interprofessionnel du Blé provoquant une revalorisation des prix de vente[41]. Après la guerre sera adopté un statut du fermage et du métayage[42] qui contribuera à limiter le pouvoir du comte et à garantir un certain nombre de droits aux locataires de terres agricoles. De plus, les coopératives viennent concurrencer les marchands privés et semblent contribuer à améliorer la rémunération des producteurs :

« C'est le syndicat[43] qui a créé les coopératives[44] au départ. [Avant 1936], les paysans ne pouvaient pas vendre leur blé[45], c'était affreux. Ça a continué avec le droit du fermage. Après, ça a suivi l'évolution des salariés. Maintenant, les fermiers sont plus forts que les propriétaires. La coopérative permettait d'acheter à des prix groupés et puis elle avait les moyens de discuter avec les acheteurs. A part quelques ventes aux particuliers, on vendait tout aux coopératives. »

L'amélioration des conditions de commercialisation des surplus, ainsi que l'instauration de nouvelles charges financières créées par la société globale au nom de la solidarité nationale, contribuent à diminuer progressivement la part de l'autoconsommation dans l'économie rurale. Mais tant que le paysan a les

---

[40] Les lois du 5 avril 1928 et du 30 avril 1930 instituent pour les salariés titulaires d'un contrat de travail une assurance pour les risques maladie, maternité, invalidité, vieillesse, décès et la loi du 30 avril 1928 un régime spécial pour les agriculteurs. Le droit aux allocations familiales pour les chefs de famille et l'obligation de cotisation pour tous les employeurs apparaissent en 1932, sont appliqués à partir de 1936 pour les salariés agricoles et 1939 pour les exploitants.

[41] 80 francs en moyenne en 1935, 140 en 1936 et 180 en 1937 (Madeline et Moriceau, 2006). Si Monnet impose l'extension des droits sociaux aux ouvriers agricoles, le Sénat bloque sa réforme du fermage.

[42] Cette importante avancée sociale est adoptée le 31 mars 1946 et votée à l'unanimité par les députés de l'Assemblée nationale constituante le 14 avril sous le ministère Tanguy-Prigent.

[43] Trois ans après la création du ministère de l'Agriculture (1881), la troisième République reconnaît les syndicats professionnels y compris agricoles.

[44] La loi autorisant la création du Crédit Agricole est votée en 1894, celles autorisant les groupements professionnels et les coopératives en 1900 et 1906.

[45] Les premières baisses importantes des prix datent de 1929 et 1931.

moyens de refuser une vente qui ne lui convient pas, il conserve son autonomie par rapport au système commercial :

> « Pour moi, un agriculteur, comme j'en ai connu dans le temps, il achetait des bêtes maigres, il faisait des bœufs gras, il récoltait ses céréales, il concassait son blé et son orge, il élevait deux ou trois cochons avec ses patates... Maintenant, c'est fini tout ça. C'étaient eux qui produisaient, qui vendaient et qui étaient libres de dire "non je ne vends pas ça parce que je veux le vendre tel prix". A cette époque-là, les bouchers achetaient dans les fermes. Le boucher choisissait sa bête, ça discutait sur le prix, quand c'était entendu, ils se tapaient dans la main, c'était fini. »

L'échange des biens, même s'il recourt à la monnaie, est encore essentiellement symbolique et peu contaminé par la logique économique du contrat. La fidélité à la parole donnée est une norme sociale respectée car la sanction encourue par les resquilleurs réside dans la perte de la face. Monsieur Louis gardera toute sa vie ce désir d'indépendance conforme à la culture paysanne : « Je n'ai jamais voulu dépendre de personne. Si tu dépends des autres, t'es foutu ». S'il y a une dimension de l'agriculture traditionnelle qui lui convient, c'est bien le goût de l'autonomie qu'il a cultivé durant l'ensemble de sa carrière professionnelle. Mais il y a un aspect du travail paysan que Monsieur Louis se réjouit d'avoir vu disparaître. Il revient en effet à plusieurs reprises sur l'idée que le labeur physique était particulièrement pénible :

> « Avant, on déchargeait les betteraves à sucre à la main, on marchait toute la journée dans les mottes avec les chevaux. Il fallait soigner le cochon, les bœufs, les vaches en rentrant de la plaine. Il fallait charger les bottes de paille ou de foin à la fourche sur les chariots et mettre ça dans les greniers. [La scie passe-partout,] c'était un coup à prendre, comme tout ce qui était travail à la main. Des arbres de grand diamètre, j'ai vu y être une matinée [pour l'abattre]. Il fallait scier le plus près possible du sol : tous mes pantalons étaient [coupés à hauteur du genou]. On en chiait, c'était du boulot. »

Le travail physique, celui qui met en jeu le corps, est bien le symbole de l'agriculture traditionnelle. S'il était valorisé lorsqu'il était indissociable de la condition paysanne, le développement de la mécanisation alimente dès l'entre-deux-guerres l'idée que le travail de l'agriculteur moderne sera au moins autant intellectuel que physique. De même que l'agriculture technoscientifique devra rompre symboliquement avec le sol, le chef d'entreprise agricole, s'il souhaite bénéficier de la dignité sociale accordée aux ingénieurs, devra s'émerveiller de la puissance des machines qui auront le pouvoir inimaginable de faire connaître la désuétude à son corps.

Le témoignage de Monsieur Louis montre que la vie locale commence à se transformer. La fête du village – « la nativité : la fête de la sainte vierge » – a récemment disparu et les déplacements de population s'intensifient, introduisant une rupture importante dans la vie communautaire. L'espace investi par les villageois augmente, dévitalisant les rapports sociaux dont la richesse provient en partie du côtoiement quotidien. S'ils continuent à appartenir au village, les habitants sont de plus en plus nombreux à travailler à l'extérieur. Les industries de la région proposent en effet aux ouvriers agricoles un travail mieux rémunéré qui semble susceptible d'améliorer leur condition :

> « [Avant,] c'étaient les mêmes familles qui vivaient au pays. Les gens du village ont commencé à s'expatrier quand l'industrie [s'est développée]. Les ouvriers agricoles ont trouvé qu'ils gagnaient plus cher [à l'usine], et puis peut-être que le travail n'était pas le même. Ils allaient tous à Caen en vélo à la SMN[46]. Il y avait la SMN et puis une cartoucherie à Lébisey. Il y avait aussi les mines de Saint-Rémy au sud de Caen et les chantiers navals puis la SAVIEM[47] à Blainville. »

Ces migrations pendulaires sont facilitées par la bicyclette qui augmente la capacité de déplacement des petites gens[48] mais elles restent limitées du fait que les ouvriers n'ont pas encore accès à la voiture. Mais comment peut-on expliquer la fuite des ouvriers agricoles vers l'industrie ? En fait, les journaliers n'avaient pas beaucoup à perdre car leur statut social était peu enviable :

> « En agriculture, l'été, il y avait les récoltes, mais l'hiver, il n'y avait pas toujours du boulot pour tout le monde. Ce n'était pas garanti à 360 jours par an. Et puis ils les payaient rien mais le gars, il avait le ventre plein. Ils brassaient des pommes à la main, ils faisaient du bois, des fagots qu'ils faisaient à tâche : c'était tant du fagot. »

Mais surtout, les ouvriers n'avaient pas le choix car les débuts de la mécanisation avaient déjà considérablement réduit les possibilités de travail que l'agriculture pouvait leur offrir. Enfin, l'usine leur proposait une amélioration réelle de leur condition sociale :

> « [Dans l'industrie], il y avait une meilleure paye en général, ils avaient plus de temps libre et puis le social était peut-être déjà un peu plus développé. Eugène Mouchel, il s'est acheté sa maison parce que la SMN a financé. Tous les logements du plateau, au carrefour Lazzaro, c'était les ouvriers de la SMN. Peut-être qu'ils payaient un loyer sur leur salaire, puis après ils devenaient propriétaires. Tout ça, ça incitait les gens à partir, il n'y a pas de doute. »

Dès l'entre-deux guerres, la communauté villageoise commence donc à perdre son autonomie par rapport à la société globale. L'agriculture, quant à elle, se mécanise de plus en plus et emploie de moins en moins d'ouvriers. La faucheuse et la moissonneuse-lieuse notamment conduisent ses derniers à quitter

---

[46] Société Métallurgique de Normandie.

[47] Les chantiers navals fondés en 1917 ferment en 1954. En 1956, la SAVIEM reprend le terrain et construit une usine construisant des poids lourds. En 1978, la fusion entre la SAVIEM et Berliet engendre Renault Véhicules Industriels.

[48] Ces derniers ne pouvaient pas recourir aux voitures ou aux chevaux qui permettaient aux membres des autres classes sociales de quitter le village. Avant l'arrivée de la bicyclette, seules les techniques du corps traditionnelles (notamment la marche) leur étaient accessibles. Ils étaient donc attachés au village par force autant que par culture.

la ferme pour l'usine. C'est dans ce contexte que les parents de Monsieur Louis déménagent à l'intérieur du village :

> « On est arrivé à la grande ferme, en 1938, avec mes parents. C'était toujours le même système. C'était le même propriétaire, Charles, [le comte] et il n'y avait rien de changé sauf que la ferme était bien plus importante. J'avais seize ans, c'était plus le travail de gamin qu'on me faisait faire. Je prenais un attelage et je partais dans la plaine. Casser des mottes, faire du labour, semer, charrier du fumier. On nettoyait nos écuries, on pansait les chevaux, on les soignait. Il fallait pomper l'eau. Il y avait quatorze chevaux de labour plus quatre ou cinq demi-sangs qu'ils revendaient à l'armée. »

Le père de Monsieur Louis est toujours régisseur pour le comte qui détient encore un pouvoir important sur les habitants du village. La domination du châtelain semble d'ailleurs inébranlable. Malgré les débuts de l'industrialisation, l'agriculture est toujours essentiellement régie par un fonctionnement social qui paraît avoir existé depuis toujours :

> « Le samedi matin, mon père allait souvent vendre 300 ou 400 kilos d'orge ou d'avoine à Bayeux, à la halle aux grains. Il rapportait parfois un petit cochon qu'il achetait avec la vente du grain. Ensuite, le grain revenait souvent chez la grainetière de Creully. T'avais des grainetiers, tu trouvais des graines de colza, de rutabagas, de betteraves, c'était une profession. T'avais deux-trois variétés, tu choisissais la variété qui te plaisait. On produisait des betteraves fourragères pour les animaux et des betteraves à sucre pour l'usine. On achetait la graine ou ils la fournissaient à l'usine. »

Même si les industriels du sucre tentent déjà de contrôler l'activité des paysans, le personnage du grainetier n'a pas encore disparu. Et les structures sociales traditionnelles semblent vouées à perdurer indéfiniment. Pourtant, l'ébranlement de la société paysanne ne sera pas sans conséquences sur le cours de l'histoire.

La guerre : une expérience marquante

Au village, une partie des hommes a été réquisitionnée pour partir sur le front. Dans la ferme familiale, la seconde guerre mondiale se concrétise par la perte de la majorité des chevaux de labour. Mais, le problème ayant été résolu grâce à l'imagination de son père, Monsieur Louis découvre, émerveillé, que l'innovation technique peut accélérer le rythme du travail et augmenter le pouvoir du paysan sur la nature :

> « Quand la guerre est arrivée, les Français nous ont réquisitionné des chevaux, et puis ensuite les Allemands, alors on a perdu neuf chevaux sur quatorze. Ils ne nous restaient plus que des vieux clous alors mon père a dit “on va atteler les chevaux de sang”. On en a chié pour dresser ça, mais quand c'était dressé, ça tournait. Quand tu avais fait la journée dans les mottes avec ça, le soir, tu n'allais pas au cinéma. Ils étaient faciles. Ça

avait des petites pattes mais c'est incroyable la force et la nervosité que ça a. Ça marchait avec deux ficelles. C'était une direction assistée à côté des gros percherons. C'était agréable de travailler avec. On en avait mis sur la moissonneuse-lieuse. Quand les bottes sortaient, ça y allait. T'en mettais quatre sur la lieuse, ça dépliait. »

La métaphore mécanique vient spontanément dans la bouche de Monsieur Louis pour décrire les qualités des chevaux de selle. Puisque leur rapidité permet d'accélérer le rythme du travail, ils bénéficient du préjugé productiviste qui accorde de la valeur aux techniques permettant d'augmenter le rendement. Le temps commence en effet à devenir une denrée rare qu'il faut à tout prix rentabiliser au maximum. Tout en continuant à travailler avec ses parents, Monsieur Louis déménage en 1941, suite à son mariage. Sa femme est la troisième fille d'une agricultrice du village. Elle aide sa mère à assurer le travail de la ferme car son père est décédé prématurément en 1935 et ses sœurs aînées sont parties pour la ville :

« La grand-mère[49] travaillait comme une dingue. [Son mari] est mort en mars 1935. Elle s'est trouvée veuve à trente-neuf ans avec trois filles. [Ma femme] a commencé à l'aider à traire vers onze/douze ans. [Contrairement à ses sœurs, elle n'a pas eu l'occasion de faire des études]. Les autres, le samedi, elles s'amenaient, c'étaient les demoiselles, "tu aurais dû faire-ci, tu aurais dû faire ça". [Ma femme], c'était un peu la bête de somme. Elle n'étudiait pas et puis elle était jeune. Et puis la grand-mère ne voyait que pour [ma belle-sœur qui faisait des études à Caen pour devenir secrétaire]. C'est certain que le jour où on a été ensemble, on a été plus heureux. »

Dans le regard de sa mère, la femme de Monsieur Louis est dévalorisée parce qu'elle travaille à la ferme. En effet, bien qu'elle sache écrire, elle n'a pas poursuivi ses études aussi loin que ses sœurs qui deviendront infirmière et secrétaire. L'échelle de valeurs de la société globale délégitime le paysan coupable d'exercer un métier symboliquement éloigné de la plume. L'idéologie d'origine urbaine qui assimile l'agriculteur à un « plouc »[50] ou un « bouseux » est perceptible dans l'attitude de la belle-mère de Monsieur Louis. Pourtant, en cette période de pénurie alimentaire liée à l'occupation, la solidarité s'exerce en faveur des membres de la famille qui redécouvrent les avantages de la ferme :

« Pendant la guerre, tout le monde était venu là. La grand-mère, il fallait qu'elle nourrisse tout le monde. Tout le monde ponctionnait : on remportait du beurre, du lait,

[49] Il s'agit de la belle-mère de Monsieur Louis.

[50] Formé à partir de l'apocope des noms de communes bretonnes en *plouc* et *ploug*, ce mot désigne un paysan de manière populaire et péjorative. Son emploi étant attestée en 1880 en Bretagne et en 1936 (Rey, Rey-Debove, 1987), son apparition pourrait être le fait des ouvriers déracinés et aliénés à l'industrie mais affirmant une suprématie symbolique sur les ruraux. De même, « bouseux » est un mot de l'Ouest apparu vers 1885 qui dévalorise le paysan au moment ou l'urbanisation du territoire bat son plein. « Cul-terreux » est également attesté en 1869 alors que « rustre » est plus ancien (1679 d'après Rey, Rey-Debove, 1987).

de la crème. [L'oncle et la tante de ma femme] sont venus habiter avec nous pendant un an parce que leur maison était occupée par les Allemands. »

Les habitants des villes ou les ruraux n'exerçant pas d'activité agricole semblent considérer qu'il est tout à fait normal que la solidarité familiale s'exerce à leur profit. Et la belle-mère de Monsieur Louis, qui partage manifestement ce point de vue, assume cette charge supplémentaire avec l'aide de sa fille cadette. Pendant la guerre, la vie quotidienne est marquée par les restrictions alimentaires et le sentiment que quoique l'on cherche, on ne trouve rien :

« [Le soir, on concassait du blé dans un moulin à café]. Il ne fallait pas qu'il y ait un jet de lumière [à travers la fenêtre] parce qu'autrement, ils gueulaient. Après, j'avais réussi à faire passer cinquante kilos de blé au moulin intercommunal. C'était le "système D", hein. La farine était toute prête faite, là. Il n'y avait plus qu'à faire le pain. Ma femme faisait des bougies dans une pompe à vélo, avec du suif de bœuf et une ficelle pour faire la mèche. Ce n'est pas difficile, il n'y avait rien. Ce n'est pas croyable, mais... Ça, c'est la carte d'alimentation. Ça c'était la carte de textile. [Ma femme n'avait pas tout dépensé] mais elle s'est bien rattrapée depuis. »

Cette pénurie généralisée provoquera après-guerre une passion consommatrice. Comme s'il fallait à tout prix laver l'affront causé au pays par l'épreuve de la faim engendrée par l'occupation. Même le cheval que Monsieur Louis avait dressé pour aller à la mer en carriole a été réquisitionné par les Allemands. Ces quelques sorties estivales qui constituaient les seules vacances autorisées par la condition de paysan ont disparu lorsque la bataille gagne le village :

« Là-haut, dans la plaine, il y avait un canon de quatre-vingt-huit [allemand] qui était enterré et bien camouflé. Il a arrêté six chars [canadiens]. Un char était arrivé à 400 mètres devant le canon et puis "bloum", une boule de feu. Ils étaient grillés là-dedans, les gars, forcément, ils avaient plein de munitions. Un char s'en est aperçu, a descendu dans le fond de la vallée, a remonté vers la plaine et a foutu la pièce en l'air. A la place du char, pendant des années, il n'y avait plus rien qui poussait. »

Monsieur Louis est particulièrement frappé par la puissance de la technique moderne qui a le pouvoir de stériliser le sol[51]. Il observe également avec admiration le matériel des troupes alliées[52] qui n'ont pas hésité à faire table rase du passé :

« Les labours de la ferme du château étaient entourés d'un fossé et d'une haie de dix/quinze mètres de large. Il y avait quand même 150 ou 200 hectares. Quand [les Canadiens] ont fait le camp d'aviation, ils étaient équipés. Ils ont débarqué des bulldozers, ont arraché tous les arbres et ont fait des tas. On avait encore des meules de

[51] Les pesticides mettront à la portée des agriculteurs cette faculté jusqu'alors inconnue.
[52] Il porte le même regard sur le matériel allemand : « A Bretteville, il y a eu pendant longtemps un char "tigre" sur le bord de la route. Un sacré engin : quarante tonnes ».

paille de l'année précédente, tout ça, vas-y donc. Ils ont bien aplati le terrain avec des cylindres. [Ils sont venus de la côte] avec des grandes barges de quinze mètres de long chargées de treillage. Je ne sais pas combien de tonnes qu'ils avaient là-dessus. Trois jours après, les avions décollaient là-dessus à trois côte à côte, c'est ça qui les a avantagés. Tout ça, c'était sur le terrain qu'on exploitait. On avait même une parcelle d'avoine, il a fallu demander au commandant pour aller la faucher avec les chevaux et la lieuse. »

Par contraste avec l'audace des Canadiens et l'importance de leurs moyens techniques, le début de modernisation de l'agriculture fait pâle figure. Monsieur Louis, sans doute vaguement honteux de ce retard qu'il faudra rattraper, est profondément marqué par l'étonnante capacité des soldats à modeler la nature à leur guise. Il en vient même à employer du vocabulaire religieux pour signifier la fascination qu'il éprouve face à ce pouvoir qui ne semble devoir rencontrer aucune limite. L'homme moderne, en se dotant de cette puissance surhumaine, a enfin réussi à acquérir des facultés divines :

« Ils avaient fait un forage pour arroser la piste. Ils étaient équipés, ce n'est pas croyable. Ils avaient de tout, de tout, de tout, de tout. Derrière Audrieu, ils ont fait des lignes de chemin de fer, ils ont amené des locomotives. Ce n'est pas croyable l'armada qu'ils avaient. Du plus petit outil oratoire[53], jusqu'au monstre de technique. Autour du champ d'aviation, [les Canadiens] avaient des pièces de DCA. Quand des avions allemands s'approchaient, tu voyais dans le ciel des chapelets d'obus. Quelquefois les points noirs étaient près de l'avion, quelquefois ils étaient plus loin. Puis on entendait les éclats qui retombaient et puis par moments, il y avait des [gros] morceaux. C'était vraiment une période très active. Les Allemands, quand ils se sont fait encercler dans la région de Chambois, ils ont perdu gros. 70 000 Allemands, tout – les convois, les cadavres de chevaux, de bonhommes, les canons – tout était bousillé sur place. C'est incroyable. C'était une sacrée entreprise. Il y avait 4000 navires pour le débarquement : on ne voyait plus l'eau. »

Après la guerre, Monsieur Louis et sa génération céderont au fantasme démiurgique et aspireront à moderniser l'agriculture en intégrant les innovations techniques que leur proposeront les ingénieurs agronomes. Ainsi, pendant que les agriculteurs s'approprieront ce nouveau pouvoir, la campagne pourra rattraper son « retard » et bénéficier de la technique moderne. L'expérience de l'occupation et de la libération a sans aucun doute joué un rôle très important dans l'avènement de la nouvelle mentalité. Il faut dire qu'avec la guerre, les cadres sociaux communautaires ont volé en éclats. La « classe 1922 »[54] n'existe plus, dilapidée par l'intrusion soudaine de l'histoire globale dans la vie du village :

[53] Le lapsus montre que l'agriculture adopte une nouvelle religion laïque : la technoscience.
[54] Il s'agit des habitants du village nés en 1922. Sur l'importance de ces groupes dans la vie locale, cf. Champagne (2002).

« On avait tous vingt ans mais c'est là qu'on s'est tous divisés. Il y en a qu'on a retrouvé qu'après la guerre, d'autres qui sont morts en Allemagne sous les bombardements. »

Les solidarités liées à chaque classe d'âge, qui consolidaient le tissu social local, ne se sont pas remises de la diversité des itinéraires de chacun durant l'occupation. Mais la libération apporte aussi un changement important dans l'existence de Monsieur Louis. Le Comte remercie en effet son père et le remplace du jour au lendemain par un autre agriculteur :

« Les Canadiens sont arrivés le six juin 1944. La rive gauche de Caen n'a été libérée que le neuf juillet. La ville n'était plus qu'un tas de cailloux. Ici, on n'avait plus de chevaux pour travailler correctement à cause des réquisitions. Le frère à Mesnildrey, qu'était fermier à Tilly, avait été obligé de foutre le camp parce qu'ils se sont battus là-bas pendant des semaines. Il avait emporté des voitures et des chevaux. Si bien que le Comte a pris Mesnildrey et a expédié mon père chez lui. Mais au lieu de venir en régisseur, il est venu en métayer, c'est-à-dire qu'ils étaient moitié/moitié. Et comme le père Mesnildrey était un sacré roublard qui avait fait du marché noir, il a bouffé le comte. Toutes les factures, il les foutait au comte, tout ce qu'il recevait, il se le foutait dans sa poche. Si bel et si bien qu'il a fait le bonheur de son fils qui a pris la place après mais en tant que fermier. Il a bien fait de bouffer le Comte jusqu'au trognon – s'ils sont assez cons pour ça –, [dommage] que mon père n'ait pas su en faire autant. »

Le pouvoir du Comte, qui garantissait la cohésion du village, s'écroule subitement. Désormais, il importe peu aux villageois de savoir « ce qu'en pensera le Comte ». Mais, jaloux de ses dernières prérogatives, le châtelain congédie son fidèle régisseur comme pour le remercier de sa trop grande honnêteté. Et pour Monsieur Louis, exploité depuis son enfance par le Comte avec l'accord tacite de ses parents, l'expérience traumatisante de la guerre s'achève sur le sentiment que dans la compétition pour la vie, il est inutile de s'encombrer de préoccupations morales. Avec la réduction de l'existence à la survie économique, le respect des normes sociales ne revêtira plus l'importance qu'il avait avant-guerre. La moralité ne faisant plus recette, il faudra utiliser au mieux la liberté procurée par la montée en puissance de l'individualisme pour maximiser son profit et améliorer sa situation sociale. Dans cette nouvelle donne, l'essentiel consistera donc à « tirer son épingle du jeu »...

L'avènement du productivisme

Après la guerre, la perspective d'une mort violente se maintient quelques temps :

« J'ai vu faucher, passer avec la lieuse : on avait toujours peur qu'il y ait un cheval qui foute un coup de pied sur une grenade. Il y a des civils qui sont morts comme ça au-dessus de Caen. »

Mais la vie reprend progressivement son cours. En 1945, Monsieur Louis devient salarié de sa belle-mère. Même s'il continue à aider son père désormais installé sur huit hectares dans le village voisin, il vit ce changement de statut comme une promotion sociale :

> « J'ai été salarié chez mes parents qui étaient régisseurs [pour] le comte. Mon père me rétribuait modestement. Après, je suis venu là comme salarié [de ma belle-mère] mais je gérais la maison comme un chef d'entreprise. C'est moi qui payais mes charges sociales. [Au total], j'ai été vingt-cinq ans sous le régime salarié. Et puis j'avais deux ou trois hectares en tant qu'exploitant. [Au début des années soixante], j'ai repris l'exploitation et ma belle-mère a pris sa retraite. »

Bien qu'il aspire à devenir un chef d'entreprise agricole, Monsieur Louis ne peut conduire la ferme à sa guise tant que sa belle-mère est en activité. Il souhaiterait pourtant adopter les innovations techniques encouragées par la quatrième République :

> « Du temps de la grand-mère, il n'y avait pas moyen d'avoir cinquante kilos de semences pour renouveler [les semences fermières[55]]. Quand ils plantaient des patates, ils triaient dans le tas et replantaient : ils n'avaient rien. Il n'y avait pas moyen d'avoir 200 kilos d'engrais : il n'y avait pas de sous. A ce moment-là, il fallait de l'engrais, des semences adaptées. »

Le nouvel esprit productiviste transparaît dans les propos de Monsieur Louis. Une récolte de pommes de terre qui n'atteindrait pas le rendement le plus élevé possible est profondément insatisfaisante. Puisque la valeur découle désormais de la production maximale, les techniques traditionnelles ne valent plus rien. Il est donc nécessaire d'investir dans les intrants afin d'augmenter les rendements. Dans l'immédiat après-guerre, la modernisation de l'agriculture passe en effet par l'usage massif d'engrais chimiques et de semences certifiées fournies par l'entourage commercial. Mais sa belle-mère, qui de ce point de vue incarne manifestement la mentalité paysanne, refuse de prendre des risques en investissant massivement dans les intrants. Face à cette prudence qu'il juge excessive, Monsieur Louis perd son sang-froid car il ne conçoit plus que l'on puisse cultiver sans engrais :

> « Si bel et si bien qu'un beau jour, j'ai dit : "j'en ai marre, je ne vais pas tourner de la terre s'il n'y a rien à mettre dessus". Alors, j'en avais laissé cinq/six hectares. Je n'aurais peut-être pas dû faire ça. Après, j'ai presque regretté d'en avoir laissé. Des fois, on fait des conneries. Je trouvais que je ne pouvais pas travailler dans des conditions comme ça : quand tu n'as rien, tu n'as rien et puis c'est tout. A l'époque, [les engrais] se développaient, il n'y a pas de doute. »

---

[55] Pratique paysanne consistant à conserver une partie de la récolte pour la semer.

Finalement, après de longues années, Monsieur Louis parvient à mettre en œuvre sa vision de l'agriculture. En 1956, il acquiert un semoir d'occasion, un tracteur, une charrue et le relevage hydraulique qui améliorent sensiblement ses conditions de travail[56] :

> « Dans le matériel, c'est pareil, j'avais des chevaux, un brabant, une herse, il n'y avait rien, si on peut dire. Ils semaient encore à la main alors j'avais retrouvé un semoir d'occasion. En 1956/1957, j'ai acheté mon premier tracteur : 4000 francs. Je n'avais pas de charrue alors j'avais [attaché] le brabant à chevaux avec un bout de chaîne et un crochet. Quand j'arrivais au bout du champ, il fallait que je tourne le brabant à la main. Le pire, c'était les parcelles en pointe. C'est là que j'ai eu ma première charrue monosoc et puis j'ai fait mettre le relevage hydraulique sur le tracteur. Ça me semblait bon. Ce n'est pas croyable d'en avoir bavé comme ça. »

Dans un premier temps, Monsieur Louis jouit pleinement de l'amélioration provoquée par ces investissements. Mais il s'aperçoit rapidement que la mécanisation est souvent utilisée pour accroître la cadence et le rendement des corps :

> « Les machines étaient de plus en plus puissantes et à l'arrière des goulottes, tout descendait en sacs et il fallait se démerder. A deux ou trois, il fallait tirer les sacs et les remettre bien vite parce que ça n'arrêtait pas. Alors si le sac n'était pas remis, ça dégueulait. C'était du boulot. »

Et Monsieur Louis s'aperçoit que la modernisation, si elle peut effectivement améliorer les conditions de travail, a également la faculté d'engendrer de nouvelles formes d'aliénation. La machine a en effet le pouvoir d'imposer un rythme de travail toujours plus élevé avec un effet d'évidence qui dissimule la domination. Autrefois, si le grand valet avait ordonné une accélération du travail, on pouvait toujours traîner les pieds mais si c'est la moissonneuse-batteuse ou l'arracheuse à patates qui impose une productivité élevée, il est plus difficile de lui résister. La machine légitime l'autorité du conducteur et lui permet d'imposer la cadence maximale alors qu'il pourrait parfaitement diminuer la vitesse de ses engins. Le machinisme agricole utilisé dans une logique productiviste, bien loin d'éradiquer le travail physique dont Monsieur Louis souhaite la disparition totale, peut ainsi augmenter la souffrance de l'agriculteur et toujours plus transformer son activité en labeur voire en supplice :

> « [Avec] les premières moissonneuses-batteuses, le grain tombait dans des sacs. Les gars les ficelaient et les faisaient tomber jusqu'au sol. Quand la machine avançait trop vite, ça emplissait trop vite, [les gars] n'avaient pas le temps de ficeler le sac pour en mettre un autre. Parfois, les sacs s'ouvraient parce qu'ils étaient mal ficelés. Comme ils n'avaient pas le temps de changer les sacs, il les emplissaient à ras la gueule. J'en avais

---

[56] Monsieur Louis résume ces investissements d'une phrase étonnante : « Je récoltais, alors j'ai réussi à acheter ce qu'il fallait pour produire ». La formule nie l'existence de l'agriculture paysanne alors que la vente des récoltes traditionnelles a permis l'achat de matériel moderne.

pesé : certains pesaient 118 kilos. Quand c'est allongé dans la parcelle... Mon fils m'avait aidé à charger ça sur les chariots qui étaient hauts. On prenait le sac avec un bâton. Forcément, j'avais bientôt le sac sur le bras [pour l'épargner], j'en avais le pouce écorché. Pour monter ça là-haut, j'en ai bavé. J'en ai bavé, ce n'est pas croyable. »

Pour éviter ces désagréments, il suffirait de ralentir la moissonneuse-batteuse. Les ouvriers pourraient ainsi fermer les sacs de grain sans trop les remplir, et Monsieur Louis n'aurait plus besoin de manipuler des charges de cent kilos ou plus. Mais plutôt qu'améliorer les conditions de travail, il vaut mieux augmenter la productivité. Conformément au modèle de l'usine, la machine agricole doit désormais tourner à plein régime. Finalement, un siècle et demi après les débuts de l'industrialisation, l'agriculture est à son tour saisie de la passion productiviste qui caractérise la modernité. Mais pour alimenter l'usine agricole en matières premières, il ne suffit pas d'augmenter le régime-moteur du tracteur ou la cadence des diverses machines qui se sont répandues dans la campagne française après la seconde guerre mondiale. Il faut aussi rationaliser les techniques paysannes afin de tirer un meilleur parti de la nature. Les plantes cultivées et les animaux élevés doivent être obtenus en plus grand nombre, faute de quoi l'usine agricole risque de tourner à vide. L'utilisation massive des engrais après la guerre, puis des pesticides[57] à partir des années soixante, sont des techniques qui permettent d'augmenter encore et toujours la production. Du point de vue de Monsieur Louis, qui adhère visiblement à l'idéologie productiviste, il ne fait aucun doute que l'on ne peut plus se contenter de se fier à la nature comme les paysans traditionnels avaient coutume de le faire. Désormais, il ne faut pas hésiter à lui donner un « coup de main » pour améliorer ses performances. Signe manifeste de l'idéologie, cet état d'esprit s'impose à Monsieur Louis avec la force de l'évidence :

« Avant, Marcel labourait avec ses deux chevaux, il passait un coup de herse et semait à la main. Et puis [il attendait que ça] pousse. [Moi,] je commençais déjà à mettre des engrais : évidemment, il fallait bien mettre quelque chose. Mon marchand, qui me faisait des traites à dates, avait un dépôt à Bretteville à côté de la gare. Ça arrivait par wagons. Après est venu ce qui nous a coûté cher et qu'il fallait faire : les produits de traitements. Ça a fait un peu comme dans la pharmacie, les premiers produits n'étaient pas trop chers et faisaient bien. Après ça, les grosses boîtes ne faisaient plus ces produits-là, ils en faisaient d'autres qui étaient toujours de plus en plus chers. »

Même si ces innovations techniques accroissent l'hétéronomie des agriculteurs, Monsieur Louis est fier de les mettre en œuvre. Il faut dire qu'avec la chimie agricole, c'est le prestige social de la science qui arrive dans les campagnes. La religion positiviste gagne du terrain et contribue à transformer le paysan traditionnel en agriculteur appliquant des techniques modernes inspirées

---

[57] Anglicisme apparu vers 1960. Par ailleurs, l'*Index phytosanitaire* est édité par l'Association de Coordination Technique Agricole (ACTA) depuis 1964. Auparavant, des produits antiparasitaires étaient utilisés en quantités plus faibles (Fourche, 2004).

des sciences expérimentales. Pendant les trente glorieuses, la foi dans le progrès impose l'idée que la modernisation est souhaitable et que l'histoire suit le cours d'une amélioration continuelle. Grâce à la science appliquée, l'humanité en général et l'agriculture en particulier semblent donc s'acheminer vers un avenir radieux :

> « Après la [seconde] guerre, les batteuses ne tournaient plus avec les machines à vapeur, elles tournaient avec les tracteurs. C'était bien plus simplifié. Après, l'évolution, ça a été la moissonneuse-batteuse. Les premières n'étaient pas très au point. Elles fauchaient et en même temps, elles pressaient la paille. Il y avait un lieur à la sortie de la batteuse. Mais alors forcément, pour couper et faire la paille, il n'y avait pas assez de puissance. Ça faisait des bottes qui n'étaient pas serrées. C'était creux, tu ne pouvais plus les empiler. Alors après ça, les constructeurs ont fait des moissonneuses-batteuses qui laissaient la paille tomber sur le sol. L'avantage, c'est qu'elle séchait et après on la ramassait avec les botteleuses à foin. Ça a toujours été, la progression a été comme ça. Les botteleuses faisaient des balles de paille qui pesaient tout de même 35/40 kilos. Ça, c'était encore une autre amélioration du machinisme. Avant les pailles de blé étaient hautes, ça versait, ça ne tenait pas debout. Maintenant, au printemps, avant que le blé ne talle, ils mettent un raccourcisseur qui facilite le travail à la moisson : [ça fait] moins de paille et quand le champ est droit, ça va tout seul. Tout ça, ça a été des améliorations. »

Signe tangible de cette « évolution » jugée positive, les petites parcelles des fermes du village qui constituaient une véritable mosaïque disparaissent au profit de champs plus vastes respectant des formes géométriques adaptées aux nouvelles machines. Comme à la libération lorsque les Canadiens avaient renversé les haies[58] au bulldozer, la répartition rationnelle des terres agricoles fait ainsi symboliquement disparaître le passé :

> « Le remembrement a bien fait une amélioration pour le travail et pour la machine. Avant, quand tu labourais avec les chevaux, il fallait faire attention aux bornes parce que le brabant en prenait un coup. Le remembrement a bien fait avancer la modernisation de l'agriculture, il n'y a pas de doutes. »

Le champ lexical du progrès est omniprésent dans les propos de Monsieur Louis. La représentation dominante est bien celle d'une amélioration ou d'une évolution positive, le déroulement du temps entraînant mécaniquement une progression des techniques agricoles. Durant cette période d'euphorie techno-scientifique, chaque innovation est perçue comme une amélioration car elle est créditée *a priori* du pouvoir d'augmenter le rendement. Et le jugement productiviste attribuant de la valeur à cet objectif, les techniques traditionnelles jugées insuffisamment productives sont dévalorisées :

[58] D'après Monsieur Louis, ce sont les Belges qui, arrivés dans la plaine de Caen après la première guerre mondiale, ont commencé à bouleverser l'espace rural en abattant des haies et en comblant des fossés.

« Il a fallu que je démarre avec l'évolution parce que je n'avais aucune formation. Chez les parents, ils disaient "ce matin, tu prends trois chevaux, tu laboures là-bas, tu passes le tricycle". Avant la guerre, il y avait de la potasse [d'Alsace] et des phosphates d'Algérie qui étaient des trucs naturels. Après, il y a eu des compositions de triples : azote, acide phosphorique, potasse, [avec un dosage pour chaque plante]. Ce qui a fait l'évolution : c'est l'amélioration des variétés et les produits de traitement parce que quand il fallait faire les betteraves à la binette... Au début, je faisais un peu traiter par l'entreprise mais on ne l'a pas toujours quand il fait beau. C'est pour ça que j'ai acheté une barrique à traiter d'occasion au début des années soixante-dix. Mais alors depuis le début, depuis ma charrue, depuis le semoir à engrais, depuis les bestiaux[59], depuis la barrique à traiter, j'ai toujours fait comme ça. Il a tout le temps fallu investir. J'ai aussi investi dans les bâtiments. Les hangars, je les ai montés tout seul. Ça a été continuellement amélioré. »

Lorsqu'on lui demande si ce cheminement individuel et collectif était un projet mûrement réfléchi, Monsieur Louis répond par la négative. Et pourtant, il est manifestement fier d'avoir participé à l'aventure productiviste :

« Toutes ces améliorations-là, elles sortent de nous, il n'y a pas de doutes. On ne peut pas dire que c'était un projet parce que le projet n'existait qu'au fur et à mesure qu'on pouvait le faire. On n'avait rien, même pas un sac de ciment. Les matériaux n'étaient pas évolués comme maintenant. Après la cassure de la guerre, l'agriculture est une des choses qui a le plus évolué. Beaucoup d'hommes étaient prisonniers, les femmes allaient cahin-caha sur les cultures : c'était descendu bien bas. Comme il n'y avait pas de semences nouvelles et tout ça, ça ne pouvait pas évoluer. Et puis un cheval, pour le nourrir, il faut un hectare de prairie plus du foin et de l'avoine tandis que le tracteur, quand il ne marche pas, il ne dépense rien. »

Le propos de Monsieur Louis montre que la division sexuelle du travail attribue traditionnellement la culture en plein champ aux hommes. Une symbolique érotique correspond à cet usage. La terre est en effet considérée comme une entité féminine que seuls les hommes auraient le pouvoir de féconder. De ce point de vue, il n'est pas étonnant que les rendements diminuent lorsque les femmes sèment. En effet, étant dépourvues des attributs naturels de la virilité, elles seraient incapables d'obtenir une récolte abondante puisque leur corps ne peut produire la semence masculine. Dans l'optique productiviste, le rendement symbolise donc la puissance sexuelle des hommes. Quant au recours à l'énergie fossile, il a favorisé l'entreprise productiviste en dégageant des surfaces qui étaient consacrées à la production de la nourriture des chevaux. Comme les engrais puis les pesticides, l'introduction du tracteur a ainsi provoqué mécaniquement un accroissement de la production disponible. La merveilleuse machine moderne est accueillie favorablement car elle contribue à

[59] En 1977, Monsieur Louis vend ses vaches laitières et achète des bœufs maigres pour les engraisser : « Quand on a arrêté de traire, je louais dix hectares de prairies pour faire de la viande. [En tout,] ça faisait une trentaine d'hectares. L'hiver, il y avait du boulot [pour nourrir les bœufs à l'auge] ; il fallait faire de la pulpe, des betteraves fourragères, du maïs. Je m'étais dit que la récolte faite, il fallait continuer à gagner de l'argent. La récolte, c'est vite mangé parce qu'il faut racheter des engrais, des produits de traitement et tout ça. »

obtenir des surplus qui pourront être commercialisés. Pourtant, elle implique une perte d'autonomie flagrante car elle ne peut fonctionner sans fioul. Si le paysan traditionnel a la capacité de produire la nourriture nécessaire à ses chevaux de labour, l'agriculteur moderne ne peut faire fonctionner son tracteur s'il est dans l'incapacité de se procurer du carburant. En 1956, les tracteurs du village ont ainsi été bloqués pendant la crise de Suez du fait de la rupture des approvisionnements. Seul Monsieur Louis, qui possédait encore un cheval et du matériel traditionnel, a pu continuer à travailler ses champs, provoquant la jalousie des autres agriculteurs du village. De plus, bien qu'il se félicite de l'avènement du tracteur, notre exploitant regrette ses chevaux qui lui donnaient du plaisir :

> « Certains vieux, qui n'ont pas évolué, ont continué à bricoler avec des chevaux. Il faut avouer que c'était prenant de travailler avec des chevaux, j'aimais bien ça, mais au niveau rentabilité, c'était plus possible. »

La dimension économique semble prendre le pas sur toute autre forme de considération. Rétrospectivement, Monsieur Louis considère qu'avant l'arrivée du progrès, la vie au village était très laborieuse mais que « les gens ne vivaient pas plus mal ». Mais à l'époque, la crise du catholicisme[60] et la montée en puissance du matérialisme imposent l'idée que le bonheur réside dans l'avènement de l'eau sous pression qui symbolise le confort moderne :

> « Au début, on avait le puits à côté de la maison avec une auge pour désaltérer les animaux. Après, on a eu la pompe. C'était déjà bien, on avait moins de mal. Ensuite, on a eu des robinets aux quatre coins de la cour. Après, on a enlevé la pompe et fait la petite cuisine. Et on a eu l'eau sur l'évier [et la douche] ! Enfin on a eu la salle d'eau avec les toilettes. Ça a été une affaire d'Etat. Ça a toujours été amélioré, tout le temps, tout le temps, tout le temps. Moi, ça me suffit, mais ma femme dit qu'elle mourra avant le grand confort et qu'on arrivera peut-être jusqu'au bout comme ça. »

Même s'il est finalement déçu que sa femme n'ait pas trouvé le bonheur dans l'arrivée de l'eau sous pression, Monsieur Louis est intimement convaincu que la modernisation de l'agriculture lui permettra de gravir la hiérarchie sociale et d'acquérir dignité et reconnaissance auprès des citadins. Mais au village, la population résiste à l'avènement de cette mentalité moderne. Les mœurs démocratiques sont en effet mal perçues car elles contredisent les coutumes de l'Ancien Régime qui assignaient chacun à un statut impossible à modifier. Parce qu'il accepte conformément à la fraternité républicaine d'augmenter sa production afin de subvenir aux besoins alimentaires de ses concitoyens, Monsieur Louis est confronté à l'incompréhension des villageois attachés aux coutumes ancestrales :

---

[60] Désormais, il vaut mieux s'abstenir de respecter l'arrêt du travail durant les fêtes religieuses : « Cette année[-là], l'entrepreneur m'a fait ça le quinze août. Ceux qui n'ont pas moissonné le quinze août, ils ont fini en octobre. Il s'est mis à tomber de la flotte, ils n'ont jamais pu moissonner. »

« Nourrir le monde, c'est ça, il n'y a pas de doutes. La mentalité des gens, c'est curieux. Quand t'as commencé comme ça, tu n'as pas le droit de progresser. C'est affreux : tu es né pauvre, tu devrais rester pauvre. Les premiers postes de TSF, les premières voitures, ce n'était pas normal que tu aies ça parce que tu n'avais pas les moyens. Même par la force de ton travail et de tes compétences, tu n'as pas le droit. C'est comme quand les garçons sont partis en sixième, on s'est fait critiquer. Tu n'avais pas le droit de progresser dans aucun domaine. Tu es né pauvre, tu dois rester la crotte au cul. »

L'idéologie qui assimile le paysan à un plouc, un rustre, un bouseux et un cul-terreux est clairement perceptible dans les propos de Monsieur Louis. De même que l'invention du papier hygiénique a favorisé l'hygiène corporelle, le tracteur[61] permet à l'agriculteur de labourer sans fouler le sol. La terre n'est plus une substance nourricière dans laquelle le paysan se sent enraciné mais une matière répugnante que l'agriculteur doit exploiter au mieux. L'entrepreneur agricole, lorsque la boue envahit ses bottes, est gagné par le dégoût du citadin qui met le pied sur une crotte de chien. Avec la modernisation agricole, la terre passe donc du statut d'entité maternelle à celui de déchet susceptible de souiller les vêtements de l'exploitant agricole. Mais comment peut-on expliquer l'adhésion de Monsieur Louis à l'idéologie productiviste ? La frustration ressentie suite à sa courte carrière scolaire et le rejet de la condition sociale de l'ancien paysan incarnée par son père permettent sans doute d'expliquer son attirance pour l'agriculture moderne. Puisque la transmission orale du savoir-faire paysan est désormais tombée en désuétude, Monsieur Louis cherche à apprendre les nouvelles techniques agricoles dans les livres :

« Il a fallu que j'assimile les techniques tout seul parce que j'avais pas fait d'école pour tout ça. [Il y a] juste le comte un jour qui m'avait payé un livre d'agriculture. Je l'ai prêté mais je ne l'ai jamais récupéré. Il a fallu se former comme ça, ça n'a pas été facile. »

La modernisation de l'agriculture lui fournit ainsi l'occasion de prendre une revanche sur le sort. Avec l'aide des conseillers agricoles (Rémy, Brives, Lémery, 2006), Monsieur Louis acquiert la maîtrise des nouvelles techniques. Il veut manifestement montrer qu'il n'est pas un rustre illettré, « indécrottable » et insensible aux charmes du progrès :

« Je n'étais pas ignare. Je savais interpréter si j'avais quelque chose à apprendre sur un bouquin. J'avais toujours envie de progresser. Malheureusement, je n'ai pas été à l'école mais j'apprenais ce que je voulais : je lisais deux coups et c'était enregistré. Quand on faisait du théâtre, il ne fallait pas que je répète avant la séance. Mais si je l'avais lu deux ou trois fois même huit jours avant, ça se déroulait comme un tapis. Dans le domaine de l'amélioration, ça m'a servi parce que j'enregistrais facilement. »

---

[61] D'après le témoignage d'un agriculteur critique du productivisme, le nombre de marches et la taille du tracteur symboliseraient la position sociale occupée par l'exploitant agricole.

Monsieur Louis assimile ainsi avec fierté les innovations techniques à la mode : recours à la luzerne déshydratée pour l'alimentation des bovins, « traitement » du maïs à l'acide propionique, etc. Finalement, le parcours de Louis reflète parfaitement la fin des sociétés paysannes qui bénéficiaient d'une autonomie locale et la montée en puissance du pouvoir de la société globale sur les agriculteurs qui sont désormais assujettis à la Taxe sur la Valeur Ajoutée (TVA)[62]. Si Monsieur Louis n'avait pas fréquenté les bancs de l'Ecole républicaine, il n'aurait pas aspiré à apprendre son métier dans les livres. Sa pratique du théâtre n'est sans doute pas étrangère au fait que le gouvernement a encouragé le développement rural des pratiques culturelles urbaines :

> « Après la guerre, ce qui est venu, ça a été le foyer rural : le cinéma et le théâtre. C'était provoqué, un peu par... Pas par le gouvernement, m'enfin ça faisait partie d'une amélioration : le cinéma descendait dans les campagnes au lieu d'aller en ville. Ça s'est amélioré comme ça. »

Avec le septième art, ce sont les lumières de la raison qui viennent combattre « l'archaïsme » de la tradition communautaire incarné par la fête du village. L'arrivée de la télévision a aussi contribué à créer un lien direct entre le président de la République et les habitants du village :

> « Depuis que De Gaulle nous a dit, en 1962, "vous vous plaignez, produisez plus", on a tellement produit qu'on arrive à produire de trop. »

Par ailleurs, le productivisme de la cinquième République a été favorisé par le désir des agriculteurs de bénéficier des acquis sociaux des salariés :

> « On a toujours été de l'avant parce qu'on trouvait le moyen de prendre une semaine de vacances alors que personne ne sortait. »

Monsieur Louis se permet même de se livrer à des pratiques critiquées par les villageois car trop éloignées de « l'*hexis* corporelle des paysans » (Champagne, 2002, 25) : « On nous jalousait parce que j'avais été vu en short sur la plage. Ça faisait très évolué ». De plus, il revêt le costume du citadin pour se rendre à une manifestation dont l'existence montre que l'agriculture française est sous le contrôle de la capitale :

> « J'allais à Paris, au salon de l'agriculture. Tu n'aurais pas dit que j'étais un paysan qui était dans un bled parce que j'ai toujours aimé être bien habillé. C'était un moyen de formation parce qu'à Paris, il y avait toutes les régions de France. Tu rencontres des gens qui discutent de ce qu'ils font dans leur région, c'est quand même valorisant. »

En se remémorant son existence, Monsieur Louis a le sentiment d'avoir continuellement combattu. Ses propos illustrent parfaitement les motivations

---

[62] Campagne 1969-1970.

pour lesquelles il a accepté de survivre conformément à la vulgate darwinienne et à l'idéologie libérale. L'espoir d'une ascension sociale pour les descendants justifie ainsi tous les sacrifices :

> « La vie, ça a été ça : toujours lutter. Avec ma femme, c'était "tout pour les enfants". Je fumais un paquet de cigarettes tous les deux jours, j'ai arrêté. Dieu merci, les petits-enfants ont profité de tout ça. C'est pour ça qu'on s'est gêné. C'était dur, il fallait gratter. [Maintenant] on pourrait aller au restaurant tous les dimanches mais on ne va pas déplacer de l'argent pour le bouffer bêtement. A moins qu'ils nous suppriment la retraite, on arrivera bien au bout. »

Si la vie se réduit à tenir jusqu'à la mort, elle se transforme en survie. Pour Monsieur Louis, l'obsession économique, qui fait peser une menace sur la satisfaction des besoins physiologiques, a donc coïncidé avec l'avènement du productivisme en agriculture. L'augmentation des rendements provoque paradoxalement une peur de la pénurie alimentaire qui s'explique en grande partie par la diminution de l'autoconsommation. Les moyens matériels de l'autonomie alimentaire se restreignent avec la désaffection des jardins familiaux et la disparition progressive des ateliers de transformation du lait dans les fermes. Par ailleurs, la commercialisation des produits agricoles se développe d'autant plus que les charges financières imposées par la société globale s'accroissent. Les énormes surplus dégagés par l'introduction de l'énergie fossile, des engrais et des pesticides sont ainsi vendus aux marchands et aux coopératives agricoles, aiguisant les convoitises de ces acteurs sociaux manifestement habités par l'esprit du capitalisme :

> « Un jour, la bascule avait "déconné" : ils me baisaient cinq quintaux de blé sur ma benne. En revenant – je ne m'arrêtais pas parce que j'étais toujours à la bourre –, je vérifie mon ticket : "merde, ma benne était pleine". Je l'avais fait dire aux Burnel et aux Loucel : "Faites attention les gars, surveillez vos tickets". Robert, que je connaissais avant qu'il travaille pour COOP-CAN, ne voulait pas que je parle mais j'ai refusé. Ça avait remué la merde là-haut. »

Hormis les pratiques frauduleuses, l'individualisme des agriculteurs les plus puissants fait passer au second plan les motivations sociales qui avaient présidé à la création des coopératives :

> « Je livrais à COOP-CAN. Il y avait un gros cultivateur de Rozel qui était dans le conseil d'administration. Un jour que je voulais battre, ils m'ont dit que ce n'était pas possible parce qu'ils devaient prendre son maïs. J'ai dit "merde alors, il bloque la livraison une journée pour lui tout seul !". J'ai foutu le camp et je suis arrivé à la coopérative de Creully. »

Enfin, la recherche du prestige social, qui passe par la possession d'une grosse ferme, s'exacerbe du fait de la politique d'agrandissement des structures menée par le ministère de l'Agriculture et la « profession ». L'exode rural favorisé par la mécanisation est donc la conséquence directe de la mentalité productiviste qui implique souvent une volonté d'agrandir la ferme sans s'encombrer de préoccupations morales. Dans ce contexte, des stratégies sont mises en place pour phagocyter l'exploitation de l'agriculteur voisin lorsqu'il fait faillite ou part à la retraite :

> « Les Mesnildrey poussaient à la roue pour avoir les terres que je louais au père Barnabé. J'avais soixante-cinq ans mais j'ai fait deux années de plus : "ils ne vont pas me faire chier". J'avais tout mon matériel pour la plaine et comme j'avais arrêté les bestiaux[63], je ne peinais pas. C'était pour en avoir toujours de plus en plus grand. C'était déjà comme ça. Si je n'avais pas été à la hauteur, ça fait longtemps que j'aurais été bouffé. »

Ainsi, durant toute sa carrière, Monsieur Louis éprouve le sentiment que l'existence se réduit à une lutte pour la vie. L'individualisme extrême qui a vu le jour avec la modernisation agricole, malgré de nombreuses résistances actives ou passives, a finalement provoqué une mutation anthropologique considérable. Si dans l'espace communautaire traditionnel, tous les villageois avaient un statut social qui résidait dans leur appartenance inconditionnelle à la société paysanne, désormais, la vulnérabilité est omniprésente avec l'émergence d'une incertitude structurelle qui affecte les agriculteurs comme l'ensemble de la population française. La mobilité sociale liée aux mœurs démocratiques est donc ambivalente car elle peut aussi bien favoriser l'ascension vers le sommet que la descente aux enfers de la désaffiliation (Castel, 1995).

La situation actuelle

Depuis qu'il a pris sa retraite, Monsieur Louis continue à observer attentivement le monde agricole. Il remarque ainsi que la course à la puissance, qui existait déjà lorsqu'il était en activité, s'est tellement exacerbée que le petit tracteur et la charrue à deux socs qu'il utilisait sont désormais tombés dans la même désuétude que les percherons et le matériel traditionnel :

> « Avant, quand j'avais mes deux chevaux, je labourais avec mon brabant sur 200/300 mètres de long et 15/16 mètres de large [dans la journée]. A cinq heures le soir, je donnais un coup de herse et après je prenais mon semoir et semais la parcelle que j'avais faite parce que s'il pleuvait dans la nuit, c'était foutu. J'ai vu en laisser, il pleuvait, deux jours après tu semais, mais la terre était tassée, collante, il était asphyxié, là-dedans. Alors ça n'allait pas vite. J'y passais tout l'automne, tous les jours, si bien que ça levait à différents stades mais ça venait quand même. Maintenant, ils ont des engins qui font quatre mètres de large avec des tracteurs de 140 chevaux. Ils se suivent à deux : un qui

[63] En 1987, Monsieur Louis vend son dernier lot de bœufs et décide de poursuivre son activité céréalière. Il prendra finalement sa retraite en 1989, après cinquante-trois années de travail déclarées à la Sécurité sociale.

laboure, un qui sème. Et puis s'il fait beau, ils y vont, s'il fait mauvais, ils touchent à rien, comme ça, il n'y a rien en souffrance, c'est fantastique. »

Le fantasme d'une domination totale de la nature par la surpuissance de la machine est perceptible dans le propos de Monsieur Louis. Dans cette optique, l'accélération du travail manifeste la puissance de l'homme moderne et sa capacité à imposer sa volonté à son milieu. Avec l'allègement des limites qui bornaient le pouvoir humain, il est tentant de se prendre pour une figure divine façonnant la nature selon les caprices de son désir. Si le paysan traditionnel se contentait de guider deux ou trois chevaux, l'agriculteur contemporain est sans doute fier d'imposer imaginairement sa volonté à cent quarante équidés à la fois. La fascination qu'exerce une telle machine est à la mesure de la satisfaction qu'elle doit procurer à son conducteur. Monsieur Louis considère toutefois que certaines pratiques productivistes sont excessives. Il regrette ainsi que les prairies soient labourées et les haies arrachées[64] pour augmenter encore les surfaces consacrées aux céréales. Un tel usage de la puissance machinale lui semble relever de la démesure, cette *hubris* qui déplaisait tant aux Grecs de l'antiquité :

« Evidemment, après, il y a eu un excès. Ils ont commencé à labourer [les herbages] surtout dans le Bessin[65]. Ils ont abattus les haies et les fossés. Certains sont allés trop [loin] et il y a eu d'autres inconvénients : les inondations. Mais ce n'est pas facile à gérer parce qu'on ne peut pas leur interdire d'abattre des arbres pour accéder à leurs parcelles. Ce sont des abus. »

Pour Monsieur Louis, les conséquences environnementales du productivisme ne sauraient remettre en cause la modernisation de l'agriculture. Les incidences écologiques de l'intensification seraient seulement imputables à des pratiques excessives qui, bien que liées à l'agriculture productiviste, constituent un dévoiement de l'objectif initial. Mais au-delà des conséquences de la mécanisation et du recours généralisé à la chimie agricole, l'augmentation continuelle de la productivité liée à la course à la puissance a favorisé un accroissement de l'exode rural. Chaque agriculteur ayant les moyens techniques de cultiver des surfaces toujours plus importantes, le nombre d'exploitants nécessaires à la production de matières premières pour l'industrie agro-alimentaire ne cesse de décroître. Et comme il est inimaginable, dans l'optique productiviste, d'utiliser la modernisation pour diminuer la charge de travail, il faut donc s'agrandir à tout prix sous peine de passer pour un « archaïque » satisfait de son existence et ignorant les joies de la compétition en vue de l'obtention de la plus grosse ferme :

---

[64] Le basculement de la mentalité traditionnelle au productivisme est perceptible dans ce proverbe rural recueilli vers 1985 dans la bouche d'un curé de campagne normand : « sous la haie, il n'y a rien qui pousse ».

[65] Région de Bayeux (Nord-Ouest du département du Calvados).

« A présent, ils englobent tout alors qu'une ferme de cent hectares pourrait faire vivre une famille. Tardieu à Crépon, il a 400 hectares et s'en va jusqu'à Esquay. Les Loucel de Thaon, ils s'en vont jusqu'à Tilly sur Seulles. Ils ont englobé d'autres exploitations avec des engins énormes. Ils travaillent une semaine pour semer le blé, après ils s'en vont aux sports d'hiver. Ce n'est plus des agriculteurs, c'est des semi-industriels. Eux, c'est l'intensif, le rendement, l'intensif, le rendement, il faut que les machines soient rentabilisées. Je ne sais pas s'ils vivent mieux pour ça. »

Même s'ils sont peut-être malheureux, les agriculteurs échappant à l'hécatombe jouissent sans doute de survivre socialement alors que d'autres connaissent les affres de la faillite ou sont confrontés à l'impossibilité de transmettre leur ferme en l'état. En parfaite osmose avec l'avènement d'un homme sans gravité (Melman, 2002), ils n'aspirent plus qu'à profiter à tout prix des artifices produits par la société de consommation :

« A chaque fois qu'il y en a un qui s'agrandit, il y en a un qui disparaît. Ce n'est plus de vivre sur l'exploitation, c'est de gagner de la finance pour devenir comme l'industrie. Maintenant, l'exploitant cherche à gagner beaucoup d'argent avec beaucoup de facilité. Pouvoir prendre des vacances, s'acheter sa résidence secondaire. Comme les autres, les gens de l'agriculture aspirent au bien-être alors ça prend des disproportions[66]. »

Finalement, le bonheur que Monsieur Louis et sa génération pensaient trouver dans la modernisation agricole semble faire cruellement défaut aux agriculteurs en activité, comme s'il s'était évanoui à l'instant même où l'on pensait pouvoir enfin l'atteindre. De même que l'utopie communiste a accouché du stalinisme, les « lendemains qui chantent » ont fini par déchanter car une nouvelle servitude semble sur le point de voir le jour, menaçant l'embellie liée à la disparition du pouvoir féodal :

« Plus ils s'agrandissent, moins il y a d'installations. Ce qui veut dire que dans cinquante ans, il n'y aura plus de paysans. Un jeune ne pourra pas reprendre une exploitation de 250 hectares. On reviendra aux kolkhozes ou alors il sera salarié du Crédit Agricole. On croit aller de l'avant mais je pense qu'on reviendra en arrière. Je crois qu'on rétrograde. »

La représentation fondamentale de l'évolutionnisme, à savoir *une augmentation de la valeur proportionnelle au déroulement du temps*, est brutalement contredite par les faits. Mais la croyance résiste envers et contre tout, et la métaphore de la marche arrière réaffirme la foi dans le progrès au moment même où la représentation s'écroule...

Outre la course à la puissance, un autre facteur expliquerait la tendance à la diminution du nombre d'exploitations liée à l'agrandissement des structures.

---

[66] Dans ce registre de l'excès, Monsieur Louis note l'importance de la passion productiviste qui s'est emparée de l'agriculture : « il y a des gens qui auraient abattu leur maison pour faire du maïs à la place ».

Selon Monsieur Louis, la crise de surproduction ayant entraîné un effondrement des cours des denrées agricoles, il est légitime que les agriculteurs cherchent à augmenter la surface de leur ferme pour compenser le préjudice subi. Mais à qui profite l'instauration d'une logique asociale de compétition pour la vie qui amène les exploitants à s'éliminer entre eux ? Pour notre interlocuteur, la société globale et ses organisations commerciales sont évidemment les bénéficiaires de cette situation qui provoque une diminution continuelle du nombre d'agriculteurs :

> « Les campagnes se sont appauvries parce qu'avec dix fermes, il rentrait plus d'argent qu'avec une grande. Parce que le petit gars qui avait très peu de blé, il fallait lui acheter plus cher. L'Etat et le marché commun, ils ont vu le coup venir. Les exploitations s'agrandissant, ils peuvent se permettre d'acheter à l'exploitant du blé à meilleur prix. Comme les prix sont bas, il faut qu'il en fasse plus. Qui a profité de la baisse des prix ? Indirectement l'agro-alimentaire, parce qu'entre le prix de base et le prix de vente, [il y a un écart important]. Même les coopératives se sont sucrées bien qu'elles étaient administrées par des paysans. Et les banques se sont enrichies lorsque les coopératives ont construit des silos. C'est tout le système [qui en a profité]. L'argent est parti comme ça. »

Les notables siégeant dans les conseils d'administration n'ont pas su préserver l'objectif social qui avait présidé à la création des organismes agricoles. La logique commerciale a pris le dessus, avec la collaboration consciente ou inconsciente des agriculteurs dépassés par la taille des structures qui leur échappent en grande partie. Hormis ces quelques administrateurs presque toujours membres de la FNSEA qui sont rémunérés pour leur présence, les agriculteurs ne profitent plus des organisations qui devaient contribuer à améliorer leur sort :

> « Les coopératives, ça a amélioré... ça a amélioré surtout les techniques de réception des céréales : elles se sont groupées pour faire de grands silos portuaires à Blainville, autrement, t'aurais jamais exporté comme ça. Les coopératives, au départ, c'était des exploitants. C'est devenu un peu commercial, peut-être par la force des choses. Ce n'est pas le tout de dire aux agriculteurs "le blé on vous le paye bien", mais après il faut le revendre. Alors t'es forcé de devenir commercial. »

Même si les agriculteurs font les frais de la marchandisation, Monsieur Louis persiste à penser que cette tendance serait imputable à la fatalité et qu'elle ne remettrait pas en cause la valeur des coopératives. En effet, à défaut de rémunérer correctement les agriculteurs, ces organisations leur offrent un débouché assuré. Lorsque l'on n'a pas le choix et que l'on souhaite éviter de perdre la face, il vaut toujours mieux se soumettre tout en trouvant un avantage mineur à sa résignation.

A suivre notre informateur, la situation politique des agriculteurs semble préoccupante. En effet, la disparition de l'économie paysanne a presque éliminé la capacité d'autoconsommation qui garantissait une certaine liberté politique face au pouvoir de la société globale. La modernisation qui semblait capable d'améliorer le sort des agriculteurs a finalement considérablement augmenté la dépendance à l'environnement bureaucratique et commercial qui encadre toujours plus le métier. Même si l'aspiration à la liberté qui caractérisait l'ancien paysan fonctionne toujours comme un inconscient culturel pour de nombreux agriculteurs, les conditions objectives du statut d'exploitant imposent de plus en plus une hétéronomie structurelle aggravée par le processus de marchandisation :

> « L'autonomie des agriculteurs, ça n'existe plus parce qu'ils sont tous tributaires de la banque. En plus de ça, ils sont investis par l'agro-alimentaire. Ce ne sont plus des agriculteurs. »

Pour Monsieur Louis, qui est attaché aux avancées sociales conquises du fait de la disparition des derniers vestiges de l'Ancien Régime, les tendances actuelles pourraient faire ressurgir de nouvelles formes d'aliénation. Selon lui, l'intégration déjà à l'œuvre dans l'élevage industriel contaminera ainsi l'ensemble des agriculteurs :

> « On deviendra comme tout de suite pour l'élevage de veaux ou de poulets. On vous amène les veaux, les poulets, le produit et puis tu es un prolétaire de l'agro-alimentaire ! Je crois qu'on va vers ça et ça, ce n'est pas une bonne chose parce qu'on arrive qu'ils nous foutent de la saloperie à bouffer. Alors c'est les fabricants d'aliments qui sont les rois, là-dedans : "vous avez un bâtiment, on vous amène vingt mille poulets et le produit" [l'aliment]. Ils viennent ramasser les poulets deux mois et demi après, c'est vendu d'avance. C'est de l'intégration, c'est plus des exploitants. Je crois qu'on reviendra vers ces choses-là qui s'amplifient dans tous les domaines. Les grosses industries alimentaires qui intègrent comme ça, elles ne font pas ça les yeux fermés. »

Le pouvoir des firmes menace de placer les agriculteurs dans une hétéronomie moderne en partie comparable à la condition des serfs au Moyen-âge. Mais cette nouvelle servitude pourrait devenir anonyme et machinale, comme le montrent les pratiques auxquelles sont confrontés les éleveurs qui fréquentent de moins en moins les marchés traditionnels :

> « Maintenant, tu vends tes bêtes, t'es plus maître de rien parce que c'est classé par catégorie. Dans les abattoirs, il y a un classeur ou même des machines qui déterminent la qualité de la viande, alors tu n'as plus la mainmise sur rien. Tu reçois une feuille : tant de kilos, dégrèvement pour excès de gras... Tu mets ta bête à l'abattoir, il te ressort un bout de papier. Le gars qui fait le classement, il ne sait même pas à qui elle est. Quand je faisais des taurillons, je livrais aux abattoirs de Caen. Je ressortais avec un bout de papier, ils étaient classés en plusieurs catégories. Le prix est dépendant de la catégorie. T'es obligé de ramasser le chèque comme il est, il n'y a plus de discussion. Quand la bête est mûre, tu peux plus la garder. »

Monsieur Louis analyse finement les raisons de la dépendance des agriculteurs à leur environnement commercial. Le fait que l'essentiel ou la totalité de la production est destiné à la vente implique une hétéronomie structurelle latente qui se manifeste lorsque les agriculteurs perdent le contrôle des coopératives qui leur garantissaient des conditions de commercialisation favorables. L'ancien paysan pouvait se permettre de refuser une vente dans la mesure où il commercialisait uniquement ses excédents de production. S'il avait une bête en âge d'être abattue et qu'il ne parvenait pas à en tirer un bon prix, il pouvait toujours la destiner à la consommation familiale sans mettre en péril l'existence de sa ferme. Mais l'agriculteur contemporain, qui produit des quantités autrement plus importantes, ne peut plus recourir à cet expédient. La commercialisation n'est plus une simple possibilité qui s'offre au paysan, elle est devenue une obligation absolue à laquelle il est impossible de déroger. D'ailleurs, même si la vente n'était pas une nécessité économique, l'agriculteur moderne n'a plus la capacité technique de maîtriser la transformation de sa production :

> « S'il fait vingt hectares de patates, ce n'est pas lui qui peut les laver, les sécher, les mettre en sacs, les stocker. Automatiquement, il disparaît. En étant plus fort qu'il n'a jamais été, il disparaît. Parce que le jour où il n'y a plus cette faculté de réception des aliments, le jour où ça se casse la gueule pour des raisons que je ne connais pas, c'est foutu, il est baisé. Au fond, le gars qui a une ferme comme ça, il est le patron sans être le patron. S'il n'a pas tout le suivi de tout ça, il ne peut pas faire face, ce n'est pas possible. »

Le défaut de maîtrise a aussi des conséquences politiques indéniables. Finalement, avec la systématisation de l'incertitude liée à l'hétéronomie commerciale, l'agriculture se conforme aux logiques sociales contemporaines qui installent une vulnérabilité chronique du haut en bas de l'échelle sociale. Le projet de modernisation qui visait à transformer les agriculteurs en chefs d'entreprise semble donc avoir parfaitement réussi car, comme ces derniers, les exploitants ressentent sans doute plus que jamais la peur de la faillite et le besoin de lutter pour conserver l'accès aux ressources matérielles nécessaires à la vie. Pour limiter les effets de leur hétéronomie vis-à-vis du système commercial et bureaucratique dominé par les firmes multinationales, les agriculteurs productivistes développent des stratégies d'agrandissement légales ou illégales qui semblent tolérées par le ministère de l'Agriculture et les Sociétés d'Aménagement Foncier et d'Etablissement Rural (SAFER). Dans la lutte pour la vie, mieux vaut phagocyter son voisin plutôt que construire des conditions favorables à une nouvelle autonomie ou s'attaquer aux puissants qui contrôlent désormais l'agriculture. A chaque fois qu'un agriculteur fait faillite, quitte le métier ou part à la retraite, la compétition s'ouvre pour déterminer quel confrère réussira à récupérer la ferme à son profit. Et du fait de la logique capitaliste qui anime souvent les propriétaires de terres agricoles, ce sont les agriculteurs les plus cossus qui ont le plus de chances de voir leur projet aboutir :

> « Je connais un agriculteur qui va prendre sa retraite. Il a soixante-treize hectares en tout et quarante-deux en propriété. Il est emmerdé parce qu'il est sollicité de partout. S'il met ses quarante-deux hectares à vendre, c'est Berthelot – il paraît qu'il a vendu des terres pour un milliard à côté de Caen – qui va sauter là-dessus. Il ne peut pas faire

autrement que de les vendre au plus offrant ou alors il serait tout de même couillon. Ses enfants ont de bonnes situations. Un jeune serait peut-être intéressé pour s'installer mais ces jeunes-là, il n'y en a plus. »

En réalité, de nombreux jeunes agriculteurs cherchent une ferme pour exercer leur profession mais rares sont ceux qui peuvent prétendre acheter les terres, les bâtiments, le cheptel et le matériel même en s'endettant lourdement. Quant à la location, les prix pratiqués dans les régions riches favorisent aussi le démantèlement des fermes au profit de l'agrandissement :

« Gérard à Cully, c'était une belle ferme. De beaux bâtiments et puis cent hectares de terres d'un seul tenant. Alors c'est Bancel qui a repris ça. Tous ces croquants-là, ils donnent des tarifs qu'un jeune ne peut pas y aller. Il a dû donner un dessous de table de soixante-deux millions pour avoir le droit de location. Bancel, c'est pareil que Berthelot, son père avait des terres à côté de Caen : l'IUT, le GANIL. Tu penses qu'il a touché alors son gars s'est installé à Cully. C'est énorme, tu peux plus lutter. Maintenant, c'est l'argent, c'est l'argent [qui domine]. C'est affreux. Il y a les SAFER mais elles n'ont pas grand pouvoir. Autrefois, celui qui avait tant [de terres], il n'avait pas le droit de racheter. Mais dès l'instant que le propriétaire est d'accord pour louer, comment faire ? Cette ferme-là, c'est les enfants qui ont négocié ça mais les enfants, ils ne sont pas dans la profession, alors ils n'ont pas le souci d'installer un jeune agriculteur. On leur apporte un pactole, alors [ils en profitent]... »

Les agriculteurs productivistes incitent souvent leurs enfants à quitter un statut social déprécié par des conditions de travail difficiles et par l'idéologie urbaine du « plouc » ou du « bouseux » qu'ils ont incorporée au cours du processus de socialisation scolaire et familiale. Par ailleurs, la démocratisation de l'enseignement secondaire permet aux jeunes ruraux d'accéder à des carrières industrielles ou administratives plus prestigieuses que la profession agricole. Et lorsqu'ils désirent prendre la succession de leurs parents, ils poursuivent souvent des études de technicien ou d'ingénieur agronome. Quant aux jeunes agriculteurs dont les parents ne sont pas exploitants, il leur est extrêmement difficile de s'installer dans un milieu contrôlé par le syndicat majoritaire impliqué dans la cogestion des politiques publiques depuis les années soixante. De plus, le machi-nisme décuplant apparemment à l'infini la force de travail de chaque exploitant, rien ne vient arrêter la course à l'agrandissement qui constitue pour Monsieur Louis le problème majeur de l'agriculture :

« Même dans la profession, tous ceux qui avaient des enfants, ils les ont foutus ailleurs. Ça prouve bien quelque chose. Comme disait un agriculteur à ses enfants, "je n'aime pas les fonctionnaires, mais si vous pouvez vous couler là-dedans"... L'un est instituteur, l'autre est professeur de cuisine, l'autre travaille aux PTT, l'autre est technicien aux potasses d'Alsace et il y en a un qui est dans le matériel agricole. Alors au fond, aucun n'a repris la ferme. Les enfants ont séparé la terre et ils ont loué aux fermiers du pays. Ça a permis aux autres de s'agrandir un petit peu. Il y avait aussi la ferme à Moreau. Les parents sont morts, les enfants ont tout vendu. Alors c'est Berthelot qui a repris les vingt hectares. »

Monsieur Louis, découragé par cette tendance qu'il juge funeste, constate que la modernisation de l'agriculture et le machinisme industriel utilisés dans une logique capitaliste ont créé des problèmes sociaux considérables :

> « Au fond, le chômage maintenant, c'est la conséquence que l'agriculture occupait je ne sais pas combien de pourcentages de personnes à l'époque. L'industrie, elle a bien embauché pendant des années, mais comme elle a fait des machines qui remplacent des bonhommes, les bonhommes ils sont restés sur le tas. C'est une tristesse de voir les gens dehors par centaines et par centaines. Sans travail, comment faire pour payer le loyer ? »

Notre informateur est profondément affecté par la disparition massive des agriculteurs survenue durant les trente glorieuses. Pour Monsieur Louis, cette histoire catastrophique contient aussi un risque politique majeur pour les agriculteurs qui n'ont pas encore été touchés par la désaffiliation. En effet, même les exploitants les plus cossus, qui ressentent eux aussi la menace de l'incertitude, risquent d'éprouver les conséquences de l'avènement d'un nouveau totalitarisme (Arendt, 1951). La relative autonomie dont jouissent toujours les agriculteurs pourrait ainsi disparaître lentement mais sûrement :

> « Je crois que les exploitants individuels vont disparaître. Il ne faudrait pas que je dise ça à des scientifiques parce qu'ils se foutraient peut-être de moi. Je ne veux pas dire qu'on revient au kolkhoze mais on revient dans une méthode kolkhozienne. Si on va au fond des choses, ça se passe comme ça. Ce ne sera peut-être pas un régime dictatorial, mais ce seront les banques, toutes ces choses-là qui remplaceront le comte. »

L'autonomie des sociétés paysannes par rapport à la société globale ayant totalement disparu, toute évolution politique générale touche nécessairement les agriculteurs. Face à ces perspectives qu'il juge particulièrement inquiétantes, Monsieur Louis regrette finalement l'époque où existait encore une communauté au village. Il observe avec nostalgie les régions qui ont conservé des traces importantes des sociétés paysannes :

> « Là-bas, [dans le Gers], ils savent s'amuser. C'est très convivial, c'est très rural. Ce n'est pas encore infesté par la grande ville. Ils sont restés entre eux. Ils font des fêtes formidables : ils mangent bien, ils boivent bien et la musique et tout, ça y va. Ils sont loin des grandes villes, alors… »

De plus, Monsieur Louis conserve religieusement les traces du passé même s'il était partisan de la modernisation lorsqu'il était jeune. La muséification des vieux outils est sans doute une compensation à la déception provoquée par l'absence de réalisation des promesses de bonheur portées par l'imaginaire du progrès :

> « [J'ai prêté des vieux outils à une connaissance pour la fête des battages]. Il m'a tout rapporté mais il y a d'autres [objets que je ne lui avais pas confié] : le carcan qu'avait la

> grand-mère pour porter ses seaux, une petite baratte à beurre et puis la fourche en bois. Je ne lui ai pas prêté. On ne sait jamais : [s'il y avait eu] un vol là-bas... »

L'attachement aux objets du passé confirme que Monsieur Louis s'inquiète des conséquences sociales de la modernisation agricole. En plongeant ces outils dans la désuétude, les machines ont favorisé l'éviction des ouvriers agricoles puis d'une masse importante de petits et de moyens agriculteurs sacrifiés sur l'autel du progrès. Les exploitants ayant échappé à l'hécatombe démographique ont parfois bénéficié d'une amélioration réelle de leurs conditions de travail mais une grande partie d'entre eux vivent dans l'incertitude du lendemain. Probléma-tique au regard du chômage de masse qui caractérise la situation actuelle, cette évolution sociale interpelle Monsieur Louis dans la mesure où, ayant participé à la révolution productiviste qui a bouleversé le monde rural, il semble se sentir responsable de la tournure prise par les événements même s'il était sans doute loin d'imaginer que l'histoire suivrait ce cours.

Chapitre troisième

RENCONTRE AVEC UN AGROBIOLOGISTE

Comment bénéficier à peu de frais des vertus heuristiques prodiguées par le détour anthropologique (Balandier, 1985) ? Ainsi pourrait être explicité le questionnement qui nous a conduits chez Monsieur Roger[67]. Sa condition d'agriculteur biologique en fait un dissident au sein du paysage agricole dominant. Son éloignement théorique et pratique du productivisme lui confère le statut d'informateur privilégié doté d'une sensibilité sociologique indéniable. Le cheminement qu'il a suivi pour rompre avec son passé productiviste depuis plus de vingt ans lui procure une distance remarquable. La violence du contraste entre deux styles de vie très différents ressentis dans sa chair et son intimité lui a procuré les moyens de réaliser une expérience sociologique de première importance. Il nous donne les moyens d'approfondir notre analyse en contournant les réticences conscientes ou inconscientes des agriculteurs productivistes au travail du sociologue. Au cours de notre rencontre eut lieu un véritable échange symbolique qui explique en partie la qualité du don que Monsieur Roger nous a fait. A notre insu nous avons incarné un visage qui a lui donné l'occasion d'associer un certain nombre d'éléments d'analyse qu'il n'avait jamais mis en relation. Confortant nos hypothèses par de nombreux exemples concrets, il nous a aussi donné matière à réfléchir sur d'autres aspects du productivisme jusqu'alors insuffisamment explorés. Il nous a par exemple expliqué la violence du sentiment anti-écologiste chez les agriculteurs productivistes :

> « C'est parce que les écolos trouvent que les paysans polluent les nappes et c'est vrai. Quand on dit quelque chose à quelqu'un qui n'est pas bien, ça ne lui plaît pas. »

---

[67] Entretien enregistré le premier mars 2002. Exploitation céréalière de soixante-seize hectares (plaine de Caen).

L'analyse de contenu reprend les principaux thèmes abordés dans la discussion : la dépendance aux techniciens, l'amour de l'ordre et de la propreté, l'adhésion à l'idéologie du progrès, le stress, l'incertitude et la vulnérabilité, l'endurance au mal, la passion du travail et l'esprit de compétition, le rapport au temps et à l'argent dans une logique de survie, l'obsession sécuritaire et la soumission aux risques technico-économiques ainsi que le rapport à la nature et au matériel. En guise de conclusion, quelques éléments sont proposés pour comprendre le cheminement de Monsieur Roger vers l'agrobiologie et sa rupture avec le productivisme agricole.

La dépendance aux techniciens

Quand il est sorti des écoles agricoles dans lesquelles on ne lui avait pas appris à se méfier des techniciens, Monsieur Roger tombe sous leur influence :

> « Après mon maître, effectivement, c'était le conseiller de la coopérative. Très vite, je me suis fait prendre là-dedans. »

Comme dans la sorcellerie (Favret-Saada, 1977), la soumission au système est décrite comme une emprise symbolique :

> « Ils [les autres agriculteurs] me disent "c'est sûrement toi qu'as raison" mais ils ne le font pas. C'est parce qu'ils sont pris dans une spirale, je suis conscient de ça. Ils sont habitués avec leur façon de faire, leurs techniciens. »

La métaphore de la spirale, sorte de vis sans fin ou de cercle vicieux qui semble impossible à briser illustre bien la dépendance aux techniciens. De plus, la dévalorisation des techniques traditionnelles place structurellement les agriculteurs dans une position hétéronome par rapport à ceux qui connaissent les nouveaux modes d'exploitation de la terre. Les détenteurs réels ou autoproclamés de ces savoirs disposent d'un pouvoir sur les agriculteurs du seul fait du déséquilibre résultant de la répartition inégale des connaissances techniques. La prise de conscience de cette réalité a été déterminante dans le parcours de Monsieur Roger :

> « J'avais le sentiment d'avoir perdu le contrôle de mon affaire en sachant qu'il y a toujours de nouvelles matières actives, il y a toujours des choses que l'on ne connaît pas, fatalement, donc on dépend du technicien. Il dit "ils viennent de sortir une nouvelle formule, tu devrais employer ça, tu devrais faire ça, tu devais faire ci", on devient plus que le larbin. »

Une fois qu'il est dévoilé, l'asservissement perd une grande partie de sa puissance. Le sentiment de « se faire avoir », de perdre la face crée une résistance à l'assujettissement :

> « Il y avait d'abord le fait de ne plus me sentir autonome, de dépendre d'un technicien pour faire mes choix, ça c'est énorme quand même. »

La révolte détrône la servitude volontaire (La Boétie, 1577), elle ressuscite l'attachement paysan à cultiver l'autonomie. La résistance à l'hétéronomie, c'est-à-dire le désir de « rester autonome par rapport à ses propres décisions », est bien la motivation première de l'engagement de Monsieur Roger dans l'agriculture biologique (AB). Mais la connaissance intime de l'assujettissement n'entraîne pas nécessairement la révolte. Elle peut aussi provoquer une attitude d'indifférence feinte. La tactique de l'autruche impose alors de se voiler la face :

> « La plupart des agriculteurs sont coincés dans leur truc. Ils n'ont pas de temps libre donc ils n'ont même pas le temps de réfléchir. Ils sont dans le truc. Comme dans les voyages organisés, ils sont dans un groupe et ils ne voient pas... à part les gros monuments qu'on leur fait voir. »

La dépendance aux techniciens oriente le regard en réduisant soigneusement l'esprit critique. A l'instar du tourisme de masse, le désir de sécurité anémie l'ouverture aux autres et les chances de faire des rencontres surprenantes. Le système, pour favoriser l'abandon à sa logique, doit distribuer des gratifications narcissiques et un prêt-à-penser idéologique qui sont chargés de dissimuler la dépendance. L'asservissement est un colosse au pied d'argile : il ne peut fonctionner que dans le clair-obscur de l'indicible. La visite des commerciaux brise un instant la solitude partielle ou totale des agriculteurs qui trouvent un plaisir certain dans cette confrontation à d'autres visages humains. Même si cette relation est souvent instrumentalisée dans le souci des techniciens de vendre toujours plus, les agriculteurs préfèrent s'illusionner sur la qualité réelle de ces interactions parfois exclusivement commerciales. L'horreur d'un monde dans lequel tout désintéressement serait impossible doit être occultée à tout prix : « Qu'il n'y ait qu'une notion de commerce, dans les relations, ça me paraît un peu court ». Pour sortir de la dépendance, il faut avoir la force de regarder en face la cruelle réalité sociologique. Il est plus facile de profiter des avantages distribués par les commerciaux tout en continuant à se voiler la face. Monsieur Roger, lui, a renoncé aux bénéfices secondaires prodigués par la coopérative :

> « Se retrouver en car, ou à un repas avec tout le monde, c'est sympa. C'est vrai, c'est sympa, il y a la convivialité, tout ça. A partir du moment où j'avais dit au technicien "écoute, maintenant ce n'est plus la peine que tu viennes me voir, maintenant je suis un grand garçon", il n'avait plus de raison de m'inviter dans son car et donc je perdais le contact avec les autres. »

La solitude est la sanction infligée à ceux qui sont tentés par les chemins de traverse. Le fait que Monsieur Roger raconte ainsi l'annonce de sa résistance au technicien montre qu'il a passé un rite de passage (Van Gennep, 1909) à usage personnel. La déclaration de l'insoumission au maître semble avoir produit un changement durable perceptible dans le sentiment d'être parvenu à l'âge adulte.

De plus, le renoncement aux largesses de la coopérative, qui ne sont pas sans rappeler d'autres techniques de lobbying comme les voyages offerts par les laboratoires pharmaceutiques aux médecins, a l'avantage d'éloigner Monsieur Roger de l'influence du pouvoir productiviste :

> « Mais en même temps, ça me laissait plus de temps pour approfondir ma propre recherche puisque je n'étais plus pollué intellectuellement. Parce qu'avoir toutes ces réunions, tout ça, on nous prouve par A+B qu'il faut employer tel produit. Donc, effectivement, ce n'est pas facile de s'en sortir. »

L'idéologie de la coopérative, décrite avec force par Monsieur Roger comme une pollution intellectuelle, est d'autant plus facilement incorporée que les petits cadeaux créent chez les agriculteurs une dette symbolique envers le généreux donateur. Les techniques de marketing utilisent la constante anthropologique découverte par Mauss (1923-1924) afin de parfaire leur domination sur les agriculteurs. Ces derniers, en acceptant les avantages offerts, incorporent à leur insu l'*habitus* productiviste. La soumission repose aussi sur une relation de confiance avec le technicien. Désormais, Monsieur Roger se méfie de l'entreprise à statut coopératif :

> « Ça dépend ce qu'on appelle confiance. C'est-à-dire que je veux être vigilant. Si j'ai besoin d'un kilo de clous, je vais encore à la coopérative. J'ai confiance : ils sont capables de me vendre un kilo de clous. »

La confiance se mue d'autant plus facilement en défiance qu'il n'a plus besoin des conseils des techniciens puisqu'il n'utilise plus de pesticides. Se résoudre à éprouver une foi aveugle est une manière élégante de sauver la face lorsque la situation échappe à tout contrôle. Tel était le cas lorsque Monsieur Roger achetait des pesticides à son technico-commercial :

> « Je me souviens. Il venait en morte-saison et puis on faisait le point avec lui. Il me disait : "tu fais combien d'hectares de blé ?" Je lui disais : "j'ai envie de faire trente hectares de blé, vingt hectares d'orge, dix de betteraves". On discute déjà avec lui et puis après, à la limite – bien sûr c'est quand même une discussion – mais à la limite, il dit "tiens, je te prends tel nouveau produit". [Je disais] "bon, écoute, si ça fait bien, on le met, et puis voilà". Le soir, je me trouve avec toute une grande série de produits, lui il a fait sa commande et moi je n'ai plus qu'à sortir le chèque. Je lui sors toujours un gros chèque parce qu'il y en a pour l'année. Les produits sont moins chers en morte-saison donc on les a à l'avance. A la limite, si on découvre qu'il n'y en a pas besoin, on les a, on les utilise quand même ; il y a aussi ce piège. »

A cette époque, Monsieur Roger ne pouvait se payer le luxe de critiquer les recommandations de son technicien. Sa parole d'évangile avait force de loi. Ultime pudeur visant à masquer l'insatisfaction résultant de l'hétéronomie, les produits superflus sont utilisés. Il vaut mieux dépenser encore du travail et de l'énergie plutôt que reconnaître à ses yeux et aux autres que l'on s'est fait abuser par l'apparente philanthropie du technicien de la coopérative[68]. Désormais, Monsieur Roger fait preuve d'une liberté de parole étonnante. Il se permet même de souhaiter que la lutte contre la pollution fasse baisser le chiffre d'affaires des fournisseurs d'engrais, de fioul et de pesticides. Un discours aussi autonome est tout simplement inimaginable dans la bouche des agriculteurs qui sont soumis au système. De même, Monsieur Roger se réjouit en pensant que le pouvoir du technicien pourrait être « démoli » et il pense que les paysans sont trop « moutons »...

L'amour de la « propreté »

Un autre élément explique le mépris des agriculteurs productivistes pour l'agriculture biologique. Depuis fort longtemps, la présence d'animaux ou de végétaux autres que les plantes cultivées est attribuée à un manque de savoir-faire ou d'ardeur à la tâche. Les « mauvaises herbes » sont en effet associées symboliquement à l'idée du travail mal fait. Elles montrent que l'agriculteur qui s'est rendu coupable d'une telle négligence a transgressé l'impératif selon lequel il faut maintenir l'ordre et la propreté (Droz, Miéville-Ott, 2001) en éradiquant les adventices. L'agriculteur biologique est ainsi considéré comme celui dont les champs sont « sales ». Le jugement de valeur s'étend souvent à sa vie entière ; sa ferme est un taudis, sa femme est partie, il est au bord de la faillite, etc. :

> « Le fait d'avoir des mauvaises herbes dans un champ, ça aussi c'est une question de culture. Dans leur esprit, quelqu'un qui a autre chose que du blé dans un champ de blé, c'est un mauvais paysan. Ça c'est clair. Tandis que moi, j'ai vu un jour une mariée dans mon champ avec des photographes, tout ça parce qu'il y avait des coquelicots. Je suis fier de ça. (*Ça vous fait plaisir, ça vous touche ?*) Oui, je n'ai pas honte. Mais pour un agriculteur chimique, ce serait une honte. C'est aussi une démarche dans la tête, ça. »

Du point de vue du productivisme agricole, les coquelicots sont comme l'élément naturel qui vient défier la puissance de la technique. Même si certains paysans, les artistes ou les promeneurs estiment que leur présence embellit la campagne, les agriculteurs considèrent ordinairement qu'il est urgent d'éliminer ces plantes fragiles qui viennent défier le fantasme de possession et de maîtrise de la nature. Monsieur Roger, lui, ne pense pas que les adventices soient des « mauvaises herbes » :

---

[68] Le technicien est censé défendre les intérêts des agriculteurs qui sont coopérateurs. Au fil des années, ces structures créées par les agriculteurs pour valoriser au mieux leurs produits ont échappé au contrôle imaginé par leurs fondateurs. Même si des agriculteurs continuent à siéger dans les conseils d'administration, les coopératives semblent privilégier l'amélioration de leurs bénéfices à l'objectif social qu'elles ont apparemment abandonné.

> « Je ne considère même plus que c'est des mauvaises herbes, je dis que c'est des plantes concurrentes. On peut privilégier une plante sans dire que l'autre est mauvaise pour autant. »

Il essaie de donner la préférence aux plantes cultivées sans pour autant chercher à atteindre la perfection agrochimique résultant de l'éradication totale des plantes et des animaux indésirables. Monsieur Roger semble insensible au fantasme d'un monde paradisiaque rendu absolument « vierge »[69] de toute souillure[70] (Douglas, 1967) par la seule grâce de la puissance de l'homme technoscientifique. Le registre sémantique de la virginité utilisé par notre informateur sexualise la représentation de la propreté. La symbolique de la terre-mère que l'agriculteur féconde en semant est certes très ancienne mais le productivisme a amplifié cette mythologie de la fertilité. Avec les semences enrobées d'insecticide, les agriculteurs ont en effet le pouvoir de féconder leurs champs tout en préservant des conditions de production optimales. Les techniciens des coopératives véhiculent cette norme du « propre en ordre » (Miéville-Ott) et la honte qui est associée à sa transgression. Il est ici utile de citer longuement Monsieur Roger :

> « Au début que j'avais commencé [en bio], c'était peut-être la deuxième ou la troisième année, je faisais toujours partie de la grosse coopérative. Tous les ans, ils organisent des voyages pour aller voir les champs d'expérimentation. Donc je me trouvais dans un car, avec d'autres paysans, et il y avait devant moi deux techniciens qui parlaient. Il y en a un que j'entends dire à l'autre : "je ne sais pas si tu es passé par tel endroit, tu verrais, il y a un champ ! ... une honte". Et puis il se trouvait que c'était mon champ. Alors un peu plus loin, on s'est trouvé à descendre, et puis j'ai été trouver ce technicien-là. Et puis je lui dis : "mais vous parliez d'un champ tout à l'heure ?". Il me dit : "oh ben oui mon vieux". Je crois que je lui ai dit très vite : "écoutez, ce champ dont vous parlez, c'est à moi". Il m'a dit "ah bon, c'est à vous ?" Il était un peu gêné. Je lui dis : "effectivement, je suis d'accord avec vous, il n'est pas très propre, mais d'après vous, ça va rendre combien, ça ?" Il me dit : "si ça fait quarante, cinquante quintaux, c'est bien tout". Je lui dis : "d'accord, mettons quarante quintaux" et je lui fais faire le petit compte. Et à cette époque, je le vendais encore plus cher, je le vendais deux francs cinquante [le kilo, soit deux cent cinquante francs le quintal]. Très vite, il a vu que le rendement qui venait de lui, de son estimation, avec le prix que j'allais le vendre, ça faisait aussi cher, grandement, que ses blés qu'il faisait faire à tous les autres paysans à coups de fongicides, à coups d'engrais. Il m'a dit : "mais il ne faudrait pas que tout le monde fasse comme vous"... Après il est rentré et je ne l'ai pas revu. C'est vrai, il perdait sa

---

[69] Cette dimension est perceptible dans les mots utilisés par Monsieur Roger commentant une publicité pour un désherbant du maïs : « si une microcapsule peut rendre un champ aussi vierge que ça, parce qu'il est vierge pour du maïs, ça devient inquiétant ». Pour un agriculteur productiviste, la « virginité » du champ, sa « pureté » doit être sauvegardée jusqu'à la récolte sous peine d'encourir une forte réprobation morale.

[70] De même que l'adventice est une plante qui n'a pas été semée, l'impureté au sens de Mary Douglas (1967) est une substance qui n'est pas à la place qui lui a été assignée dans un ordre symbolique.

fonction, il perdait sa raison d'être. Mais effectivement, vis-à-vis des paysans et de lui, un champ comme ça c'était une honte. »

Bien qu'il soit encore en partie imprégné de la conception productiviste de la pureté, Monsieur Roger a la force d'aller défendre sa démarche face au technicien qui, ayant reconnu sa justesse économique et sentant son pouvoir et sa vie remis en question, perd la face et disparaît. Il affirme avoir puisé cette force dans le cheminement personnel qui l'a amené à l'agrobiologie :

« Si ça c'était passé dans ma vie dix ans plus tôt, si j'avais essayé ça comme ça, je n'aurais pas été trouver le technicien. J'aurais eu honte, moi aussi. Parce que je n'avais pas fait ce travail sur moi qui me permettait d'affronter et puis d'accepter que le regard de l'autre soit différent et qu'à la limite il me méprise. J'étais arrivé à être au-dessus de ça. Enfin, ce n'est pas le mot [qui convient], au-dessus. Disons, [j'étais arrivé] à ce que ça ne me fasse pas dégringoler, à pouvoir l'affronter et ne pas en avoir honte. »

Il omet néanmoins de préciser que la première condition qui explique la disparition de la honte est qu'il a abandonné la conception productiviste de la propreté. Finalement, l'intériorisation du jugement de valeur qui associe un signe négatif aux agriculteurs dont les champs contiennent des plantes adventices favorise la soumission au système :

« Je pense qu'il y a beaucoup de ça dans les agriculteurs qui ne font pas le pas. La honte de voir un champ avec des coquelicots. Et ça c'est une culture. Et ça, les techniciens – le champ archi-propre, tout ça – tout travaille là-dessus : tous les produits de traitement, tous les marchands. Et les techniciens tombent dans le panneau. De toute façon, c'est leur gagne-pain. Donc, c'est aussi une prise de conscience de tout ça [qui explique ma démarche], cette pression, [le désir de] se détacher de tout ça. (*Pression commerciale ?*) Pression commerciale. »

Les techniciens utilisent consciemment ou inconsciemment la peur du regard de l'autre pour améliorer leur rendement commercial. La représentation des adventices comme une impureté génératrice de honte est une véritable mine d'or pour les vendeurs de pesticides. Une publicité pour un désherbant est explicitement construite dans cette optique : « Tout le monde peut voir chez vous, alors pensez à nettoyer vos abords ». Tant que les agriculteurs considéreront que leur devoir professionnel et moral consiste à nettoyer[71] leurs champs, les pesticides auront de beaux jours devant eux.

[71] La valorisation de l'ordre et de la propreté est un trait culturel paysan. L'utilisation des pesticides a toutefois permis une extension inouïe de ce désir de pureté. La disparition massive de végétaux adventices, autrefois en partie tolérés comme des éléments naturels difficiles ou impossibles à contrôler en plein champ, a donné une puissante assise réelle au fantasme de maîtrise de la nature.

L'adhésion à l'idéologie du progrès

Axiome selon lequel le déroulement du temps constitue nécessairement une amélioration, l'idéologie du progrès est sans doute la principale représentation qui a dominé le processus d'acculturation à la modernité chez les paysans français. La « révolution silencieuse » (Debatisse, 1963) a profondément ébranlé le monde rural en imposant l'idée qu'il fallait faire table rase de la tradition pour adhérer sans réserve à une conception industrielle de l'agriculture. La puissance de l'imaginaire est patente dans le fait qu'il parvient à imposer l'idée que l'histoire de l'agriculture se confond avec celle de la modernité. En effet, le refoulement du passé ou de l'agriculture biologique est tel que certains agriculteurs croient que « sans pesticides, il n'y a rien qui pousse » :

> « Effectivement, il y a des gens qui pensent ça. Mais il ne doit pas y en avoir beaucoup parce que s'ils ont un peu de recul, s'ils ont encore leur grand-père ou leur père, ils [savent qu'ils] cultivaient déjà sans pesticides. Moi mon père, il les a vu arriver, les pesticides, donc avant, il y avait quand même de la culture. Vous venez de me dire rapidement qu'ils n'envisagent pas la culture sans pesticides. C'est déjà une forme d'esprit, c'est déjà une forme de pensée (*Comment a-t-il pu oublier à ce point-là ses racines paysannes ?*) C'est même presque affolant. Ça m'interpelle. »

L'incorporation de l'idéologie urbaine selon laquelle les paysans seraient des « arriérés » naturellement hostiles à l'esprit du progrès a produit chez les agriculteurs une véritable honte de leurs racines paysannes. Monsieur Roger a ainsi souffert de cette discrimination symbolique lorsqu'il fréquentait les bancs du lycée agricole :

> « J'ai eu une période de ma vie où j'ai eu honte d'être d'origine paysanne. Et ça, ça m'est venu à Giel justement. J'étais en contact avec des... Il y avait qu'un tout petit groupe d'agriculteurs, là-bas. Et on était un peu méprisés. On nous appelait "les bouseux", je me souviens, "les bouseux", des trucs comme ça, péjoratifs. Je me souviens d'avoir eu un peu honte de mes origines et ça m'a un petit peu poursuivi pendant un temps. Mais maintenant je suis bien. On n'a pas à être fier ou pas fier de ses origines et de ce dont on peut être issu avant nous. »

Le paysan « obscurantiste » en contact avec la terre fait figure de rustre inculte et insuffisamment civilisé aux yeux des urbains imprégnés de l'esprit des Lumières. Véritable sauvage de l'intérieur auquel il faudrait inculquer la raison et le goût pour la démocratie, il est l'équivalent symbolique de l'indigène que les puissances coloniales cherchaient à occidentaliser à tout prix en lui inculquant la croyance au progrès. Bien qu'il ait pris ses distances avec l'idéologie dominante, Monsieur Roger utilise toujours un vocabulaire religieux pour parler des intrants : « *J'avais beau mettre tous les saints sacrements, je n'avais pas le résultat au bout* ». De même, la fresque judéo-chrétienne figurant sur une publicité[72] ne semble guère surprendre notre agrobiologiste qui comprend aussitôt qu'il est fait référence à une promesse de bonheur paradisiaque[73]. En fait, l'intérêt que manifeste Monsieur Roger pour ses racines, patent notamment dans l'épisode de la vieille faucheuse attelée à sa percheronne, montre qu'il éprouve de la nostalgie pour un passé qu'il idéalise en grande partie :

> « Je me suis dit "tiens, je vais entretenir mes jachères avec mon cheval". J'avais une vieille faucheuse, j'ai essayé mais j'ai compris que les chevaux, avant, ils travaillaient tous les jours. Ma jument, je l'attelais, ça allait. Mais quand je mettais le truc en route – c'était pris sur l'entraînement des roues – ça tirait un peu plus donc la jument s'arrêtait. C'est toute une culture. Si j'avais eu une faucheuse plus récente – après il y avait un moteur BERNARD dessus qui entraînait –, ça aurait été, encore. Et puis je me suis rendu compte que le temps de l'atteler, le temps d'aller au champ, tout ça c'est plus d'époque. Les gens, ils se levaient vachement tôt. Donc ça n'a pas été très longtemps : j'ai repris le tracteur et le broyeur. Et puis il faut vraiment s'en occuper d'un cheval pour que ce soit bien tout le temps au top. (*Le cheval n'avait pas l'habitude de travailler.*) Oui. Dès que ça résistait un peu trop, il ne voyait pas l'intérêt de continuer. Et puis après, les dents, il y avait l'herbe qu'était prise dedans et puis ça ne repartait plus. Il fallait descendre, et puis aller enlever ça, c'est plus ou moins dangereux. Donc j'ai vite compris que c'était un rêve ! »

Pourtant, lorsqu'il était adolescent, il souhaitait rompre avec les techniques traditionnelles au profit de la machine à la mode qui paraît susceptible d'améliorer les conditions de travail tout en dispensant du prestige à son propriétaire : « J'étais le gamin qui avait quinze ans, qui ne voulait plus entendre parler des chevaux, enfin qui voulait un tracteur, quoi ». Mais il a changé car maintenant, la figure d'Albert Einstein ne lui semble plus *a priori* synonyme d'évolution positive :

> « Ça veut dire que c'est le fruit de beaucoup de réflexion, qu'ils sont arrivés à une molécule. Mais quand on sait que quelque part, il est aussi à l'origine de la bombe atomique ! (Rires). Donc, dans l'évolution, il y a de tout. (*Je crois que c'est plus la notion d'idée géniale.*) De réflexion, oui, mais ce n'est pas pour autant que c'est positif au bout. »

Sa croyance dans l'imaginaire du progrès semble avoir disparu car il associe Albert Einstein à l'invention de la bombe atomique. Même s'il doute de son existence – « je ne sais pas s'il y a progrès » –, son hésitation à propos des OGM montre toutefois qu'il est encore sensible à la puissance de cet imaginaire. Il

---

[72] Au cours de l'entretien, plusieurs publicités ont été utilisées comme test projectif.

[73] Une illustration des promesses de bonheur véhiculées par les imaginaires techniques et scientifiques sous la plume d'Yves Coppens : « Qu'on cesse donc de peindre l'avenir en noir ! L'avenir est superbe. La génération qui arrive va apprendre à peigner sa carte génétique, accroître l'efficacité de son système nerveux, faire les enfants de ses rêves, maîtriser la tectonique des plaques, programmer les climats, se promener dans les étoiles et coloniser les planètes qui lui plairont. Elle va apprendre à bouger la Terre pour la mettre en orbite autour d'un plus jeune soleil. » (Coppens, 1996, 13)

déclare en effet dans un premier temps que « ça peut être un progrès ». Puis, pressentant sans doute la rupture anthropologique accompagnant le passage de l'évolution naturelle, éventuellement accompagnée par l'homme, à l'intervention directe dans la physiologie des végétaux, il met finalement en doute l'idée que les OGM soient un progrès :

> « Il y a peut-être un progrès, pourquoi pas. Il y a eu la sélection naturelle. On peut peut-être intervenir, mais il faut faire attention. (*Ce serait d'éventuelles améliorations dans quel sens ?*) Mais – vous me faites réfléchir un peu plus loin – ça ne me paraît quand même pas très positif dans le sens où je crois qu'il vaut mieux chercher avec ce qu'on a, c'est-à-dire avec les variétés qu'on a. »

En fait, si les OGM ne constituent pas un progrès, c'est parce qu'ils participent à la logique productiviste tout en provoquant une consommation accrue de pesticides :

> « Le but, souvent, les OGM, c'est quand même pour avoir encore plus de rendements alors qu'on est toujours en surproduction. Je dis que ça fait encore partie des excès. Ou alors [ils sont résistants] à une matière active, donc c'est encore une histoire de boîtes de phytos. »

Finalement, pour Monsieur Roger, l'homme aurait perdu le contrôle de l'usine agricole qui ressemble de plus en plus à une machine dont le moteur se serait emballé :

> « Après il y avait trop de production et on ne savait plus arrêter la machine. On pêche toujours dans les excès. »

Malgré sa conversion à l'agrobiologie, notre informateur ne semble pas insensible aux charmes de l'idée selon laquelle les pesticides permettent de soigner les plantes cultivées, même s'il s'en démarque explicitement :

> « Peut-être [que les pesticides permettent de soigner les plantes cultivées], comme la médecine permet de soigner des maux, mais ce n'est pas ma méthode de soigner. »

La force de l'idéologie qui transforme les pesticides en produits « phytosanitaires » est visible dans le fait que Monsieur Roger lui-même est perméable à cette représentation bien qu'il soit opposé à leur usage. Quant à l'idéologie humaniste qui participe à l'entreprise productiviste, elle lui semble totalement étrangère. En effet, il ne considère pas qu'il doive nourrir le monde :

> « Je n'ai pas de devoir. Si j'ai un devoir, c'est de me sentir bien dans mes godasses. Ça paraît égoïste, mais on ne peut apporter aux autres que si on est bien soi-même. »

En Europe, la recherche d'une récolte abondante est un trait culturel ancien car elle a été encouragée depuis longtemps par la classe dirigeante et le clergé dont l'alimentation est directement liée à la hausse des rendements[74]. Le productivisme prolonge donc une préoccupation qui lui préexiste. Il amplifie la recherche du rendement en faisant disparaître une partie des limitations techniques auxquelles l'agriculture était assujettie. Le perfectionnement de l'exploitation de la nature et la disparition du mode de production domestique au profit du marché provoque un déchaînement de l'économie (Polanyi, 1944) contre lequel Monsieur Roger s'insurge :

> « Il ne faut pas que ce soit coûte que coûte. Parce qu'augmenter le rendement et polluer la planète en même temps... Sinon augmenter, c'est logique. Moi aussi, j'ai toujours envie d'avoir un bon rendement, mais pas coûte que coûte. Pas si on embête trop les voisins et toute la planète. »

Comme ses collègues, Monsieur Roger cherche à augmenter son rendement. Pourtant, sa recherche de productivité n'est pas excessive car il accepte de tenir compte des restrictions sociales ou environnementales qui limitent la démesure économique. Cette attitude est marginale au regard de la majorité des exploitants et du système agricoles. Le productivisme constitue ainsi une norme indépassable pour bon nombre d'organismes entourant les agriculteurs. Les conseillers de gestion sont par exemple « pris dans des schémas » :

> « Une ferme, pour être rentable, il faut tant de vaches. Ils sont un peu pris là-dedans. Et le jeune se laisse prendre aussi là-dedans. Et après, effectivement, il a ses emprunts. Pour sortir de ce schéma-là, il faut arriver à dire un peu "zut" au conseiller de gestion, au technicien. »

De même, les actions de prévention sanitaire de la MSA sont ambiguës dans la mesure où elles avalisent le recours aux techniques agrochimiques. En effet, si cette organisation recommande le port d'une tenue de protection individuelle et l'utilisation de tracteurs équipés de cabines filtrantes, elle n'ose pas remettre en cause l'utilisation des pesticides. Si Monsieur Roger trouverait raisonnable qu'elle conseille aux agriculteurs de diminuer ou d'arrêter les pesticides, une telle révolution culturelle n'est manifestement pas à l'ordre du jour... En fait,

---

[74] Dans d'autres aires culturelles, la relation entre intensification agricole et stratification sociale n'est pas systématique : « Le continent américain illustre clairement l'autonomie respective de l'économie et de la société. Des groupes de chasseurs-pêcheurs-collecteurs, nomades ou non, présentent les mêmes propriétés socio-politiques que leurs voisins agriculteurs sédentaires : "infrastructures" différentes, "superstructure" identique. Inversement, les sociétés méso-américaines – sociétés impériales, sociétés à Etat – étaient tributaires d'une agriculture qui, plus intensive qu'ailleurs, n'en demeurait pas moins, du point de vue de son niveau technique, très semblable à l'agriculture des tribus "sauvages" de la Forêt Tropicale : "infrastructure" identique, "superstructures" différentes, puisqu'en un cas il s'agit de sociétés sans Etat, dans l'autre d'Etats achevés » (Clastres, 1974, 172).

notre informateur semble s'être détaché lentement de l'idéologie productiviste en cheminant vers l'agrobiologie. A l'origine de cette démarche, la prise de conscience que la demande des citoyens n'est pas compatible avec la consommation massive d'intrants encouragée par l'entourage commercial :

> « Il y a aussi le fait que l'on entendait parler de surproduction et de pollution. Je me disais "on marche sur la tête" parce qu'on entendait qu'il y avait trop de production, trop de céréales et puis quand on allait aux réunions de la coopérative, ils nous incitaient toujours à mettre de nouveaux produits pour avoir encore plus de rendement. Je me disais "on marche sur la tête", quoi. Alors un jour, compte tenu que j'avais des terres qui n'avaient pas un gros potentiel, j'ai dit bon, j'essaie. Ces terres-là, je [les] sème et puis je récolte. »

Suite à cette réflexion, il se résout à prendre en compte les problèmes de pollution pour se sentir en harmonie avec son entourage et avec la nature :

> « En tant que producteur, on nous incite aussi à produire plus alors qu'il y en a trop. On sait qu'on pollue les nappes – on commençait déjà à parler de nitrates... C'est aussi pour me sentir mieux avec mon entourage, avec... (Silence). (*Avec la nature?*) Avec la nature oui, avec tout. C'est aussi cette démarche-là. »

Mais il espère également obtenir de meilleurs résultats économiques :

> « Au début, j'ai fait d'abord un champ et puis je me suis dis je vais essayer d'observer et puis de compter. Je vais faire bien le côté biologique et bien le côté chimique – ça c'était au départ ; et puis je vais essayer de comparer. Je me suis très vite rendu compte que je n'avais plus envie de compter. C'est un peu dommage pour les autres. Moi, à partir du moment où je suis bien, je ne compte plus. "Quand on aime, on ne compte pas". Très vite je me suis rendu compte que je n'avais plus l'esprit à traiter, même ce qui était en chimie. »

Monsieur Roger est tout à coup saisi d'une forte réticence à arroser ses champs de pesticides. C'est du fait de cette mentalité qu'il a arrêté de recourir à la chimie agricole alors qu'à l'époque il n'y avait pas d'aide à la conversion à l'agriculture biologique. Expliquent sa démarche le sentiment de ne plus se sentir autonome et l'envie de rompre avec les pratiques polluantes :

> « En mettant mes produits, je polluais la planète, les nappes phréatiques. Je n'avais pas envie de gêner les autres. Je trouvais l'harmonie en moi et je n'avais pas envie de polluer les autres. Ça me paraît une évidence, moi. Mais effectivement, il faut quand même avoir fait une démarche. »

Le souci de l'autre, véritable leitmotiv de toute vie sociale, s'est emparé de Monsieur Roger qui ne parvient même plus à épandre ses pesticides sachant qu'ils gênent ses concitoyens. La dimension économique devient d'autant plus secondaire qu'elle ne fait plus problème. Monsieur Roger, d'abord attiré par l'agrobiologie pour retrouver son autonomie, est finalement l'objet d'un changement plus profond qui modifie sa vie professionnelle et affective. La rupture avec l'idéologie productiviste l'entraîne vers des horizons surprenants même s'il critique l'« extrémisme » de certains agrobiologistes. On pourrait résumer la métamorphose en une formule lapidaire : il est sorti d'une logique de subsistance pour entrer dans une nouvelle dimension de l'existence qui lui était auparavant inconnue.

Le stress, l'incertitude et la vulnérabilité

Si l'imaginaire insiste sur la possession et la maîtrise de la nature, la réalité de la confrontation aux aléas naturels est beaucoup moins glorieuse. Les agriculteurs productivistes sont en effet toujours tributaires des caprices du ciel malgré les efforts des services de météorologie qui tentent d'appliquer à la gestion du temps les principes d'efficacité rationnelle qui sont au cœur des logiques sociales de la modernité. L'incertitude et la peur de perdre de l'argent taraudent donc les exploitants agricoles qui subissent en plus la pression commerciale des vendeurs :

> « Il y a aussi la question que l'on se pose tout le temps c'est-à-dire [s'il faut traiter ou pas]. Je me souviens les techniciens disaient : «pour savoir – pour parler du puceron – vous prenez un mètre carré et vous comptez les pucerons. A partir de dix pucerons, il faut traiter'. Ça, c'est la théorie, parce qu'on pense qu'à partir de dix pucerons, ça va pomper et ça va être rentable de traiter. On en trouve neuf ou dix ou douze même ; est-ce qu'il faut traiter ou pas compte tenu que c'est quand même un coût ? Tout est comme ça. »

La difficulté à évaluer le bien-fondé économique de l'investissement produit de l'angoisse. Il est bien entendu impossible d'appliquer à l'identique le modèle industriel à l'agriculture qui travaille avec des données naturelles difficiles à prévoir. L'application du désir de contrôle à des phénomènes échappant à la volonté de maîtrise totale installe les agriculteurs dans une incertitude structurelle. L'angoisse est donc constitutive de l'*ethos* (Weber, 1905, 47) productiviste caractérisé par la démesure économique, la vulnérabilité symbolique, l'hétéronomie politique et le progressisme imaginaire :

> « Il faut savoir que tous ces produits-là, il ne faut pas qu'il pleuve, il ne faut pas qu'il y ait trop de vent, il ne faut pas que le vent soit mal orienté sinon ça va chez le voisin, ça peut nuire à ses récoltes. Il ne faut pas qu'il y ait de rosée, faut qu'il fasse souvent telle ou telle température, faut que le stade de la végétation soit vraiment précis. Il se trouve que le stade parfois est vraiment bien, et puis, manque de pot, on ne peut pas y aller parce qu'il pleut ou parce qu'il y a du vent. Donc c'est quand même un stress parce que tous les jours on regarde le temps [en se demandant] si on peut y aller. »

En outre, l'inquiétude porte aussi sur l'efficacité du « traitement » qui dépend des intempéries. Une averse peut en effet faire disparaître le pesticide récemment épandu au grand dam de l'agriculteur qui a pris un risque financier important :

> « Et puis aussi, à chaque fois dans une barrique, on en mettait – je vais parler en anciens francs – tout de suite pour sept ou huit mille francs et on sait que s'il pleut après, ça se trouve lavé, ça se trouve foutu. Donc c'est aussi une inquiétude. »

Cette menace économique peut être difficile à supporter notamment pour les agriculteurs les plus endettés. Hormis ceux qui ont les moyens de prendre du plaisir à jouer au « casino agricole », ce mode de production suscite souvent une inquiétude structurelle liée à la peur de la faillite. Sans doute favorisée par l'érosion du prix des denrées agricoles et la baisse continuelle du nombre d'exploitants en activité, la crainte d'un échec économique synonyme de catastrophe sociale est en effet présente chez de nombreux agriculteurs. La domination de l'existence par des préoccupations concernant la subsistance provoque une hypothèque sur l'avenir qui restreint la jouissance du présent. La vie perd de sa saveur lorsque l'accès aux ressources matérielles élémentaires semble problématique. L'ouverture aux autres est alors réduite au strict minimum et l'angoisse de ne pas y arriver envahit l'existence qui se transforme en lutte incessante pour l'obtention du minimum vital :

> « Si les agriculteurs raisonnent uniquement en revenu sans penser aux autres, je les comprends parce que j'ai d'abord été comme ça. J'avais des charges d'emprunt, j'étais angoissé donc il fallait qu'il y ait du rendement. Je pensais d'abord à moi et mon seul objectif, c'était le rendement. »

Le contraste est violent avec la condition actuelle de Monsieur Roger :

> « J'ai réussi à me détacher un peu de ça. Aussi en même temps parce que j'avais moins d'emprunt, tout ça, ça joue. Au fur et à mesure que j'étais moins angoissé, je prenais plus de recul et je prenais d'autres choix. Quand on fait un choix basé sur la peur, ça ne peut pas être bon. Maintenant, c'est un choix de vie, pour me sentir bien avec moi-même et avec les autres. »

Pour notre informateur, la peur de la faillite est l'angoisse qui mine souvent l'existence des agriculteurs : « c'est le fric qui fait peur, c'est ça ». Quand l'échec se concrétise, le déshonneur amène souvent l'agriculteur au suicide si aucune oreille compatissante n'est susceptible de prendre part à son malheur. La reconversion à un autre métier est souvent inimaginable tant la condition d'agriculteur est profondément enracinée dans l'histoire personnelle et familiale. L'abandon de l'agrochimie passe par une domestication de l'angoisse qui permet à l'entourage bureaucratique et commercial de perpétuer la domination qu'il exerce sur les agriculteurs :

> « Il faut arriver à se libérer de la peur. Mon neveu se pose des questions : "j'ai des emprunts, peut-être dans cinq ans..." Je me rends compte que tant qu'il est angoissé, [il ne passera pas en bio]. »

L'endettement diminue la capacité d'action par la contrainte temporelle des échéances de remboursement, il installe une hypothèque symbolique sur la vie. C'est cette épée de Damoclès qui stérilise l'ouverture aux autres, déshumanise l'existence par hypertrophie du souci élémentaire de soi et élimine toutes les activités qui ne sont pas directement liées au travail : « Trop souvent les paysans se sont enfermés dans leur petit truc : uniquement produire ». Quand il était obnubilé par la peur de la faillite régnant dans la cage d'acier productiviste, Monsieur Roger ne se préoccupait pas de sa santé alors que maintenant, il prend garde à mener une vie équilibrée : « J'essaie d'avoir une vie saine ». La santé ne devient une préoccupation importante que lorsque le gîte et le couvert paraissent assurés. La volonté de se prémunir contre les maladies professionnelles n'est pas une priorité pour quiconque vit dans la survie :

> « Quand je me promène et que le voisin a traité, je me dis "merde", je sens et je me dis qu'il ne faut pas rester dans ce coin-là. J'y suis plus sensible alors qu'avant je baignais dedans et je ne m'en rendais même pas compte. »

Comme pour les ouvriers de la chimie qui produisent les pesticides, le risque sanitaire est subi par les agriculteurs productivistes qui s'en accommodent car ils pensent qu'ils n'ont pas le choix. Le danger n'est pas une valeur car il résulte de l'assujettissement au pouvoir des firmes agrochimiques :

> « Le risque du métier, c'est peut-être de le faire malgré soi. Maintenant, il y a beaucoup d'agriculteurs qui le subissent, qui risquent d'être pollués par leurs produits, qui risquent de travailler trop. C'est parce qu'ils n'ont pas trouvé moyen de faire autrement. »

L'angoisse d'une maladie professionnelle qui pourrait être provoquée par l'utilisation des pesticides est perceptible après plus de vingt ans de pratique agrobiologique. Le poids de son passé productiviste pèse en effet sur les épaules de Monsieur Roger :

> « Il y a une chose qui est sûre : je sais que le passé est le passé et que je n'y peux rien. Donc j'essaie de bien vivre le présent. Peut-être que j'aurais le cancer et puis ça fera rigoler les voisins. Ils diront "lui, un bio, il a attrapé le cancer !" Non, mais j'en rigole. »

Derrière les rires soutenus se cache la peur de subir la souffrance ou la mort. Quant au stress agricole, il résulte manifestement de la difficulté à rentabiliser les investissements massifs caractéristiques du productivisme. L'axiome capitaliste selon lequel plus on investit, plus le chiffre d'affaires et le bénéfice seront élevés n'est vérifié qu'au prix d'une lutte inlassable contre les éléments. Monsieur Roger réagit à l'idée que ce modèle économique ressemble à une partie de poker dans laquelle l'agriculteur qui mise gros a intérêt à obtenir un bon rendement :

> « Oui, c'est stressant. L'objectif – je ne sais pas comment c'est, maintenant, parce que ça fait longtemps que je n'y suis pas allé – c'était plus de cent quintaux [à l'hectare].

Donc effectivement, il fallait faire ça. Et si on faisait ça, il ne fallait surtout pas oublier de faire ça. Si on met beaucoup d'engrais – il faut d'abord commencer par mettre beaucoup d'engrais –, après il y a des pucerons. Donc il faut [mettre un insecticide contre] les pucerons. Après, il faut mettre un raccourcisseur parce que ça va verser. Et puis à la fin, il y a des maladies sur les feuilles parce qu'il y a la pression, il y a beaucoup de densité, donc il faut mettre un [fongicide]. Donc, c'est tout comme ça, quoi. Et puis après, il y a les pucerons qui viennent parce que simplement c'est riche et puis il y a plein de trucs à bouffer là-dedans. Alors ils viennent pour ne pas louper ça. Tout est comme ça. Ça fait qu'on est tout le temps sur le pied de guerre. »

La métaphore de la guerre vient spontanément dans la bouche de Monsieur Roger pour décrire la mobilisation permanente qui résulte de l'incertitude chronique. L'idéologie de la modernité valorise systématiquement la flexibilité du travailleur qui doit toujours être prêt à sacrifier sa vie familiale sur l'autel de la vie professionnelle. Dans cette optique, les liens sociaux limitant l'emprise du productivisme sur l'existence des agriculteurs constituent un encombrant héritage du passé qui les empêche de se transformer en moines ou en soldats entièrement dévoués à la pratique de la guerre économique :

« Si on a prévu quelque chose le week-end avec sa famille, tout d'un coup, le vent tourne, il se met à faire beau, alors c'est là qu'il faut aller traiter donc c'est vraiment un stress. Il y a ce stress... Ou on est bon paysan, on va traiter ses champs, ou alors on est bon à la famille et avec ses enfants et puis on n'est pas bon paysan. »

Depuis qu'il a renoncé à la valorisation excessive du labeur, Monsieur Roger n'est plus habité par la préoccupation majeure qui dominait toute sa vie. L'angoisse de manquer d'argent a quitté son quotidien :

« Ce n'est plus une obsession pour moi (*Parce qu'avant, c'était une obsession ?*) Oui, je m'étais collé beaucoup d'emprunts, beaucoup de trucs, donc c'était une obsession et à la limite je devenais radin par peur de ne pas y arriver. Ça aussi, j'en suis sorti. C'est aussi l'âge, il y a tout qui joue. »

Il en est de même pour la volonté de rentabiliser le temps qu'il nomme « la peur du vide » comme pour mieux marquer sa rupture avec la valorisation démesurée du labeur. Ne craignant plus d'être frappé par l'insignifiance de son existence à l'occasion d'un moment de désœuvrement, Monsieur Roger considère l'oisiveté ou l'absence de rationalisation du temps comme des vertus qu'il ne savait pas apprécier lorsqu'il baignait dans le productivisme. Notre informateur est heureux d'avoir suivi ce cheminement personnel qui a éloigné sa vie de l'idéologie dominante en lui fournissant une signification :

« Elle a un sens dans le sens où il y a une évolution. Une évolution des consciences, du savoir. »

Face à l'incapacité du social à attribuer un sens aux existences individuelles partiellement détachées du symbolisme collectif (Le Breton, 1991, 13), l'itinéraire de Monsieur Roger a la valeur d'une resymbolisation personnelle qui lui permet d'affirmer sans hésitation qu'il est satisfait de sa vie. Les nombreux éclats de rire qui ont émaillé l'entretien nous confortent dans le sentiment qu'il trouve son existence savoureuse : « Je me sens mieux dans mes godasses, c'est important ». Il ne considère pas son travail comme un labeur mais plutôt comme une œuvre voire une action politique (Arendt, 1958, 41-43) : « J'aime ce que je fais donc je repars pour cinq ans ». Le plaisir dans l'activité se situe aux antipodes de la valorisation de la souffrance au travail véhiculée par la culture productiviste :

> « Mon objectif, c'est surtout l'art de vivre. Il est beaucoup plus axé là-dessus. Je pourrais être plus performant, c'est sûr, en biologie. Si je ne vous recevais pas par exemple, si je potassais, si j'avais arraché mes doches[75] plutôt que... J'ai choisi d'essayer de vivre agréablement mais je suis conscient que l'on peut faire mieux. On peut faire mieux mais ça me va bien. Ça me va bien. »

S'étant éloigné de la valorisation absolue du labeur traditionnellement à l'œuvre à la campagne, Monsieur Roger a vu son rapport au corps modifié de fond en comble au cours de son cheminement vers l'agrobiologie.

L'endurance au mal, la passion du travail et de la compétition

La recherche de la performance est une composante fondamentale de la culture productiviste :

> « C'est toute une émulation entre eux. Quand ils se retrouvent, ils parlent de leur rendement. Ils disent "moi, j'ai fait cent quintaux, moi j'ai fait cent dix, moi j'ai fait quatre-vingt-dix". Alors moi, quand des fois je veux me marrer, je m'approche et je dis "moi j'ai fait trente quintaux". Que je puisse me vanter d'avoir fait trente quintaux, ça leur pose question. Je leur dis : "écoutez vous avez fait cent quintaux mais faites le compte de ce que vous avez apporté, et du stress aussi que ça vous a donné"... »

L'obtention d'un rendement élevé, voire du meilleur résultat, est considérée comme une preuve de l'habileté professionnelle et de la valeur personnelle de l'agriculteur. Le vainqueur de la compétition informelle obtient un prestige qui force le respect. Certains regrettent seulement que les candidats ne concourent pas à armes égales du fait des différentes qualités de la terre. Les plus mal lotis ne sont pas loin de suggérer qu'il faudrait artificiellement homogénéiser les potentiels de rendement à l'image de certaines régates qui imposent l'utilisation du même type de bateau à tous les concurrents. Le principe démocratique d'égalité des chances pourrait aussi être respecté par la mise en place d'un

---

[75] Plante adventice.

système de handicaps proportionnels à la valeur du sol... Monsieur Roger fait figure de marginal tant la recherche du meilleur rendement a été profondément intégrée par les agriculteurs productivistes au cours du processus de socialisation scolaire et familiale. En fait, l'esprit de compétition est sans doute une idéologie moderne qui est venue se greffer sur le prestige associé traditionnellement à la force. De même, la valeur absolue attribuée au travail n'a fait qu'amplifier un trait culturel plus ancien. De ce point de vue, la nouveauté productiviste consiste dans l'illimitation symbolique propre à la valorisation moderne du labeur qui n'est plus légitimé par un motif religieux ou par une nécessité impérieuse liée aux techniques du corps utilisées dans le travail quotidien :

> « Je me rappelle étant gamin, j'étais dans une école d'agriculture, il y avait aussi ça. Des sacs de cent kilos, c'était à celui qui le porterait, des conneries, quoi. C'est une culture de la force, effectivement, ou de l'endurance, ou du travailleur. »

Finalement, la performance du rendement est l'équivalent symbolique de la réussite au jeu des sacs de cent kilos. La force physique, dévalorisée en partie par la mécanisation du travail, n'est plus le seul lieu d'affirmation de l'excellence. L'obtention d'un rendement élevé montre aux yeux de tous que l'agriculteur a l'étoffe d'un « gagnant ». L'idéologie de la compétition a changé de nature en se déplaçant de la valorisation de la force physique à l'éloge du rendement maximum obtenu en mobilisant toutes les ressources de la technique moderne. De l'endurance au mal comme affirmation symbolique de la virilité à l'incorporation du « culte de la performance » (Ehrenberg, 1991), il existe un changement subtil d'autant plus difficile à percevoir que les deux traits culturels cohabitent souvent chez les agriculteurs productivistes. Sous l'apparente continuité, on peut en fait discerner un changement du rapport à la technique et à la nature. Le jeu des sacs de cent kilos montre la valorisation traditionnelle des techniques du corps nécessaires aux travaux de la ferme. Dans cette optique, l'outil est conçu comme un prolongement du corps et la nature comme une entité impossible à contrôler entièrement mais que des savoir-faire ancrés dans un temps long permettent en partie d'orienter vers des finalités humaines. La conscience de la force de la nature, ravivée chaque année par les aléas liés à l'activité agricole (maladies des animaux d'élevage, mauvaises conditions météorologiques, etc.), impose l'humilité face à une entité souvent perçue comme une puissance menaçante. Il est d'ailleurs fréquent que les cosmologies traditionnelles donnent une figure humaine à la nature comme pour mieux conjurer son pouvoir de nuisance. Contrairement aux agriculteurs productivistes, Monsieur Roger n'est plus habité par l'esprit de compétition :

> « C'est un travail sur soi. [Il faut accepter] d'être moins fort que les autres, d'être un moment mal de se faire foutre de soi. C'était le cas pour moi : "Roger, le bio, quand on voit ses champs..." Lâcher tout ça. Lâcher... comment dire ? L'influence du regard des autres. Accepter d'abord d'être soi-même. Oui, c'est ça, c'est une question de priorité. Il y a des gens qui vivent pour la galerie, tandis que moi, progressivement, j'ai choisi de vivre d'abord avec un regard intérieur pour me sentir bien moi-même. »

Notre informateur estime que c'est la découverte de la méditation qui l'a amené à abandonner le culte de la performance pour privilégier un sentiment de fraternité qui lui semble moins puéril :

> « Cette compétition qu'on a entre gamins étant petits, il n'y a pas que dans le monde agricole. C'est dans la culture du monde ; les guerres, c'est toujours les plus forts qui les ont gagnées. Après avoir fait un travail sur soi, on se rend compte qu'il n'y a pas besoin d'être plus fort que l'autre, que, tout compte fait, on est tous frères. Ça, on le ressent dans la méditation. (*Ce sentiment de fraternité ?*) Oui, on perd vraiment cette notion d'avoir envie d'être plus fort ou meilleur. »

Le christianisme et son message d'amour universel s'opposent au culte de la performance. Mais laissons Monsieur Roger nous raconter son cheminement qui a aussi été déclenché par des problèmes de santé déjà identifiés comme facteurs de conversion à l'agrobiologie par une étude pionnière dans le département de la Drôme (Barres *et al.*, 1985) :

> « Ce qui m'a amené aussi [à l'agrobiologie] – je ne le dis pas et c'est sûrement ça aussi qui y est pour beaucoup –, [c'est que] j'ai eu des ennuis de santé, des lumbagos. A vingt-huit ans, j'avais déjà été opéré d'une hernie discale. Tout ça c'est parce que j'étais "boulot boulot". (*Le tracteur ?*) Le tracteur, plus les sacs de pommes de terre... Et ça, ça m'a fait me remettre en question. J'ai été longtemps arrêté. Mon lumbago n'arrivait pas à se finir. Ça a fini par une sciatique. On m'a dit qu'il fallait que je sois opéré. Donc à vingt-huit ans, c'est encore relativement jeune. Je me suis dit "mince alors". Le médecin qui disait "faites attention, vous risquez de finir sur une chaise roulante", tout ça, ça fait réfléchir. Oui, c'est ça et je ne le dis pas. J'en avais perdu conscience, de ça. Après, je suis retourné très vite sur le tracteur et j'ai reporté des sacs. De nouveau lumbago: c'était l'autre disque qui prenait des coups. Je me suis trouvé encore arrêté et puis remise en question. Un jour, j'étais chez mon beau-père psychiatre – ça aussi ça m'a ouvert – et je tombe sur un petit bouquin de Thérèse Bertherat, je m'en rappelle toujours : *Le Corps a ses raisons*. Ça m'intéressait parce que j'avais des ennuis dans mon corps. Tout en lisant, j'ai pris conscience qu'il y avait le boulot mais il y a aussi les tensions. C'est-à-dire que, quand on est tendu tout le temps comme je l'étais avant, angoissé, on se le colle dans le dos. De fil en aiguille, ça m'a amené au yoga. J'ai pris conscience du corps. Puis j'ai pratiqué le zen, je ne sais pas si vous connaissez. C'est la posture du lotus. C'est le bouddha. Vous savez qu'il avait eu l'illumination ! (Rires). Donc apprendre à rester tranquille et être à l'écoute de son corps. Ça doit être tout ça qui m'a amené au bio, tout compte fait. »

Devant les dégâts produits par l'endurance au mal accompagnée d'une activité incessante, le rapport au corps de Monsieur Roger est bouleversé. L'affirmation symbolique de la virilité perd du terrain et cède la place à un souci de soi plus en résonance avec le monde contemporain. Les postures corporelles sont modifiées du fait du changement de symbolique. Les gestes comme les comportements suivent le nouvel état d'esprit de Monsieur Roger :

« A partir du moment où on s'oblige à rester tranquille et à prendre conscience de ce qui se passe à l'intérieur et aussi vers l'extérieur, on n'est plus la "tête dans le guidon"[76]. Inconsciemment, il nous vient à l'esprit l'origine de nos maux. On se dit "tiens, hier, j'ai porté un sac". J'arrivais à me défendre le corps, à libérer ce qui me gênait, et en même temps j'avais trouvé la cause. Donc, à partir du moment où on a la cause, on retombe moins dans le panneau parce que le lendemain si je retrouvais le même sac, je le prenais différemment. C'est la méditation qui m'a amené à prendre conscience des raisons de mes problèmes. »

La mobilisation de la méditation, du yoga, du zen et de la figure du bouddha est tout à fait étonnante pour un agriculteur occidental. Elle montre le syncrétisme culturel résultant de la mondialisation. Monsieur Roger tâtonne avec les pratiques à sa portée pour tenter de retrouver la jouissance de son corps mise à mal par ses habitudes antérieures. Ce cheminement personnel revalorise « le premier et le plus naturel instrument de l'homme » (Mauss, 1934, 372) et modifie sa vision du monde. Le changement porte sur le rapport au corps et à l'environnement familial et professionnel :

« C'est-à-dire que... ne plus subir ! Je ne me mettais plus en position de subir. Je prenais le temps de choisir, de sentir si ça m'allait moi, dans mon être profond, avant de faire l'acte. »

La recherche d'autonomie est la clef de voûte des changements profonds qui affectent sa vie. Le désir de sortir de la vulnérabilité pour accéder à une vie humaine touche l'intimité corporelle et fait disparaître le malaise au profit de la passion :

« Faire les choses de par moi-même. Après, si ça ne va pas, au moins je saurais le pourquoi. J'aurais choisi et ça me passionne. C'est passionnant. Il y a trop de gens qui subissent la vie. »

Avec le recul, Monsieur Roger a pris conscience que le changement de ses pratiques corporelles est l'indice d'une transformation anthropologique :

« C'est parti d'un petit truc. D'abord de mon problème de santé, ce petit bouquin qui m'a fait prendre conscience que le corps avait ses raisons, que c'était pas normal d'avoir mal, que si on a mal, il y a quelque chose à changer dans sa façon de faire et d'être. »

La modification du rapport au corps touche inévitablement la vision du monde de Monsieur Roger. Son existence la plus intime est affectée par le bouleversement et sa vie conjugale profondément ébranlée :

« Je m'étais mis dans une position – ça peut paraître paradoxal, mais c'était comme ça – où je subissais par rapport à elle. Progressivement, j'avais cédé trop de terrain et elle,

---

[76] Il est étonnant de voir que Monsieur Roger, utilisant cette expression tout au long de l'entretien, a repris à son compte cette métaphore cycliste que nous lui avons soufflée.

elle décidait pour moi. A la limite, si elle avait été là tout de suite, vous me posez une question, c'était elle qui répondait. (Rires). Donc je me sentais d'autant plus mal dans mes godasses que j'avais laissé trop de champ. J'avais perdu mon âme, quelque part. Cette prise de conscience progressive a fait que je ne disais plus *amen* à n'importe quoi. Je disais "écoute, là, non". Je ne cédais plus et fatalement, il fallait retrouver un autre équilibre. A partir du moment où j'ai choisi d'être vraiment moi-même, de donner cette priorité-là – parce qu'avant, bêtement amoureux, je donnais la priorité à ma femme –, j'avais compris que je subissais des choses. J'ai compris, grâce au petit bouquin de Thérèse Bertherat, que, quand il y avait des choses que je subissais, ça me raidissait. Je n'acceptais pas des choses qui se passaient dans mon foyer, donc, quand je n'acceptais pas, je me retrouvais avec un lumbago. J'ai compris : ce n'est pas tant physique que psychologique. Maintenant, on le découvre de plus en plus que les problèmes de santé, c'est d'abord psychologique. Donc, ça je l'ai compris, je l'ai senti. Après, je ne cédais plus. Plus je me sentais bien dans mes baskets, moins je cédais sur ce qui ne convenait pas à mon bien-être. Ça a été trop fort pour elle. Elle perdait son pouvoir. C'est une question de pouvoir. »

La soumission à sa femme et la dépendance au système deviennent intolérables à Monsieur Roger alors que jusqu'à présent il acceptait l'une et l'autre. S'il essaie d'avoir un bon rendement, il n'est plus prêt à se « casser le dos » pour obtenir à tout prix la plus grosse récolte. Il ne fait plus exactement ce que sa femme et son technicien lui disent de faire : « Mon médecin, c'est moi-même, donc mon technicien c'est moi-même ». Les pesticides sont implicitement comparés aux psychotropes prescrits par le médecin dans la mesure où ils instillent une hétéronomie difficile à briser :

« Ma sœur qu'est plus jeune que moi avait un coup de déprime, c'est pour ça qu'elle est là. Et bon, effectivement, beaucoup de médicaments, beaucoup de trucs. Ça, moi je trouve que ça pose question les médicaments parce qu'après on a du mal à s'en sortir. Elle a du mal à voir la vie sans trucs comme ça. J'ai dit que l'objectif c'était quand même d'essayer d'arriver progressivement à être moins dépendant. »

De même que les pesticides assujettissent l'agriculteur aux firmes agrochimiques, les médicaments psychotropes créent une dépendance aux laboratoires pharmaceutiques. Le fait que Monsieur Roger tente de promouvoir chez sa sœur le même désir d'autonomie qui a changé sa vie montre qu'il a profondément renoué avec cette aspiration de la culture paysanne. La passivité de sa sœur lui pose problème sans doute parce qu'elle incarne à ses yeux l'image inquiétante de son ancienne condition. Avec en perspective cette angoissante question : « aurais-je pu passer toute ma vie dans cette position de soumission ? »

Mais le questionnement provoqué par la rupture de la dépendance ne préoccupe guère les agriculteurs productivistes qui s'adonnent à leur passion pour le travail. Quant aux habitudes de Monsieur Roger, elles sont parfaitement incompréhen-sibles aux yeux des agriculteurs qui pratiquent une activité machinale :

> « Je sème, je passe deux coups de herse, et après, j'attends la récolte. Alors quand je dis ça aux paysans, "moi je travaille deux ou trois fois par an", ça aussi ça les bouscule... »

Du point de vue productiviste, le travail doit remplir l'essentiel de la vie. Dans cette optique, on ne travaille pas pour vivre, on vit pour travailler. Monsieur Roger a été élevé dans cette tradition dont il s'est partiellement détaché :

> « C'est aussi une culture. Celui qui ne bosse pas comme un dingue, c'est un fainéant. Il faut arriver à se démarquer de tout ça parce que moi j'ai été élevé aussi comme ça. »

Mais il se sent tout de même coupable de ne pas remplir son devoir car il ne consacre pas sa vie au labeur. Son passé productiviste se rappelle donc à son bon souvenir en lui inculquant un sentiment de culpabilité. Comment est-ce possible de gagner autant d'argent en travaillant aussi peu ?

> « Quand je dis "je travaille deux fois par an", le pire c'est que c'est vrai. Donc je suis un fainéant d'un certain [point de vue]. »

A l'opposé, le productiviste est un travailleur infatigable à l'image d'un exploitant agricole du village qui est aussi l'ami de Monsieur Roger :

> « Contrairement à moi, il n'a pas envie de se remettre en question. Parce que ça a toujours marché pour lui comme ça. Il a toujours été solide, il n'a pas eu de problèmes de santé. C'est dommage : il faut avoir des problèmes de santé pour se remettre en question. Lui, du fait qu'il est solide, il a toujours beaucoup bossé, beaucoup, beaucoup. Et puis beaucoup mis, beaucoup récolté. Pas plus de sous, j'en ai conscience. Beaucoup travaillé physiquement. Beaucoup de produits mis, beaucoup d'interventions, mais... pour lui, je suis un fainéant, pas de problème ! »

Monsieur Roger a bien conscience de sa marginalité mais il ne semble pas décidé à renouer avec la passion du labeur. Au contraire, il sollicite son « voisin qui est chimiste » pour réaliser certains travaux sur sa ferme :

> « Maintenant, je lui fais faire mes labours et mes semis. Quand je vous dis que je deviens fainéant. Je fais encore la moisson. Mais donc, pas de problème. Maintenant, je suis paysan, mais je téléphone et puis ça se fait. »

Voilà une pratique qui lui attire inévitablement le mépris de ses collègues productivistes. Son attitude est incompréhensible pour les exploitants agricoles qui travaillent soixante-dix heures par semaine. Il reconnaît d'ailleurs du bout des lèvres qu'il « passe plus de temps au loisir qu'au travail ». Même pour Monsieur Roger, la sacralité du labeur n'a pas totalement disparu. Il faut dire que la valorisation du travail étant profondément enracinée dans la ruralité, la modernité libérale n'a fait qu'amplifier le trait culturel qui tend à faire de la nécessité une vertu :

« Le travail, est l'étalon de mesure des milieux populaires : ne plus en être capable signe la reconnaissance de la maladie, c'est-à-dire la légitimité de la plainte. Par force et par culture on est accoutumé à ne pas "s'écouter", à résister au mal avec une volonté d'autant plus forte que les activités quotidiennes liées au travail forment l'essence même de la vie. La valorisation de la force, de la résistance, ne tolère guère de dérogations, elle favorise l'endurance au mal et donne les moyens symboliques de supporter des conditions de travail souvent difficiles. » (Le Breton, 1995, 134)

L'esprit du capitalisme a pris appui sur cette valorisation traditionnelle du travail pour éliminer les contraintes sociales qui limitaient son emprise. Pour un productiviste, le labeur n'est plus un moyen de subsistance, il est une fin en soi à laquelle toute l'existence doit être consacrée. Si la modernité promeut à ce point le travail, il faut en chercher la raison dans le fait qu'il est considéré comme un devoir et une vocation :

« En effet, cette idée particulière – si familière pour nous aujourd'hui, mais en réalité si peu évidente – que le devoir s'accomplit dans l'exercice d'un métier, d'une profession, c'est l'idée caractéristique de "l'éthique sociale" de la civilisation capitaliste ; en un certain sens elle en est le fondement. » (Weber, 1905, 51)

Les agriculteurs productivistes sont intimement convaincus qu'ils doivent vouer leur vie entière à l'exercice du travail même si cette attitude n'a pas de signification religieuse. La disparition du sens des comportements semble ainsi constituer l'entreprise secrète poursuivie par le processus de rationalisation.

Le rapport au temps et à l'argent dans une logique de survie

En rapport étroit avec la conception capitaliste du travail, le productivisme entretient un rapport spécifique au temps et à l'argent. La passion du labeur exige qu'on lui consacre tout son temps afin d'accumuler des biens monnayables en espèces sonnantes et trébuchantes. Bien qu'il ne cherche pas à devenir riche ou à augmenter son capital par un travail incessant, Monsieur Roger apprécie certains aspects de la modernisation de l'agriculture comme la possibilité de se libérer du temps pour sortir « la tête du guidon » :

« Tout à l'heure, je voyais – j'étais en vélo me promener – un vieux paysan de mon âge avec son quatre-quatre. Ça c'est quelqu'un qui est... dans le terme comment dire ? Mais il est... Il habite déjà je ne sais pas combien de communes après, mais ils viennent de prendre une ferme là et il a soixante ans. Donc effectivement lui, il ne sort pas du guidon. Il est dans son quatre-quatre en train de regarder les champs et de dire "ce serait bien que j'additionne ça à mon [exploitation]". C'est l'image que j'avais de ce type-là. Je ne sais pas, je ne suis pas dans sa tête. Alors que moi je me promène en vélo, lui il est avec son quatre-quatre en train de voir ses champs et de regarder les voisins : tiens, il pourrait peut-être ravoir encore une parcelle. Ça c'est une autre [mentalité]. »

L'exploitant agricole considérant le sol comme un facteur de production, il lui faut disposer d'une surface cultivable aussi vaste et fertile que possible. Un départ à la retraite ou une cessation d'activité constitue l'occasion d'acquérir de nouvelles terres qui agrandiront d'autant l'exploitation. Le désir de phagocyter les fermes de ses voisins est bien au cœur de l'individualisme productiviste. Du point de vue théorique, c'est Spencer qui a le premier explicitement introduit le thème de la « loi de la jungle » dans l'idéologie libérale :

> « Si Spencer est ordinairement mentionné comme l'un des premiers représentants, dans le monde anglo-saxon, du "darwinisme social", c'est avant tout parce qu'il a fortement contribué à diffuser un certain nombre de thèmes (compétition, survie des mieux adaptés, etc.) qui se retrouveront, à la fin du dix-neuvième siècle, dans la vulgate libre-échangiste et procapitaliste stigmatisée par ses ennemis sous l'étiquette de "darwinisme social". » (Taguieff, 2001, 82)

Darwin a ensuite repris à son compte l'idée de lutte pour la vie en en faisant une loi de la nature et de la société :

> « Darwin était d'accord avec Smith pour penser que, dans la nature comme dans la société, chaque organisme individuel tend avant tout à maximiser son propre intérêt et se voit absorbé par une lutte mortelle avec les autres organismes pour l'obtention de ressources limitées. » (Rifkin, 1998, 270)

Monsieur Roger, lui, n'a pas envie d'échafauder des stratégies destinées à agrandir sa ferme :

> « Moi, ce que je dis, en riant aussi, c'est qu'il y a longtemps que j'ai compris que le jour où on est mort, il n'y a pas besoin de grand. (Rires). Je me suis aussi libéré de ça. »

Sans doute a-t-il également abandonné le désir d'accumuler de l'argent afin de « descendre dans la tombe chargé d'or et de richesse » (Weber, 1905, 74). Les agriculteurs productivistes veulent accumuler toujours plus d'argent et de terre afin de mourir riche ou de constituer un outil de travail suffisamment important pour qu'il puisse survivre à la compétition économique qui fait rage dans le secteur. La terre est une simple valeur marchande que l'on peut échanger à l'occasion d'un remembrement, acheter ou louer lors d'une cessation d'activité d'un autre exploitant. Lorsque certains agriculteurs sont attachés au sol, c'est essentiellement parce qu'il constitue un bien doté d'une certaine valeur monétaire au même titre qu'un immeuble ou des valeurs boursières. S'ils préfèrent la terre à d'autres acquisitions disponibles sur le marché, il faut sans doute y voir la marque d'un inconscient culturel paysan qui a survécu au processus de modernisation. Pour Monsieur Roger, l'argent n'est qu'un moyen, il n'est pas une fin en soi :

> « J'ai des copains bios, des éleveurs, qui ont des toutes petites structures et qui sont contents. Ils sont contents parce qu'ils vivent pleinement leur truc. Par contre, ils ne vont pas aller aux sports d'hiver mais ce n'est pas dans leurs besoins. L'essentiel c'est qu'ils

ont trouvé leur harmonie à eux. Trop souvent, dans les jeunes, si n'on a pas dix mille francs par mois, ça peut pas le faire. On peut vivre et être heureux avec moins. Les jeunes ne le savent plus, ça. Ce n'est pas valorisant, non plus. Ce n'est pas valorisant. C'est à dire que dans l'esprit, la société fait un peu ça. Si tu gagnes moins de dix mille balles, ben c'est que t'es nul. Si on arrive à se défaire de ça, on peut être heureux avec moins. »

Monsieur Roger ne sait pas exactement combien il a dans ses caisses. Il est loin de l'obsession gestionnaire parce qu'il a suffisamment d'argent pour vivre et qu'il n'est pas habité par la recherche du profit :

« (*De toute façon, du point de vue économique*...) Ça le fait. (*Peut-être que vous n'avez pas perdu au change, finalement, de ce point de vue là aussi.*) Sans pouvoir donner de comptabilité serrée, parce que ça aussi, ça me cassait la tête. C'est aussi une flemme. Enfin, c'est... C'est un peu une flemme. »

Il a d'ailleurs du mal à mener à son terme la comparaison des revenus tirés du blé en agrochimie et en agrobiologie, sans doute parce qu'il n'est plus préoccupé par la peur de manquer d'argent – « c'est le fric qui fait peur, c'est ça » – ou par le désir d'en avoir toujours plus. En fait, l'utilisation de la comptabilité rationnelle a probablement systématisé la recherche du profit dans la lignée de la valorisation traditionnelle de l'économie. L'époque où l'on laissait le pain frais durcir pour ne pas perdre le pain dur est encore dans tous les esprits[77]. Paradoxalement, le mode de production industriel, bien qu'extrêmement dépensier, fait parfois l'éloge de la chasse au gaspillage :

« Effectivement[78], les paysans sont sensibles au fait qu'il ne faut pas gaspiller de l'argent. Mais le mieux, c'est encore de ne pas en mettre [de pesticides]. (*Le paradoxe, c'est que le produit coûte cher.*) Effectivement, le paysan peut peut-être se laisser avoir : "celui-là, il va me faire gagner [de l'argent], je vais pouvoir faire des économies" mais en fait, il les aura dépensées. (Silence). C'est penser que le paysan n'est pas très évolué, ça. (*Un agriculteur m'a dit que celle-là est bien réussie. Elle ne laisse pas insensible.*) Effectivement, du fait de voir des billets gaspillés. Mais s'il réfléchit un peu plus, il dit "autant – moi, je suis à l'autre extrême –, autant ne pas prendre le produit". »

Le fabriquant de l'insecticide réussit à favoriser son achat par les agriculteurs en faisant l'éloge de l'économie. Manière habile de masquer le coût du produit tout en imposant l'apparente évidence de l'axiome selon lequel on ne peut se passer de pesticides...

---

[77] Economes, les paysans nourrissaient le cochon avec de l'eau de vaisselle (qui ne contenait pas de dégraissant), des orties, des céréales, des betteraves, du « petit lait » (résidu laitier provenant de la fabrication du fromage), etc. Jusqu'à la mise en place de normes pour les bâtiments d'élevage, les agriculteurs récupéraient du matériel usagé pour la construction.

[78] Monsieur Roger commente ici une publicité mettant en scène une liasse de billets de cent francs dévorée par des insectes ravageurs.

Curieusement, Monsieur Roger semble peu critique à l'égard des sociétés multinationales qui tirent parti de l'asservissement des agriculteurs. S'agit-il d'une soumission héritée de son ancienne servitude, d'une revanche symbolique sur les railleries que les agriculteurs productivistes ont pu proférer à son égard, de la peur d'affronter le pouvoir du « grand système » (Balandier, 2001), ou du désir de ne pas s'impliquer dans un problème qui ne le concerne plus pour l'instant ? Quoi qu'il en soit, si Monsieur Roger est heureux que l'accumulation d'argent ne soit pas le but de sa vie, il ne remet pas en cause la loi du marché. La resocialisation de la sphère économique portée par les agricultures alternatives fait figure de dissidence fragile face au pouvoir de l'industrie agrochimique qui possède des brevets sur le vivant (semences) ou sur des créations artificielles (OGM) susceptibles d'orienter l'agriculture mondiale selon ses seuls impératifs :

> « (*Pensez-vous qu'il est normal que des sociétés comme MONSANTO gagnent autant d'argent ?*) Je pense que leur but, effectivement, c'est le profit. C'est aux paysans d'être vigilants et de ne pas rentrer dans le panneau mais je ne leur reproche pas de vendre le produit cher. Leur but, c'est ça, c'est l'argent. Je me dis que je ne veux pas me faire avoir par ça. S'ils gagnent de l'argent, c'est aussi parce que les paysans ne sont pas conscients (*C'est un peu sur leur dos.*) Oui mais les paysans n'ont qu'à être moins moutons. »

Finalement, si Monsieur Roger a réussi à rompre les chaînes de la servitude économique, c'est parce qu'il a abandonné l'amour de l'argent qui unit secrètement les agriculteurs productivistes à leurs seigneurs et maîtres. En garantissant le pouvoir des firmes agrochimiques, l'adhésion des dominants et des dominés à la même vision du monde favorise la reproduction du profit et l'exploitation des ressources naturelles.

En liaison avec la valorisation excessive de l'argent, la modernité est habitée par un rapport spécifique au temps. Le souci de ne pas gaspiller cette denrée rare synonyme de travail et de gain financier est au cœur de l'esprit du capitalisme :

> « Souviens que le temps, c'est de l'argent. Celui qui, pouvant gagner dix shillings par jour en travaillant, se promène ou reste dans sa chambre à paresser la moitié du temps, bien que ses plaisirs, que sa paresse, ne lui coûtent que six pence, celui-là ne doit pas se borner à compter cette seule dépense. Il a dépensé en outre, jeté plutôt, cinq autres shillings. » (Franklin, *in* Weber, 1905, 44)

Et Weber ajoute :

> « Qui doutera que c'est "l'esprit du capitalisme" qui parle ici de façon si caractéristique ? Arrêtons-nous encore un instant sur ce texte dont Kürnberger résume ainsi la philosophie : "ils font du suif avec le bétail, de l'argent avec les hommes". Le propre de cette philosophie de l'avarice semble être l'idéal de l'homme d'honneur dont le crédit est reconnu et, par-dessus tout, l'idée que le devoir de chacun est d'augmenter son capital, ceci étant supposé une fin en soi. » (1905, 47)

Dans cette optique, la gestion exigeante du temps semble constituer la seule façon légitime d'accumuler de l'argent. Le productivisme est ainsi obsédé par la rationalisation du temps :

> « Les sociétés occidentales ont remplacé la rareté des biens de consommation par la rareté du temps. C'est le monde de l'homme pressé. » (Le Breton, 2001, 109)

Tout temps consacré à d'autres activités est considéré comme perdu pour la cause du travail. Le capitalisme véhicule ainsi un ascétisme du labeur qui peut tourner à l'obsession productiviste :

> « (*Preniez-vous des précautions quand vous manipuliez les pesticides ?*) A l'époque, non. (*Avec le recul, comment analysez-vous cette pratique ?*) C'était de l'inconscience. Et puis c'était parce que j'étais obsédé par le rendement. Il fallait aller vite, quoi. (*Pas le temps de mettre la tenue, c'est ça ?*) Pas le temps, oui. Voilà. »

Maintenant, Monsieur Roger consacre beaucoup moins de temps au travail :

> « Ce n'est pas comparable. Ça me donne du recul, du temps libre, du temps tranquille, où je peux réfléchir. »

Il se permet même de pratiquer la méditation qui est aux antipodes du rapport au temps véhiculé par la culture productiviste :

> « Beaucoup de gens m'ont demandé "pourquoi la bio ?", mais j'étais jamais remonté jusqu'à la méditation. Et c'est ça, je crois, qui m'a laissé le temps, qui m'a sorti la tête du guidon. »

Le temps est tellement sacralisé qu'il est iconoclaste de le consacrer à des activités improductives. Le pire étant bien entendu de ne « rien » faire. Monsieur Roger revient à plusieurs reprises sur l'idée que prendre le temps permet de prendre du recul. Comme s'il y avait eu là quelque chose d'essentiel, pour comprendre son itinéraire, dans la rupture de l'abandon de son existence à l'esprit du capitalisme. La pratique de la vie contemplative qui s'enracine dans une véritable redécouverte de son corps, semble avoir laissé une trace indélébile dans sa mémoire ainsi qu'en témoigne l'adoption de l'expression « avoir la tête dans le guidon ». Comme les cyclistes obsédés par le souci de faire un « bon chronomètre », les agriculteurs productivistes ont intériorisé l'exigence permanente de profiter au maximum de leur temps de travail :

> « (*Pensez-vous qu'il y a un aspect "tête brûlée" chez certains agriculteurs ?*) Non, la tête dans le guidon. (*Un jeu avec le risque ?*) Non, c'est plutôt la tête dans le guidon. (*Le fait d'être pressé, tout ça.*) Oui, de ne pas prendre de recul. »

Monsieur Roger a le temps de faire des rencontres depuis qu'il a rompu avec la contrainte corporelle provoquée par l'activité incessante :

« Je me suis ouvert à la chorale, je chante. Tout à l'heure, il y avait plein de bagnoles, ce sont les gens qui font du théâtre dans mon grenier à grain. Je n'ai plus besoin de mon grenier à grain. Ils viennent s'entraîner là et puis ils vont sur les marchés. Effectivement, je passe un peu de temps avec eux. Mon voisin, de toute façon, il n'aurait pas le temps. Il n'aurait pas le temps de vous recevoir non plus. Donc en même temps, ça m'ouvre sur autre chose. Ça m'a sorti la tête du guidon. »

De même, il ne pense plus que « le temps, c'est de l'argent » :

« Non, je ne pense plus ça, quand même. (*Mais vous l'avez pensé...*) Ah oui. Oui oui, oui. (*Quand vous étiez dans l'ancien système.*) Oui oui, c'est ça. J'étais... Je n'avais pas une minute à perdre. Je n'aurais pas eu le temps de vous recevoir. »

Monsieur Roger, qui a complètement changé d'attitude résume la mutation d'une formule paradoxale : « J'accepte de perdre du temps, mais ce n'est pas du temps de perdu, justement ». Pour gagner du temps pour soi, il faut abandonner l'obsession de rentabiliser chaque instant :

« Quand vous m'avez téléphoné, je n'avais rien de prévu donc je vous ai consacré mon temps. Si vous n'étiez pas là, je serais ailleurs, je ferais autre chose. Il y a des matins où je me lève, je ne sais pas ce que je vais faire mais ça ne m'angoisse pas du tout. Ça vient très vite, ça s'enchaîne tout seul. Et ça me laisse disponible pour quelqu'un qui vient. Je sors, je vois quelqu'un. J'ai du temps. Je vis l'instant présent sans trop me projeter. J'ai des rendez-vous. Là, j'en ai un avec vous. Tout à l'heure, il y a quelqu'un qui téléphonait, j'en ai pris un autre. Si je voyais qu'il y a quelque chose qui me gêne, je vous téléphonerais. Il n'y a pas de stress. (*Il n'y a pas la peur de se dire toujours "il faut que j'ai quelque chose à faire".*) La peur du vide. (*La peur du vide, voilà.*) Non. Non non. Au contraire, j'aime bien le vide. Ça me permet de sortir du guidon, quoique j'y suis de moins en moins dans le guidon. »

A l'opposé d'une planification rationnelle du temps qui ne dispense pas de subir l'angoisse de l'avenir, Monsieur Roger vit dans une certaine absence de rationalisation temporelle dont il s'accommode fort bien :

« Je ne sais pas ce qui [va] se passer demain, mais ça ne m'angoisse pas. Voilà. (*Donc il y a de l'incertitude mais sans angoisse.*) Ben c'est ce qui fait l'intérêt. (*C'est ce que vous m'avez expliqué sur le goût de l'aventure.*) Voilà. »

Dans cette optique, le fait de se laisser porter par le déroulement du temps témoigne d'un plaisir de vivre qui ne méconnaît pas les charmes de l'oisiveté.

L'obsession sécuritaire et la soumission aux risques productifs

Le témoignage de Monsieur Roger nous permet d'analyser une autre particularité de l'*ethos* productiviste. Les « agrochimistes » sont en effet d'autant plus obsédés par la sécurité qu'ils subissent des risques techniques et économiques.

Monsieur Roger décrit ainsi l'assurance prodiguée par la relation au fournisseur d'intrants :

> « Avant, quand j'avais un problème, je téléphonais au technicien, il disait "tu fais ça". Après, les problèmes, il fallait que je les résolve par moi-même ou alors en parlant avec des copains bios, [mais] je n'en avais pas beaucoup. Ça aussi ça me passionne parce que c'est l'aventure, ce n'est plus tout prêt tracé... Même le défi de l'usine de déshydratation de Rots qui a fermé, ça me repose un problème. Ça m'intéresse parce que je me dis qu'il faut que je retrouve autre chose. C'est l'aventure. C'est ce qui me plaît. Je comprends les gens qui montent sur l'Himalaya... A un autre niveau, c'est une aventure. Ne pas savoir ce qu'on va trouver et toujours essayer de s'adapter. »

Si la dépendance au technicien repose sur sa capacité à donner des conseils rassurants, une telle relation n'est pas toujours satisfaisante pour ceux qui sont attirés par les chemins de traverse. Monsieur Roger souhaiterait ainsi que son neveu se convertisse à l'agriculture biologique car il estime qu'il faut savoir faire des expériences raisonnablement aventureuses :

> « Effectivement, il y a plus de risque. Il y a quand même une part de risque mais qui n'est peut-être pas... qui mériterait d'être calculée. »

Monsieur Roger n'est plus habité par l'obsession sécuritaire. Etant moins soumis aux risques technico-économiques que les agriculteurs productivistes, il dispose d'une certaine marge de manœuvre qui lui permet de ne plus craindre la faillite. La volonté de prévoir les aléas et de conjurer le hasard est en effet alimentée par le sentiment d'avoir une épée de Damoclès au-dessus de la tête. La violence symbolique de cette incertitude explique sans doute qu'il ne se souciait guère de sa santé lorsqu'il était agrochimiste :

> « (*Et l'aspect dangereux des pesticides, ça vous a motivé dans cette démarche ?*) Oui, un peu. Pour moi-même aussi. Celui qui en prend le plus, c'est encore l'utilisateur. J'étais conscient aussi de ça. Je me retrouvais avec les mains toutes jaunes, quand j'en respirais, ça piquait, c'était désagréable. Quand les buses se bouchaient, je soufflais, tout ça, je me disais "merde, ce n'est pas très bon, quoi". Oui, il y a aussi ça. (Silence). (*Finalement, le fait d'avoir arrêté les pesticides fait que vous êtes content de ne plus avoir ce contact avec le danger ?*) Oui, sans en être très conscient. Ça c'est fait progressivement. »

En fait, la disparition des risques sanitaires liés aux pesticides n'est qu'un bénéfice secondaire résultant de la quête d'autonomie. Par ailleurs, il semble bien qu'il existe un lien entre le fait de polluer et la prise de risque pour sa propre santé dans la mesure où l'utilisation de la tenue de protection signifie qu'il y a un danger pour soi-même mais aussi pour les voisins, les promeneurs ou l'ensemble de la population consommatrice d'eau et de produits agro-alimentaires :

« Oui, c'est lié. C'est lié, c'est lié, c'est lié, ça. (*Si on accepte de polluer les autres, la contrepartie c'est qu'on ne peut pas être trop regardant sur le fait de s'empoisonner soi-même.*) De toute façon, tout est lié. Oui oui. (*Imaginez un agriculteur qui utiliserait la tenue recommandée par la MSA.*) Le masque. (*D'un point de vue moral, est-ce que c'est tenable par rapport à l'environnement, aux autres, aux consommateurs, aux voisins, aux passants, de dire "moi je me protège parce que c'est dangereux, mais vous, je n'en ai rien à faire" ? Est-ce que c'est tenable moralement ?*) Ben pas très, justement. C'est là que l'on ne se sent pas très bien dans ses godasses, c'est là où je voulais me sentir en harmonie. J'ai commencé par essayer de trouver l'harmonie en moi, effectivement peut-être me protéger. Mais on a aussi ce besoin, qui est profond en chaque individu, c'est de se sentir en harmonie avec soi-même et avec les autres. Donc effectivement, si on se protège on va se sentir relativement protégé soi, mais si on sent qu'on empoisonne les autres, quelque part, si on est normalement constitué, ça ne nous fait pas plaisir. »

Il est difficile d'utiliser la tenue de protection individuelle sans remettre en cause l'utilisation des pesticides. Une telle attitude expose à la réprobation morale, elle laisse démuni devant le regard de l'autre et met l'agriculteur productiviste en danger de perdre la face. Il est plus facile d'accepter la vulnérabilité sanitaire, quitte à subir les maladies qui pourraient résulter de l'utilisation des pesticides. Finalement, pour Monsieur Roger, les risques liés à l'utilisation des pesticides sont aussi peu valorisés que les autres dangers du métier :

« C'est quand même un risque supplémentaire. Il y a relativement pas mal d'agriculteurs qui se bousillent avec leur tracteur, qui versent ou n'importe. Il y a quand même des accidents. Je dis ça, il y a encore deux ans, je me suis encore cassé une jambe. Il faut que je fasse attention. On peut tous avoir un moment d'inattention et puis il y a quand même des risques. Une moissonneuse-batteuse, on peut se faire couper, on peut... »

Le risque subi ne peut être considéré comme une valeur. D'un point de vue épistémologique, il convient de distinguer le risque choisi du risque imposé. Regrouper les deux catégories sous une même étiquette est une erreur car la soumission au risque technique, économique ou agronomique est avant tout le signe d'une hétéronomie politique. Dans cette situation de dépendance, la sécurisation du processus de production constitue la préoccupation majeure des agriculteurs productivistes dans la mesure où une baisse des rendements pourrait provoquer une fragilisation de la trésorerie voire la disparition de l'exploitation. C'est pourquoi la possibilité de sécuriser les récoltes est considérée comme un progrès par rapport aux techniques traditionnelles qui laissaient une plus grande latitude à la nature. A l'inverse de l'obsession sécuritaire, Monsieur Roger choisit de rompre avec la logique productiviste qui implique d'investir massivement dans les intrants afin de maximiser ses chances d'obtenir une récolte abondante :

« Moi, je n'ai pas besoin de les sécuriser, je prends ce qui vient. (*Est-ce que vous comprenez que pour les autres, c'est un aspect important ? C'est quand même une assurance sur le rendement.*) Eux, ils ont mis déjà beaucoup d'engrais, ils ont mis après tel traitement et tel traitement. A partir du moment où ils ont déjà investi beaucoup, il ne faut pas qu'ils loupent. Ils sont d'autant plus coincés, ils se coincent. Depuis le début ils se coincent. Donc il ne faut pas louper le dernier traitement qui peut faire basculer leur truc. Ça je comprends cette démarche-là. Tandis que moi, je n'investis pas dès le départ et je sais que quoi qu'il arrive, j'aurai quelque chose. Donc je ne suis pas angoissé parce que je n'ai pas mis grand-chose. Je n'ai rien à perdre. Eux, ils ont beaucoup à perdre dès qu'ils sont rentrés dans le système. »

Chez les agriculteurs productivistes, la volonté de sécuriser la récolte est liée au fait qu'ils subissent la prise de risque économique. Paradoxalement, alors qu'ils sont habités par le fantasme de maîtriser et de posséder la nature, ils sont ainsi beaucoup plus vulnérables que Monsieur Roger aux caprices du temps. Ce dernier, parallèlement à son goût pour l'aventure, est attaché à la prudence. Il semble ainsi réhabiliter le dicton paysan selon lequel « on ne met pas tous ses œufs dans le même panier ». Un instant tenté par les charmes imaginaires véhiculés par les OGM, il tranche finalement en faveur de la prudence contre le risque productiviste :

« Il faut être prudent. Je ne suis pas paniqué parce que ça fait aussi partie du jeu. Ça peut être un progrès, mais il faut être prudent. Je me démarque peut-être un peu des bios en général qui sont systématiquement contre. Je me dis qu'il faut faire attention. Il faut être prudent. Je ne vois pas en quoi ça peut apporter beaucoup de mieux. Je ne vois pas. C'est souvent fait pour résister à une maladie. Ça peut être un mieux dans un temps parce qu'après la maladie s'adapte. Donc ça ne me paraît pas être le bon sens de recherche. »

De plus, Monsieur Roger s'accorde avec sa compagne pour déclarer qu'il devrait payer moins de cotisations maladies que les agrochimistes car il estime qu'il prend moins de risques pour sa santé. Mais cette culture du danger n'est en aucun cas une obsession de la sécurité :

« Quelque part c'est un peu ça : arriver à se gérer soi et à accepter aussi la part de risque. Il y a toujours une part de risque mais [il faut arriver à ne] pas en faire une maladie, non plus. S'il y a l'échéance, effectivement, c'est dur. C'est pour ça que je ne peux pas conseiller un jeune parce que moi j'étais libéré relativement de mes emprunts quand je m'y suis mis. Ce n'est pas facile, hein. Mais je suis persuadé qu'on peut. »

Chez les agriculteurs productivistes, l'affaiblissement de la culture traditionnelle de la prudence résulte de la soumission croissante au risque technique et économique qui s'est accompagnée du développement d'une obsession de la sécurité. Le passage de la prudence à la préoccupation sécuritaire est une nuance subtile et difficile à saisir. Cette transformation constitue un changement du rapport à la technique. L'aventure est une valeur à condition que la prise de risque soit le résultat d'un choix qui n'échappe pas à tout contrôle. La menace imposée par la technique n'est pas valorisable. Un éleveur proche du profil sociologique de Monsieur Roger nous a expliqué qu'il accepte de prendre certains risques. En revanche, il refuse de se soumettre au pouvoir automobile car il supporte mal de confier sa vie à un objet technique. Conscient du danger produit par la vitesse et l'incarcération dans sa voiture, il limite ainsi sa vitesse à cent kilomètres à l'heure. Le goût pour l'aventure, qui est un risque librement choisi, se situe donc aux antipodes de la soumission au risque technique. Pour un productiviste fasciné par la vitesse et le fantasme de puissance, la vie serait sans doute invivable s'il était impossible de savourer l'ivresse de rouler à grande vitesse dans un véhicule muni toutefois de dispositifs pourvoyeurs de sécurité.

Le rapport à la nature et au matériel

Comme les industriels, les agriculteurs productivistes accueillent favorablement le passage de l'outil artisanal aux techniques modernes car ces innovations permettent un accroissement de la production agricole et un perfectionnement de l'exploitation de la nature. En fait, la clef de voûte de ce changement d'*ethos* semble résider dans la dévalorisation de la technique traditionnelle au profit des machines conçues par les ingénieurs à partir des résultats obtenus par les sciences physiques depuis la révolution copernicienne. Désormais, l'outil n'est plus un prolongement du corps mais une construction complexe née de l'union de la science et de la technique. Ce faisant, il acquiert au passage une autonomie réelle et symbolique ainsi qu'une grande puissance imaginaire. La technique scientifique fascine à tel point qu'elle semble imposer à l'homme une comparaison qui lui est toujours préjudiciable. L'ancienne distinction de valeur entre l'homme et ses outils est caduque, c'est maintenant la machine qui fournit la norme de la perfection conçue comme la fiabilité totale. L'homme n'étant pas suffisamment prévisible au gré des logiques sociales orientées vers la rationalisation totale de la vie, c'est l'outil conçu par la science expérimentale et investi du fantasme de puissance qui constitue désormais l'idéal à atteindre. La technique n'est plus valorisée par son adéquation à une finalité humaine qui lui serait extérieure, elle devient une valeur en soi. La passion de la mécanique et l'amour du bricolage technoscientifique caractérisent le nouveau rapport à la technique. L'outil moderne fascine par sa puissance de production. L'idéologie productiviste constitue à bien des égards une religion de la machine.

La désuétude de l'outil au profit de la mécanique motorisée s'est accompagnée d'un changement de statut de la nature. Cette dernière n'est plus une entité divine exerçant régulièrement son pouvoir de nuisance sur l'activité agricole. L'agriculteur moderne, obéissant à son insu à l'injonction baconienne, semble avoir réussi à pénétrer les secrets de la nature et à la « mater ». Les pesticides notamment, parce qu'ils éliminent les animaux et les végétaux considérés comme indésirables et qu'ils ralentissent la croissance des plantes cultivées, alimentent la volonté de contrôle et le fantasme de maîtrise. De plus, le travail n'est plus inséré dans des normes morales qui pourraient énoncer ce qu'il convient de faire ou de ne pas faire. Le rapport moderne à la nature imposant de réaliser l'ensemble du possible, le postulat technoscientifique affirme que l'action humaine est nécessairement inoffensive. Si l'artificialisation de la nature devait engendrer des problèmes environnementaux, l'optimisme technicien énonce ainsi qu'ils seraient résolus par la technique. Les imaginaires technoscientifiques recomposent dans le même mouvement le rapport à nature et au matériel, bousculant des représentations qui paraissaient solidement établies :

> « Des données anthropologiques fondatrices de nos sociétés se délient : naturel et artificiel, homme et machine, vivant et inanimé, réel et virtuel, humanité et animalité, soi et l'autre, vie et mort, etc. » (Le Breton, 1999, 203)

Pour Salvador Juan, le mouvement d'animalisation de l'homme et d'humanisation de la nature est imputable au retour en force de l'évolutionnisme sur la scène sociale :

> « Certaines composantes de l'idéologie évolutionniste, plus ou moins mises en sommeil, ressurgissent avec une nouvelle vigueur : mise en question de la distinction animal/humain, industrie du génie génétique gommant les différences nature/culture, réduction ou assimilation de la culture à une activité neurologique, stigmatisation en termes d'arriération de diverses catégories sociales, légitimation de la domination internationale par une argumentation néo-colonialiste, renforcement du progressisme techno-scientifique ou résistance aux mécanismes de contrôle des innovations, retour de l'eugénisme, etc. » (Juan, 2006, 12-13)

Mais comment peut-on expliquer l'attachement aux techniques modernes ? Ce qui fascine dans ces dernières, c'est leur capacité à dépasser les limites des savoir-faire traditionnels. La fascination pour la puissance productive de la machine est donc indissociable d'un goût immodéré pour l'artificialisation de la nature. Avec l'avènement des techniques scientifiques, le pouvoir humain s'étend bien au-delà de ce qui semblait possible auparavant. L'homme moderne s'attribue ainsi une puissance qui était jusqu'alors considérée comme un privilège divin. C'est pourquoi le fantasme démiurgique est au cœur de la vision du monde véhiculée par la technoscience. Peu importe que la profusion de l'imaginaire appauvrisse le symbolique pourvu que l'on puisse jouir de la possession d'une grosse machine. Monsieur Roger, lui, a peu de matériel. Il a « plutôt moins » de charges de mécanisation : « Ce n'est pas grand chose, mon truc pour herser ». De plus, il ne semble pas fasciné par la puissance de la machine :

> « J'avais été chercher une boîte de coccinelles pour m'amuser parce qu'on peut en obtenir à Caen au jardin public. Je sors de chez moi avec un arrache doche sur le dos – un outil avec deux doigts pointus pour arracher les doches, les rumex[79] et les trucs qui m'embêtaient–, mes coccinelles dans la main et puis j'étais en vélo. Je vois mon voisin paysan avec son gros [pulvérisateur]. Il s'arrête et je lui dis "alors tu vas traiter ?" Il me dit "ben oui". "Ben moi aussi je vais traiter". C'était deux mondes. J'avais deux ou trois larves de coccinelle et puis j'allais arracher mes trucs à la main. »

[79] Nom scientifique de plusieurs plantes polygonacées.

De l'outil considéré comme un prolongement de la main (fourche) ou du corps (vélo) à la machine qui augmente le pouvoir de réalisation du « traitement », le saut n'est pas seulement quantitatif, il est aussi qualitatif puisque le moteur est une invention rendue possible par la chimie et la physique modernes. Le contraste est aussi saisissant que dans l'anecdote de Monsieur Roger à vélo observant l'agriculteur calculant dans son quatre-quatre la meilleure stratégie pour augmenter la taille de son exploitation. Il est remarquable de constater que la machine, qui fascine par sa puissance et sa technologie, est aussi l'outil qui permet d'augmenter les rendements. L'imaginaire se nourrit des caractéristiques du réel. Loin de la peur de la nature et du hasard ainsi que du fantasme de possession et de maîtrise, Monsieur Roger entretient un rapport au monde particulier. Il accepte les caprices du ciel et il a le souci de se sentir en harmonie avec son environnement :

> « Un jour, quelqu'un me dit : "dans votre village, il y a un beau champ de coquelicots". Alors ça m'amuse, ça me fait plaisir. J'ai dit "écoutez, le champ de coquelicot, c'était chez moi, mais je vous promets, je ne l'avais pas cultivé pour avoir des coquelicots". Là aussi je me sens en harmonie avec la nature. Les gens trouvent que c'est beau, à part les paysans. J'ai fait mon choix. Je suis repéré parce que je suis bio. Ça fait rire, ça fait de moins en moins rire, ça pose question. Les gens s'habituent à ce que dans mes champs, ce n'est pas toujours très net mais j'essaie quand même de passer mon coup de herse pour ne pas avoir trop de coquelicots. Cette année, il va peut-être y en avoir beaucoup parce que je n'aurai pas réussi à rentrer dans mes champs à cause de l'humidité. Donc si je ne peux pas, j'aurai des coquelicots mais tant pis, ça fait partie du jeu. »

Monsieur Roger n'est pas ulcéré par la présence de coquelicots dans son champ. Il essaie de privilégier le blé, mais il ne se formalise pas si le temps ne lui permet pas de désherber mécaniquement. Il rompt ainsi avec la domination imaginaire de la nature et renoue avec la tradition paysanne. Au demeurant, ses pratiques semblent avoir une certaine cohérence agronomique :

> « Mais c'est toute une chaîne aussi. Si je ne mets pas d'engrais, si je n'ai pas d'azote, je vais avoir moins de densité. (*Vous semez moins serré ?*) Non je sème plutôt un peu plus parce qu'il y a quand même les limaces qui me bouffent un tas de truc. Il y a moins de pression, moins de tallage[80] ; il y a aussi pas que du blé. Alors ça fait que les pucerons qui se mettaient sur le blé parce qu'il n'y avait que du blé peuvent se mettre sur une autre plante. Donc il y a moins de maladies et moins de pucerons. J'ai moins besoin d'intervenir et puis je sais que je n'interviens pas. Ça joue, je l'ai constaté. Du fait que la végétation est moins dense et moins unique, il y a moins de maladies. Il y en a quand même parfois et parfois il y a un peu de pucerons, mais je me dis "ça fait partie du jeu", c'est la nature, quoi. Par contre, j'ai plus de coccinelles. Je sais au moins que je ne détruis pas les coccinelles. »

---

[80] Emission de tiges secondaires à la base de la tige principale.

Monsieur Roger est sensible à l'environnement qu'il entend ne pas détruire. Un tel souci ferait sans doute figure d'archaïsme pitoyable aux yeux des productivistes cherchant à imposer leur volonté à la nature :

> « Le petit oiseau est encore petit mais ça vient. Effectivement, le paysan qui commence à être sensible [à l'environnement], le petit oiseau, ça peut être un plus. Mais par contre, le petit oiseau, contre le bidon [de pesticide], il ne pèse pas lourd. »

Réagissant à une autre publicité, notre agrobiologiste remarque que la machine de guerre productiviste n'a que faire de l'oiseau ou de la coccinelle dont l'apparente inutilité les dévalorise entièrement :

> « Ça, c'est pareil, ça se veut à la pointe du progrès. C'est une cible... Les nouveaux paysans, peut-être que eux, ça leur parle. Ils disent : "Oh ben oui, ça c'est efficace, ça ! Blah, pof, blan". (*L'aspect militaire ?*) Oui mais c'est aussi l'aspect compétition : être le meilleur, avoir le meilleur. Tout ça, c'est des trucs – on imagine un sous-marin – tout ça c'est des ennemis à détruire, encore l'esprit militaire et puis compétition. (*La guerre économique ?*) La guerre, oui. »

C'est la nature qui est le support de la rivalité agonistique qu'entretiennent les agriculteurs productivistes. Les défenseurs de l'environnement font figure d'intrus venant gâcher le plaisir du jeu. Comme lorsque les mêmes écologistes prétendent mesurer aux chasseurs la satisfaction qu'ils tirent de l'usage de leurs gâchettes. L'attitude de Monsieur Roger serait véritablement invivable pour un agriculteur habité par l'imaginaire de la maîtrise. Comment avoir l'impression de dominer la nature en regardant pousser son blé au milieu des coquelicots, des pucerons, des champignons, du fol avoine, etc. ? On ne peut imaginer de tableau plus cauchemardesque pour un productiviste qui ne penserait qu'à monter dans son tracteur pour aller « laver » son champ et le débarrasser de toutes ses « saletés » :

> « Je suis avec un copain, je dîne tous les jours avec le maire du village. Je suis adjoint. Lui c'est un paysan, on a le même âge, on est né la même année. Il n'y a pas longtemps, il me disait : "je ne pourrais pas être à ta place, je ne pourrais pas, ça me paniquerait". Ça m'a fait rigoler parce que j'ai dit "ben écoute, moi, c'est le contraire". Non mais c'est vrai. Et on est du même âge. Ça le paniquerait, ça a été son mot, ça lui ferait peur. (*Dans quel sens il disait ça ?*) C'est un monde inconnu. Dans le sens où il ne peut pas intervenir. (*Ah... ça, ça m'intéresse. Il est obligé de s'en remettre à la nature ?*) Il n'a pas, il n'a plus de carapace. (*Il ne peut pas avoir l'impression de maîtriser la chose.*) Voilà, c'est ça. S'il voit telle maladie ou tel puceron, ou tel truc, il suffit qu'il téléphone au technicien, il y a aura toujours un produit à mettre. Tandis que là, moi, je n'ai rien à mettre. Donc, pour quelqu'un d'un peu anxieux, effectivement c'est paniquant, on ne peut pas intervenir. Mais moi, j'ai choisi depuis le début de ne pas intervenir, donc je suis serein. Et puis en plus, je n'investis pas, donc je n'ai pas à perdre. (*Vous avez de la marge, vous prenez beaucoup moins de risques, en fait.*) Oui, oui je prends moins de risques. »

Sur un autre plan, l'antique désir de prévoir les caprices du ciel semble exacerbé par la rationalité agrochimique. La volonté de gestion rationnelle du temps impose de dominer symboliquement les intempéries en feignant de croire qu'elles sont parfaitement prévisibles. Le fantasme de maîtrise se nourrit aussi de l'activité des services de météorologie qui semblent dotés de la capacité d'améliorer l'efficacité des techniques traditionnelles de prévision du temps. La rationalisation de cette activité, son passage de l'empirisme à la modélisation mathématique, lui aurait permis d'atteindre la perfection. Le fantasme est certes régulièrement démenti par la réalité, mais il n'en demeure pas moins que les agriculteurs productivistes sont très vulnérables aux pluies qui peuvent lessiver rapidement un pesticide fraîchement épandu. Ils consultent donc d'autant plus fréquemment les services de météorologie que les techniques traditionnelles de prévision, qu'ils ont souvent perdues, ne bénéficient pas de la même aura symbolique attachée à la rationalité. Monsieur Roger, lui, est moins concerné par ses problèmes :

> « Ça c'est sûr que la météo ne m'intéresse pas (*C'est intéressant parce que je sais qu'il y a des agriculteurs qui sont toujours sur leur minitel pour savoir quel temps il va faire.*) Si, à part à la moisson. Au moment de la moisson, des fois je téléphone à la météo pour savoir un peu... »

Le fait d'avoir renoncé aux pesticides et à la volonté de maîtrise lui confère une certaine sérénité. De plus il n'est pas indifférent à la question de la responsabilité des agriculteurs dans la pollution de l'air, du sol et des nappes phréatiques par les pesticides car il est favorable au principe pollueur-payeur :

> « Je ne connais pas la nouvelle loi sur l'eau dans le fond, mais je suis pour le principe pollueur-payeur. Là aussi je me ferais mal voir par tous les paysans. (*Ça, ils n'aiment pas.*) Mais c'est sûr que ça paraît logique. Je trouve que la taxe devrait être mise sur le bidon de traitement et sur les engrais directement. Ce n'est pas encore tout à fait comme ça, je crois. (*La TGAP*[81] *?*) Oui, je suis pour. Les autres ne doivent pas être trop pour, j'imagine. »

Pour les agrochimistes, la pollution n'est pas répréhensible puisque la nature est simplement considérée comme un support neutre, désenchanté et entièrement ouvert à son artificialisation par la technoscience. Apparemment dépourvue d'une signification socialement instituée, elle constitue un simple facteur de production qu'il faut exploiter au maximum afin d'obtenir un accroissement des rendements même si des résidus de produits agrochimiques s'accumulent dans l'environnement.

---

[81] Taxe Générale sur les Activités Polluantes mise en place en 1999 par Dominique Voynet qui était alors ministre de l'environnement.

Un cheminement atypique

L'analyse de cet entretien montre qu'il est possible de rompre avec l'*ethos* productiviste caractérisé par la démesure économique, la vulnérabilité symbolique, l'hétéronomie politique et le progressisme imaginaire. Il n'y a bien entendu pas de fatalité en la matière. La dépendance au technicien, l'amour de l'ordre et de la propreté, l'adhésion à l'idéologie du progrès et le rejet des racines paysannes, la domination de la vie par le stress, l'incertitude et l'altération radicale de l'ouverture à l'autre, l'affirmation symbolique de la virilité, la passion du travail, l'esprit de compétition, la conception capitaliste du temps et de l'argent, l'obsession sécuritaire et la soumission au risque technico-économique, la volonté de maîtriser la nature par la surpuissance de la machine, toutes ces dimensions de l'*ethos* productiviste sont susceptibles d'être reléguées dans la mémoire comme souvenirs radicalement étrangers à l'expérience du présent. Le cercle vicieux est certes difficile à briser. Le désir d'autonomie peut coûter cher dans la mesure où l'entourage dispose de moyens de pression pour contraindre à rentrer dans le rang ceux qui seraient tentés par les chemins de traverse. De plus, la transformation anthropologique ne se décrète pas et il est impossible de prévoir la forme et l'ampleur du changement avant qu'il ne survienne. En outre, il est plus sécurisant de continuer à occuper une position servile dont on connaît les avantages et les inconvénients. Sans doute est-ce aussi une affaire de désir dans le sens où l'apparition de l'envie n'est pas un processus rationnel. L'inconscient a ses raisons que la raison ignore. Dans ce domaine, l'élément qui a provoqué la rupture biographique vécue par Monsieur Roger est sans doute la découverte du livre de Thérèse Bertherat (1976). La parole énonçant que le corps a ses raisons a eu une grande efficacité symbolique parce qu'elle lui a permis d'éclairer sous un angle inattendu ses problèmes de santé. C'est cette révélation qui a lancé son cheminement atypique dans la mesure où elle lui a permis de renouer avec la quête d'autonomie :

> « Dans notre société, il y a aussi un peu ça. Si on a un problème, on va trouver son médecin et on attend de lui. Mais je trouve que le meilleur médecin, c'est encore soi-même. Il faut déjà essayer de comprendre pourquoi on a mal. Ça, aucun médecin ne me l'a dit. Ce que j'essaie de dire doucement à ma frangine, c'est que les médicaments, il faut essayer de les limiter. »

Comme les pesticides, les médicaments distillent une dépendance problématique en négligeant totalement la dimension symbolique qui constitue pourtant le cœur de notre humanité. La trouvaille de l'ouvrage par lequel tout a commencé n'aurait pas nécessairement eu le même effet chez un autre agriculteur. De même que l'existence de l'agriculture biologique comme réalité sociologique, la personnalité de Monsieur Roger n'est pas étrangère au profil de son existence. Ainsi nous a-t-il confié qu'enfant, il adorait rêvasser et regarder par la fenêtre de l'école. A cette époque, il préférait déjà la vie contemplative à la vie active (Arendt, 1958)...

DEUXIEME PARTIE

EXPLICATION DU SYSTEME PRODUCTIVISTE

« Outre les questions relatives aux incitations des pouvoirs publics dans la mise en œuvre d'une certaine politique agricole, l'autonomie du chef d'entreprise peut se révéler limitée. Ainsi, nombre de prescriptions concernant la conduite des cultures ou des élevages relèvent plus des firmes en amont ou en aval que de l'agriculteur lui-même. Le cas le plus significatif est celui des exploitants intégrés, où des contrats fixent très précisément les opérations à effectuer. La plupart du temps, les intrants sont même fournis par la firme intégratrice sans que l'agriculteur ait son mot à dire. Il peut donc utiliser des produits nocifs pour l'environnement de façon non délibérée. »

Pierre Rainelli et Robert Weaver, *Pollution diffuse par l'agriculture*

L'*ethos* des agriculteurs productivistes n'est pas le fruit d'un arbitraire culturel méconnaissant totalement certaines réalités sociologiques. L'adoption de cette vision du monde est en effet encouragée par le système économique et politique auquel les agriculteurs sont assujettis. Du point de vue du pouvoir, la plus efficace des différentes formes de contrôle social est bien entendu celle qui obtient le consentement des exploités. La servitude volontaire est toujours le *nec plus ultra* de l'asservissement. Mais ni les charmes imaginaires attachés à l'idéologie du progrès, ni les bénéfices narcissiques obtenus par ceux qui ont cédé aux sirènes du productivisme ne suffisent à garantir à coup sûr l'efficacité de la séduction exercée par les pratiques productivistes sur les agriculteurs. La conformité à la norme dominante est en effet obtenue par l'exercice de contraintes multiples parmi lesquelles on compte l'activité des groupes de pression, l'influence des techniciens et la propagande institutionnelle des entreprises vendant des produits aux exploitants agricoles.

Avant d'étudier la pression exercée par les commerciaux sur les agriculteurs qu'ils visitent régulièrement, nous examinerons la puissance des firmes agrochimiques à partir d'une observation réalisée dans une salle de l'Assemblée nationale. La partie s'achèvera sur une analyse des publicités diffusées dans la presse professionnelle par les industriels situés en amont de la production agricole.

Chapitre quatrième

LE POUVOIR DU LOBBY DES PESTICIDES

> « Comment, en dépit d'une certaine ambivalence dans les consciences, l'image de la continuité civilisatrice finit-elle par s'imposer sur fond de croissance économique aussi soutenue qu'aveugle et sans plein emploi à la clé, en gommant ou en relativisant la détresse humaine au cœur des pays riches, le déclin de la biodiversité, les pollutions et autres effets de serre catastrophiques, la souffrance d'un tiers-monde surexploité et dont les ressources sont « vampirisées », etc. ? On ne peut expliquer ces paradoxes qu'en posant l'hypothèse d'une chape de plomb idéologique que certains mécanismes et, surtout, des intérêts, des politiques volontaristes et l'action de divers lobbies renforcent en permanence. »
>
> Salvador Juan, *Critique de la déraison évolutionniste*

Ce chapitre se propose de dévoiler la puissance de l'*Union des Industries de la Protection des Plantes (UIPP).* En focalisant notre attention sur ce lobby, nous insistons délibérément sur l'un des principaux architectes de la cage d'acier qui contraint les agriculteurs. En effet, les quelques firmes multinationales qui produisent les pesticides mais aussi les engrais ainsi que les semences certifiées, hybrides et génétiquement modifiées souhaitent manifestement établir leur hégémonie sur l'agriculture mondiale (Séralini, 2000 ; Berlan *et al.*, 2001). L'UIPP est l'appareil français qui défend cette puissante coalition d'intérêts. Il semble donc judicieux d'analyser minutieusement l'activité politique de ce syndicat patronal. A la différence du chapitre suivant centré sur les pressions commerciales s'exerçant au niveau des agriculteurs, ce travail constitue un détour sociologique visant à dévoiler les logiques organisationnelles qui entravent la population agricole dans une « camisole de force ». Avant d'observer *in situ* la confrontation entre les agriculteurs et les vendeurs de pesticides, nous allons donc évaluer le pouvoir des industriels de la chimie agricole[82].

Le système d'acteurs

L'intitulé de la journée – « L'utilisation des pesticides est-elle socialement acceptable ? » – installe le contenu manifeste de la réunion dans le registre d'une discussion démocratique. Nous aurons l'occasion de montrer que, sous couvert de se livrer aux joies de la rhétorique et de la politique entre élus du peuple, l'UIPP tente d'imposer son point de vue à l'aide d'intervenants triés sur le volet. En effet, pour les industriels de la chimie agricole, la réponse à la question posée ne fait aucun doute. Mais comment persuader les invités que l'utilisation des pesticides est « socialement acceptable » ? Pour convaincre les indécis, il suffit de présenter la réunion comme un colloque scientifique[83]. En déplaçant la discussion de la sphère politique des jugements de valeur au domaine des jugements de réalité propres au discours scientifique, l'UIPP cherche à obtenir un puissant effet d'adhésion. Comment se positionner contre les pesticides si la science nous affirme que le « pour » n'est plus une opinion mais la réalité ? Bien entendu, le discours scientifique n'a pas le pouvoir de trancher la querelle des valeurs. Mais la présentation du débat comme un colloque montre clairement le glissement opéré par les industriels. Cette manipulation rhétorique permet de donner au long plaidoyer en faveur des pesticides une apparence de neutralité propre à faciliter l'adhésion des participants.

Mais pourquoi cette réunion organisée par l'UIPP s'est-elle tenue dans les locaux de l'Assemblée nationale ? Le syndicat patronal s'est servi du parlement, symbole de la République française, pour accréditer l'idée qu'il s'agissait bien d'organiser un débat démocratique afin de prendre position pour ou contre l'utilisation des pesticides. Pour ce faire, l'UIPP s'est attachée les services de deux députés et d'un sénateur visiblement persuadés, eux aussi, que la réponse à la question posée ne fait aucun doute. Jean Bizet, sénateur de la Manche, Daniel Chevalier, député des Hautes-Alpes et Jean Gaubert, député des Côtes d'Armor, ont invité la vitrine légale du lobby des pesticides à organiser cette gigantesque opération de communication dans l'enceinte de l'Assemblée nationale. Le fait que les portes de la salle « Victor Hugo » se soient ouvertes pour l'UIPP est un premier indice de la puissance politique du lobby. Sur le programme de la manifestation qui est illustré par les photographies d'un paysage dépourvu

[82] Le matériau empirique mobilisé dans ce chapitre provient d'une observation directe réalisée dans les locaux de l'Assemblée nationale. Outre les propos tenus lors de la réunion par les intervenants, nous avons utilisé le dossier préliminaire réalisé par les organisateurs.
[83] Le compte-rendu est ainsi intitulé « L'utilisation des pesticides est-elle socialement acceptable ? Actes du colloque, jeudi 28 juin 2001, Paris ».

d'adventices et d'un groupe d'enfants visiblement heureux de manger des fruits charnus, les trois élus n'apparaissent pas comme les instigateurs de l'événement. Il est en effet écrit sur ce document que le « colloque a été initié par l'UIPP, l'Union des Industries de la Protection des Plantes ». En fait, la réunion se tient « avec le parrainage » de messieurs Bizet, Chevalier et Gaubert. Ces deux indices montrent la puissance des industriels de l'agrochimie qui ne semblent pas avoir besoin de l'invitation des élus pour disposer des locaux républicains. Les trois représentants du peuple travaillent manifestement à défendre les intérêts du lobby des pesticides à l'Assemblée nationale et au Sénat[84].

Nous allons maintenant analyser les propos de la majorité des intervenants invités par l'UIPP. Ce travail vise à évaluer le pouvoir du lobby des pesticides en examinant les statuts[85], les représentations et les discours des orateurs ayant manifesté une sensibilité à la puissance du syndicat des fabricants de produits agrochimiques. Nous verrons que, dans l'ensemble, ces personnes se sont pliées de bonne grâce aux désirs des industriels. La perspective d'une conversion massive de l'agriculture au mode de production biologique a été conjurée par l'opération de communication. Le spectre de la faillite qu'engendrerait l'abandon de l'utilisation des pesticides par les agriculteurs est momentanément écarté. Mais la sensibilisation croissante des Français à la défense de l'environnement et à la sauvegarde de la santé publique pourrait continuer à préoccuper les marchands de pesticides.

---

[84] Un contrôle d'identité était en place dans le hall de l'immeuble. A l'entrée de la salle, nous avons pu observer Jean-Pierre Guillou et Claire Morin – respectivement directeur et responsable de la communication de l'UIPP – accueillir les participants, visiblement anxieux que la réunion se déroule conformément à leurs prévisions. Impossible d'accéder à cette salle souterraine sans y avoir été invité par le lobby des pesticides : le public n'était pas convié à débattre. Le midi, un perchiste a essayé d'enregistrer les propos tenus par le représentant de GREENPEACE. Suite à sa réaction, les techniciens ont déclaré enregistrer pour le compte du syndicat des firmes agrochimiques. Alors que nous nous dirigions vers l'hôtel particulier du président de l'Assemblée nationale, un employé de la chambre d'agriculture des Deux-Sèvres nous a confié que son institution a réalisé une enquête portant sur l'utilisation des pesticides. Les agriculteurs de ce département dépenseraient en moyenne soixante euros par hectare dans l'achat de produits agrochimiques qui ne contribueraient en rien à augmenter les rendements obtenus. Nous avons ensuite assisté à une conversation entre une jeune femme travaillant pour l'ALLIANCE PAYSANS ECOLOGISTES CONSOMMATEURS et un vendeur de pesticide qui cherchait à la convaincre que la chimie agricole ne pose aucun problème écologique ou sanitaire.

[85] Au 28 juin 2001.

Les élus : représentants du peuple ou agents de l'industrie ?

Jean Gaubert est un notable breton. Agriculteur dans les côtes d'Armor, il est devenu maire de sa commune, conseiller général puis vice-président du Conseil général, député des Côtes d'Armor, vice-président du Conseil Supérieur de l'Electricité et du Gaz et administrateur d'Electricité de France. Après avoir souhaité la bienvenue « aux industriels, aux utilisateurs [de pesticides et] aux scientifiques », il affirme que la qualité bactériologique des produits alimentaires s'est améliorée depuis un demi-siècle mais que les questions touchant aux produits chimiques sont restées en suspens. Il pose donc la question politique qui pourrait être au cœur des débats : « Faut-il s'en passer » ? Dans ce contexte d'incertitude quant aux effets sanitaires et environnementaux des produits agrochimiques, l'application du principe de précaution pourrait amener les hommes politiques à prendre cette décision. Mais le député breton est convaincu, comme souvent les agriculteurs qui recourent aux pesticides, que leur utilisation est indispensable :

> « Peut-on s'en passer ? Objectivement, il me semble que se passer des pesticides dans le domaine de l'agriculture engendrera, dans un certain nombre de cas, d'énormes problèmes qui ne trouveront pas leur solution. J'ai l'habitude de dire que je ne suis pas plus courageux ou plus fort que mon père et que si l'on ne m'avait pas donné des moyens modernes de production, je n'aurais pas produit plus que lui. »

L'opinion selon laquelle le recours aux produits agrochimiques est quasiment une obligation échappe plus facilement à la discussion ou à la contestation parce qu'elle revendique l'objectivité scientifique. En fait, seul le refus d'une baisse des rendements est à même d'expliquer la croyance du député. Fondamentalement, la position de Jean Gaubert semble inspirée par son adhésion à l'idéologie progressiste :

> « Je crois profondément – et vous l'avez bien compris – que c'est dans l'avancée du progrès que l'on trouve des solutions pour notre société et rarement dans le retour en arrière. »

Conformément à l'analyse de Balandier[86], il considère que les problèmes posés par la technique doivent être résolus par la technique. L'arrivée des pesticides dans les campagnes est d'ailleurs vécue rétrospectivement comme la réalisation des promesses de bonheur portées par les imaginaires technoscientifiques :

---

[86] « La tendance dominante de la société surmoderne la pousse à traiter le monde comme une construction entièrement humaine, un produit du pouvoir-faire, et la nature proche comme un environnement aménageable dont les problèmes sont résolubles. » (Balandier, 2001, 170)

« Au départ, c'était un peu comme Moulinex qui libérait la femme : les pesticides libéraient l'homme, en tous les cas libéraient le travailleur. »

La réalité de la perte d'autonomie est dissimulée par un discours qui revendique une liberté imaginaire. Même si l'hétéronomie croissante des exploitants agricoles résulte du processus de modernisation, la théorie de la rançon du progrès implique l'opinion selon laquelle les inconvénients sont sans commune mesure avec les nombreux bienfaits du productivisme. Puisque les pesticides semblent contribuer à améliorer les conditions de travail de l'agriculteur, ce dernier doit aider les industriels à convaincre la population que leur utilisation est nécessairement raisonnable. Dans cette optique, l'agriculture raisonnée[87] est l'instrument qui doit permettre de ramener à la raison le peuple tenté par l'irrationalité et l'obscurantisme :

« Ce n'est pas parce que je crois qu'il est difficile de s'en passer que je pense réellement qu'il n'y a rien à faire. Utilisation raisonnée certes, mais je crois aussi, et j'invite les industriels à réfléchir à cela, qu'il faut qu'on aille plus vite vers l'effort qu'il reste à faire pour mieux faire comprendre l'utilisation, même si l'on a déjà fait du travail dans la recherche de nouvelles molécules qui seraient moins, sinon pas polluantes du tout. »

Le député est bien au service de l'industriel puisqu'il travaille à améliorer sa communication, comme s'il était intimement convaincu que sa mission politique consiste à favoriser la rationalisation du monde. La force de la croyance évacue toute prudence : même si l'on ignore les effets sanitaires et environnementaux des pesticides, leur capacité à augmenter la production justifie que l'on prenne tous les risques. De plus, Jean Gaubert semble considérer qu'il ne faut pas résister à la logique du marché régnant sur le monde :

« Nous sommes dans une société où l'obligation (ou la volonté) de recherche de profit fait que, s'il n'y a pas de pression populaire en face, on s'endort très facilement sur le produit dont on dispose, sans se poser les questions qui seront formulées par les autres. »

Manifestement, le député ne fait pas partie des citoyens qui questionnent l'utilisation des pesticides. Sa soumission à la logique marchande montre qu'il épouse parfaitement le point de vue des industriels....

Jean Bizet est maire, conseiller général et sénateur du sud de la Manche[88]. Il a fréquenté la faculté de médecine de Créteil et l'Ecole nationale d'Alfort avant

---

[87] Pour une analyse sociologique de l'agriculture raisonnée, cf. André Blouet *et al.* (2003, 27-42), Estelle Deléage (2004, 142-143) et André Gasson (2003, 144-149).

[88] Cette région est touchée par une vague massive de suicides chez les agriculteurs (Grandazzi, 2002, 241-252 ; Legrand, 1993). Longtemps muette à ce propos, la presse locale évoque désormais ce fait social : « dans certains cantons du sud-Manche, les taux sont jusqu'à quatre fois supérieurs à la moyenne nationale » (« Un suicide tous les trois jours dans notre région », *La Manche libre*, deux février 2003).

d'exercer la profession de vétérinaire. Dans la lignée de cette formation, il considère que le peuple s'inquiète excessivement :

> « Il y a un certain nombre de mots dans notre société qui fonctionnent autant comme des images subliminales que ce soit sang, je ne ferai pas de commentaires, le mot hormone, non plus, ou encore aujourd'hui, le mot farine. Donc nous vivons dans un contexte d'inquiétude assez fort où l'on finit par sublimer le naturel par rapport au chimique. »

La persistance de la logique symbolique est difficilement compréhensible pour un partisan de l'artificialisation de la nature. Dans l'optique technophile, le synthétique est par définition supérieur au naturel puisqu'il provient du processus de domestication du monde physique par les techniques scientifiques. Conformément à l'héritage de la philosophie des Lumières, toute autre attitude est considérée comme un archaïsme irréductiblement opposé à l'esprit de la modernité :

> « Abandonnons cette attitude que j'appellerai une certaine crispation passéiste en considérant que le naturel est beau, sain et bon par rapport aux produits chimiques, qui par définition seraient l'invention de l'homme et seraient désagréables. »

Confondant corrélation et causalité, Jean Bizet affirme que les pesticides ne seraient pas mauvais pour l'homme puisque leur utilisation massive a coïncidé avec un allongement de l'existence :

> « Je crois que l'on n'a pas souligné au cours de cette table ronde, qu'il y a, en ce début de vingt-et-unième siècle et ce depuis déjà un certain nombre d'années, une augmentation de la durée de vie de nos concitoyens. Il faut le dire, c'est dû au progrès de la médecine, certes, mais c'est dû également au progrès de l'alimentation. »

Pourtant, le peuple persiste à estimer que l'utilisation des pesticides est socialement inacceptable. En dépit des conseils éclairés que ses représentants prennent la peine de lui adresser, il rechigne à accepter les produits agrochimiques. L'estimation profane du danger s'oppose en fait à l'évaluation technocratique du risque. Considérant que cette dernière approche fait l'impasse sur le long terme, une partie de la population souhaite l'application du principe de précaution. Si certains estiment que dans le doute, il vaut mieux s'abstenir, telle n'est pas l'opinion de Jean Bizet :

> « Je préfère pour ma part la terminologie "mesure de précaution", car si nous n'y prenons garde, il y aura vraisemblablement une dérive maximaliste qui nous amènera à passer du principe de précaution au principe de l'inaction. »

De son point de vue, la « possession technoscientifique du monde » (Balandier, 2001, 266) est la seule solution, il n'y a pas d'alternative possible. Une autre conception de l'existence est impensable tant il est inimaginable de douter des orientations scientifiques et techniques de la modernité. L'entreprise productiviste se nourrit aussi de motivations humanistes :

> « On ne veut pas voir que chaque année le cercle de famille s'agrandit de 90 millions de consommateurs supplémentaires sur cette planète. »

Dans cette optique, les pesticides ont une utilité sociale car ils auraient le pouvoir d'éviter les famines qui risquent de s'abattre sur le monde. De plus, les agriculteurs gagneraient plus d'argent depuis qu'ils ont augmenté leur production. En effet, l'idéologie progressiste impliquant que la situation va toujours en s'améliorant, le passé est par définition inférieur au présent et à l'avenir :

> « Hier aussi, les revenus agricoles étaient encore plus faibles qu'ils sont aujourd'hui, ça voulait dire un certain nombre de misères. »

Seule concession faite aux écologistes, Jean Bizet semble estimer que la pollution par les pesticides n'est pas souhaitable. La solution qu'il propose consiste à se débarrasser des champignons, des insectes et des plantes indésirables en pratiquant des frappes chirurgicales. L'agriculture raisonnée a décidément l'avantage inestimable de ne pas remettre en cause l'utilisation des pesticides :

> « Je voudrais positiver, si je puis dire, et considérer que la solution – une des solutions, c'est vrai – s'avèrerait être l'agriculture raisonnée, à condition que l'on intègre cette agriculture raisonnée dans une agriculture de précision. Et là, la modernité que représente tout ce que l'on appelle communément l'électronique embarquée dans les différents outils qu'utilisent les agriculteurs sera une aide précieuse, précisément pour travailler l'agriculture de façon excessivement précise. »

Bien qu'il critique la répartition inéquitable de la valeur ajoutée entre la grande distribution et les agriculteurs, le député ne remet pas en cause le pouvoir du lobby des pesticides, sans doute parce qu'il lui serait insupportable de questionner son éducation progressiste. Même si son statut d'élu républicain est la conséquence objective des suffrages qui se sont portés sur sa candidature, Jean Bizet estime subjectivement que sa mission consiste à faire descendre les lumières de la raison sur le peuple qu'il est censé représenter :

> « Je crois qu'il est important de communiquer et de dialoguer avec nos concitoyens tout simplement parce qu'à l'aube de ce XXIe siècle, il y a une montée très claire de ce qu'on appelle aujourd'hui la démocratie participative, et je crois que nous arrivons tout doucement à une société qui est de plus en plus mature, qui est capable de comprendre tout ce que les uns et les autres nous avons à leur dire. »

Au lieu de reconnaître – comme le faisait Aron (1965) – la positivité de la contestation et du conflit dans une démocratie, ou d'admettre que la population a le droit de refuser l'utilisation des pesticides, cet homme politique défend une « démocratie participative » qui semble tout simplement consister à imposer aux Français les croyances et la vision du monde de certains scientifiques.

Daniel Chevallier est conseiller municipal de Gap et député des Hautes-Alpes. Physiologiste à l'Université de Grenoble, il adhère comme ses collègues à l'idéologie du progrès :

> « Il faut dire qu'actuellement, par rapport à l'ensemble des débats que nous connaissons, que ce soit sur les organismes génétiquement modifiés, sur l'utilisation des pesticides, sur l'ensemble des avancées qui concernent les problèmes techniques et technologiques, il y a un besoin d'explications qui a été exprimé tout à l'heure par différents intervenants : nos concitoyens, nos citoyens consommateurs ne savent pas où aller chercher l'information. »

La croyance selon laquelle il suffit de faire descendre les lumières de la science sur le peuple pour le convaincre qu'il a tort de s'inquiéter est ici clairement exprimée. De même, la transformation du citoyen participant activement à la vie démocratique en consommateur passif et soumis au pouvoir de la technocratie est perceptible dans les propos du député. Intimement convaincu que chaque innovation technologique est nécessairement une amélioration par rapport à l'ancienne technique, ce dernier estime qu'il faut créer des organisations qui devront combler le « déficit important de conviction » dont font preuve les consommateurs :

> « Il faut, à mon avis, que dans chaque département, il y ait un centre d'information et de diffusion de l'information technique et technologique. »

Un tel dispositif devrait favoriser la rationalisation de la population même si certains récalcitrants persistent à douter que l'utilisation des pesticides et des OGM contribuera à emporter l'humanité vers un avenir radieux. En effet, le citoyen ne croit pas toujours que les hommes de pouvoir veillent sur sa sécurité, son confort et préservent la nature de toute pollution :

> « Malgré tout, force est de constater que nos concitoyens sont inquiets par rapport à leur alimentation, mais également par rapport à leur environnement. Je peux vous garantir qu'en tant que parlementaire, je reçois constamment des lettres sur l'environnement électromagnétique, sur les effets des téléphones portables, sur la radioactivité [...], les effets des petites doses répétitives, etc. »

Le député ne comprend pas cette inquiétude qui témoigne d'une certaine incrédulité dans les « bienfaits » des créations technoscientifiques. Comment est-il possible de douter que les innovations sont nécessairement des inventions positives qui conduiront l'humanité vers le bonheur et la perfection sociale ? Profondément convaincu que la transformation menée sous l'égide de l'économie capitaliste, de la technique et de la science permettra la réalisation des anciennes utopies, il considère que l'agriculture ne peut se contenter d'accompagner les processus biologiques. A ses yeux, il est clair qu'il faut artificialiser la nature et lui imposer la marque de l'homme technoscientifique. Pour Daniel Chevallier, les termes de l'alternative ne sont pas agriculture chimique ou biologique mais « OGM ou pesticides ? ». Dans son esprit, il n'est pas question de renoncer aux orientations techniques et scientifiques de la modernité. L'abandon de la croyance au progrès n'est manifestement pas à l'ordre du jour pour le député des Hautes Alpes...

Le dispositif mis en place par l'industrie agrochimique

Afin de mener à bien la réalisation de l'opération de communication, l'UIPP a créé un comité d'organisation[89] favorable à ses intérêts :

> « Bernard Charlot, président de l'UIPP, tient à remercier au nom de l'ensemble des entreprises adhérentes, les membres du comité qui, en offrant leur disponibilité et leurs connaissances des sujets traités, ont contribué à l'organisation du colloque "L'utilisation des pesticides est-elle socialement acceptable ?". »[90]

Pourquoi ces personnes, manifestement choisies pour leur statut professionnel, ont-elles accepté de cautionner l'opération de communication organisée par les industriels de l'agrochimie ? Les motivations conscientes et inconscientes des membres du comité d'organisation sont certainement complexes. Peut-être ont-ils été flattés d'avoir été distingués de la masse populaire jugée insuffisamment rationnelle pour mériter un tel honneur. A moins qu'ils n'estiment que l'organisation d'un débat portant sur la légitimité de l'utilisation des pesticides est une affaire trop sérieuse pour que le peuple soit consulté. Sans doute considèrent-ils préférable de confisquer les questions politiques susceptibles de toucher la population dans sa chair au profit des notables qui, en tant qu'experts, sont censés disposer des qualités scientifiques jugées nécessaires à la bonne tenue de la discussion :

---

[89] Gérard Benoist du Sablon – vice-président de l'organisation générale des consommateurs (ORGECO)–, Jean Bizet – sénateur de la Manche, Georges Bories – responsable de l'unité « xénobiotiques » à l'Institut National de la Recherche Agronomique (INRA) –, François Ewald – directeur de la recherche et de la stratégie à la Fédération Française des Sociétés d'Assurance (FFSA) –, Jean Gaubert – député des Côtes d'Armor –, Jean Gengenwin – député du Bas-Rhin –, Georges-Yves Kervern – membre du Comité national d'évaluation de la recherche –, Jean-Louis Lambert – professeur de marketing et d'économie à l'Ecole Nationale d'Ingénieur des Techniques des Industries Agricoles et Alimentaires (ENITIAA) –, Jean-Bernard Ménieux – juriste à la Fédération Française des Sociétés d'Assurance (FFSA) –, Gérard Pascal – directeur scientifique « nutrition humaine et sécurité alimentaire » à l'Institut National de la Recherche Agronomique (INRA) –, Charles Pilet – président honoraire de l'académie nationale de médecine et ancien directeur de l'école nationale vétérinaire d'Alfort – et André Rico – président de la Commission des toxiques agricoles – ont accepté de répondre à la sollicitation du lobby des pesticides.

[90] Phrase figurant sur le « dossier préliminaire » produit par l'UIPP.

> « Le comité a été formé dans un souci de représentativité afin de fournir l'objectivité nécessaire à la richesse des débats. »

En réalité, le comité d'organisation ne représente pas la population française mais témoigne à l'évidence de la puissance du lobby des pesticides et de sa capacité à mobiliser des personnalités disposées à consacrer leur temps et leur travail à la défense de ses intérêts. La référence à la représentativité fait passer un groupe constitué par les industriels de la chimie agricole comme l'émanation légitime du peuple français. Sous couvert d'organiser un débat démocratique, il s'agit en fait de constituer une rhétorique destinée à convaincre la population que l'utilisation des pesticides n'est pas un choix politique mais un « fait scientifique ». La science n'a pas le pouvoir de trancher la querelle des valeurs mais il est tentant de l'utiliser pour légitimer son pouvoir même si le régime républicain disparaît au profit d'une oligarchie technocratique. Le président du comité d'organisation oublie ainsi que l'opération de communication devait garder une façade démocratique. Sans doute dans un moment d'égarement, Charles Pilet déclare en effet qu'il « faut rendre ce risque socialement acceptable ». Considérant que l'utilisation des pesticides est parfaitement légitime, il milite explicitement pour un rejet *a priori* du principe de précaution qui transforme le débat en propagande industrielle. Il regrette aussi l'époque où l'on pouvait façonner la nature sans encourir les foudres des écologistes :

> « Dans le passé, l'acceptation des progrès scientifiques était quasi immédiate à quelques exceptions près, importantes, bien entendu. On tolérait également les interventions sur la nature et l'attitude vis-à-vis du risque était totalement différente de celle que nous connaissons aujourd'hui. »

Conformément à l'idéologie technocratique selon laquelle la seule rationalité acceptable est celle qui correspond aux intérêts de l'industrie, il combat la montée en puissance de la conscience écologique qui tente de poser des limites sociales et environnementales au déchaînement de l'économie :

> [Le principe de précaution] « s'est banalisé et, ce qui est le plus difficile à admettre, il s'est banalisé dans sa forme maximaliste : celle qui touche à la recherche du risque zéro. Et là, nous sommes dans l'irrationnel le plus total avec des explications pseudo-scientifiques. Nous recherchons un but qu'il n'est pas possible d'atteindre et qui peut conduire dans ses applications à une véritable logique d'inaction ou de paralysie des activités humaines. Néanmoins, ce principe de précaution existe, il est réel et il faut le gérer. »

Le risque zéro n'existant pas, selon le slogan utilisé par Electricité De France (EDF) et d'autres appareils publics ou privés, il n'y aurait pas d'alternative à l'industrialisation de l'agriculture. Puisque l'action humaine implique nécessairement certains dangers, il conviendrait de combattre les écologistes qui empêchent les industriels de produire toujours plus. La gestion du principe de précaution consiste donc à développer un argumentaire destiné à convaincre le grand public que l'utilisation des pesticides est acceptable :

> « Il faut le gérer précisément en s'appuyant sur les aspects, j'allais dire, les plus médiatiques. Monsieur le député Gaubert l'évoquait, il y a un instant, le public attend d'être informé ; le public veut coopérer ; le public aime les procédures de concertation ; il aime les débats publics, il aime les fameuses conférences, dites citoyennes, quoique ce terme soit fortement critiquable. »

En réalité, ces manifestations ne relèvent en rien du débat démocratique. Elles sont plus destinées à persuader le peuple que le risque est inévitable qu'à prendre en compte ses réticences ou ses refus. Là encore, il s'agit d'imposer une opinion politique et une vision du monde conformes aux intérêts des industriels du pesticide. Les propos de Charles Pilet montrent que les « conférences citoyennes » dissimulent, sous leur façade démocratique, un véritable parti pris en faveur du productivisme.

Afin de convertir les Français au point de vue des industriels, le comité d'organisation mis en place par l'UIPP a conçu un programme en trois parties savamment orchestrées. Consacrée aux « risques perçus par l'opinion », la première porte sur la divergence de points de vue entre l'estimation profane du danger et l'évaluation administrative du risque considérée comme infaillible. L'industrie agrochimique, supposant *a priori* que les scientifiques donneront raison à l'estimation officielle, cherche à discréditer l'évaluation profane jugée trop favorable au principe de précaution. Le savoir populaire serait, à en croire Daniel Boy, une « perception divergente » ou une « opinion » tolérée tant que le monde n'est pas totalement rationalisé. Pour Charles Pilet, l'évaluation technocratique constitue évidemment « le risque réel » alors que l'estimation profane est une approximation grossière et biaisée du « risque tel qu'il apparaît, tel qu'il est perçu par le public ».

Pour la seconde partie de la journée, les organisateurs ont prévu une « évaluation des risques encourus au regard des services rendus par les produits phytosanitaires ». Le lobby des pesticides ne comprend pas que la population perçoive mal l'intérêt que présenterait l'utilisation des pesticides : « comment expliquer que la balance bénéfice/risques liée aux produits phytosanitaires ne soit pas acceptée ? ». Du point de vue de l'UIPP, l'attitude de la population est irrationnelle. En réalité, il est gênant pour l'industrie agrochimique que le peuple n'admette pas sans résister l'utilisation des pesticides dans la mesure où sa survie économique en dépend. Trois interventions ont été prévues par le comité d'organisation. Pour Bernard Charlot[91], « l'utilité des produits phytosanitaires pour l'agriculture » ne fait aucun doute. André Rico cherche à rassurer l'auditoire en affirmant que le risque est bien géré par la commission des toxiques qu'il présidait alors au ministère de l'Agriculture. A

[91] Président de l'UIPP.

son avis, l'évaluation du risque lié à l'utilisation des pesticides est satisfaisante et l'homologation des matières actives contenues dans les produits mis sur le marché constitue « un gage de sécurité ». Pour Guy Ourisson[92], il faut « percevoir l'utilité d'une activité pour en accepter le risque »[93]. Si les écologistes refusent le danger lié à l'utilisation des pesticides, c'est parce qu'ils ne comprennent pas que les produits agrochimiques profitent à l'agriculture et à l'ensemble de l'humanité.

La troisième partie, enfin, est intitulée « approche collective de la gestion du risque ». De quoi s'agit-il ? Selon Charles Pilet, il faut « gérer ce risque au mieux des intérêts de la société ». Le débat doit en fait permettre aux industriels de « travailler en confiance ». Afin d'éradiquer les peurs de la population, trois interventions ont été prévues. Marion Guillou[94] viendra présenter « l'utilité de la traçabilité pour le consommateur ». Jean-Yves Le Déault[95] se demandera « comment impliquer le citoyen le plus en amont possible ? ». Quant à Bertrand Mathieu[96], il présentera une réflexion portant sur l'avenir incertain du « principe de précaution » qui attaque de front plusieurs principes juridiques fondamentaux. Si elles ne suffisent pas à faire disparaître les angoisses de la population, ces présentations devraient permettre aux industriels de continuer à produire et à commercialiser des pesticides sans prendre en compte les attentes de la société civile...

Sans doute pour mieux contrôler le déroulement de la réunion, l'UIPP ne s'est pas contentée de préparer minutieusement l'architecture de la journée et les contributions des différents intervenants, allant jusqu'à modifier les intitulés des présentations dans les différentes versions du programme. Elle a aussi imposé les thèmes et les participants des débats qui ont conclu chacune des trois parties. De plus, elle a recruté un ancien journaliste de télévision afin de distribuer la parole conformément au déroulement prévu. Depuis qu'il a cessé d'interroger les hommes politiques sur les chaînes de télévision, Albert du Roy semble proposer ses services aux organisations qui souhaitent bénéficier de son image médiatique. l'UIPP l'a chargé d'animer l'opération de communication destinée à convaincre les récalcitrants que l'utilisation des pesticides est socialement acceptable. L'analyse des propos prononcés par Albert du Roy au début de la

[92] Professeur émérite à l'université Louis Pasteur et ancien Président de l'Académie des sciences.

[93] Le titre de l'intervention de Guy Ourisson a été modifié dans la seconde et la troisième version du programme. S'il s'agissait tout d'abord d' « accepter le risque » lié aux pesticides, il n'était ensuite plus question que de « percevoir l'utilité d'une activité pour en accepter le risque ou le refuser ». Le titre initial a sans doute été jugé trop ouvertement favorable aux industriels. Il vaut mieux préserver l'apparente neutralité du discours afin de préserver son efficacité communicationnelle.

[94] Alors directrice générale et aujourd'hui présidente directrice générale de l'Institut National de la Recherche Agronomique (INRA).

[95] Député de Meurthe et Moselle et biochimiste à l'université de Nancy.

[96] Juriste à la Sorbonne.

journée montre qu'il est en concordance profonde avec l'idéologie des industriels. Pour l'ancien journaliste, qui profite d'avoir la parole pour flatter son employeur, les peurs de la population sont des fabulations imputables à l'obscurantisme et à l'esprit de superstition. De même, le peuple aurait tendance à produire des « fantasmes » et d'autres créations imaginaires qui viennent contrarier l'activité des chefs d'entreprises :

> « Il est relativement rare qu'un secteur industriel, qui est sous le feu de l'actualité, de la critique, soumis à des inquiétudes, à des fantasmes, etc., ait l'audace de mettre sur la table tous ses problèmes et d'organiser une journée où toutes les opinions seront, je l'espère, représentées. »

Albert du Roy estime que l'évaluation technocratique du risque est nécessairement scientifique contrairement à l'estimation profane du danger qui serait toujours irrationnelle :

> « La première [partie] sera l'analyse du décalage entre la réalité des risques et leur perception par l'opinion publique. »

Il pense aussi qu'il faut faire « l'examen de l'acceptabilité ou de la non-acceptabilité des risques en fonction des services rendus ». Il considère enfin que la discussion de l'après-midi « aura pour objet de rechercher les conditions d'une restauration de la confiance ». Le distributeur de la parole est bel et bien gagné à la cause des industriels, tout comme le président du comité d'organisation qui n'hésite pas à affirmer en conclusion qu'il existe « une sorte d'acceptation de l'utilité des pesticides » ainsi qu'une « acceptation des résidus ». Une conférence de presse a été prévue en clôture de l'opération de communication afin d'assurer un retentissement maximal au résultat programmé par les industriels. Si l'on peut faire croire à la population que l'Assemblée nationale a décidé de légitimer l'utilisation des pesticides, alors tous ces efforts n'auront pas été vains...

Le fabriquant d'opinion publique

La prestation de Daniel Boy[97] est révélatrice de la puissance politique du lobby des pesticides. Son intervention se présente en effet comme un reflet fidèle de « l'opinion des Français sur l'utilisation des pesticides en agriculture ». Mais l'analyse de son travail montre que, si l'opinion publique existait (Bourdieu, 1973 ; Champagne, 1990 ; Juan, 1985b)[98], elle serait sans doute peu

---

[97] Directeur de recherches à la Fondation Nationale des Sciences Politiques.

[98] Pour Bourdieu et Champagne, l'opinion publique est une construction médiatique. Selon Juan, elle est une construction du protocole d'enquête en tant que tel ; la véritable « opinion

satisfaite des propos que le politiste lui attribue. Ce dernier occupe en fait une position d'expert dépendant des industriels de l'agrochimie. La complaisance de sa présentation à l'égard du commanditaire permet d'évaluer le pouvoir du lobby des pesticides qui a les moyens de s'attacher les services de la société française d'études par sondage (SOFRES). L'apparente neutralité du discours de Daniel Boy dissimule en effet une posture partisane dévouée à la défense des industriels. Pour ces derniers, il importe surtout de minimiser la conscience écologique des Français (Dobré, 2002) afin de continuer à produire et commercialiser les produits agrochimiques. Dans la compétition impitoyable que met en place l'économie de marché, la vie des organisations marchandes est en effet directement liée à la vente des productions industrielles et des services qu'elles proposent. Comme les agriculteurs productivistes, les firmes goûtent donc aux affres de l'incertitude liée à la lutte pour la vie. La loi de la concurrence régnant dans le système capitaliste mondial encourage les entreprises à recourir à tous les moyens afin de préserver coûte que coûte des conditions sociales propices à la commercialisation de leurs productions. Quant aux sondeurs, dont le métier consiste à fabriquer l'« opinion publique », ils basculent facilement dans la propagande communicationnelle dans la mesure où la volonté de légitimer le pouvoir éloigne leurs travaux de l'éthique scientifique.

Daniel Boy présente donc les résultats d'un sondage réalisé à la demande de l'UIPP[99]. La rigueur de la méthode semble garantir qu'il s'agit d'analyser l'opinion des Français sur l'utilisation des pesticides en agriculture :

> « Nous allons commencer par les résultats d'un sondage qui a été fait dans les conditions habituelles, sur lesquelles je n'ai pas besoin d'insister longuement, c'est-à-dire sur mille personnes sélectionnées selon les critères de représentativité de la population française âgée de dix-huit ans et plus. »

Le recours à l'échantillon représentatif installe l'intervention dans une neutralité apparente qui masque l'activité réelle du sondeur. Derrière ce paravent de légitimité scientifique, il s'agit de mettre en scène l' « opinion publique » d'un point de vue partisan susceptible de rassurer le lobby des pesticides. Mais quelles sont les attentes de ce dernier ? Selon Daniel Boy :

> « L'agriculture intensive est l'objet d'une assez large remise en cause depuis l'affaire de la vache folle, mais aussi à cause des pollutions diverses que certaines pratiques peuvent entraîner. Dans ce contexte, l'utilisation de produits comme les phytosanitaires ou les engrais est parfois incriminée au nom d'une meilleure intégration de l'agriculture dans son environnement. L'UIPP a donc cherché à connaître la perception du citoyen-consommateur face à l'utilisation de ces produits, leur impact sur l'homme et

---

publique » est celle qui s'exprime de manière autonome, dans la contestation. Elle correspond plutôt à la « volonté publique », voire à la « volonté générale » de Rousseau (1763).

[99] Sondage intitulé « l'opinion des Français sur l'utilisation des pesticides en agriculture », réalisé par la SOFRES le 15 et 16 juin 2001 et commenté dans l'urgence le 28 juin.

> l'environnement, et la crédibilité d'un modèle agricole centré sur une plus grande modération dans l'utilisation des phytosanitaires. »

Apparemment, il s'agit bien de dévoiler l'opinion des Français sur l'utilisation des produits agrochimiques. Pourtant, les concepteurs du sondage n'ont pas demandé aux personnes interviewées si elles approuvent le recours aux produits agrochimiques : un taux élevé de réponses négatives aurait sans doute montré que les Français sont majoritairement opposés à l'utilisation des pesticides. Même s'il a oublié de poser cette question aux personnes interrogées, Daniel Boy n'hésite pas à affirmer que « l'attitude des Français face au productivisme agricole est beaucoup plus ambiguë qu'il n'y paraît ». Sur quels éléments se base-t-il pour avancer une telle assertion ? Il estime que le fait que 78% et 71% des personnes interrogées déclarent qu'elles considèrent que la diversité et la quantité des produits agricoles se sont améliorées depuis la seconde guerre mondiale suffit à discréditer l'idée que la population française serait hostile au productivisme. D'une part, il s'agit d'un constat factuel sur leur consommation qui ne concerne pas la biodiversité. D'autre part, le politologue oublie de mentionner les réponses des 53%, 58% et 61% de personnes qui pensent que la sécurité sanitaire des produits, leur qualité et leur goût se sont dégradés. L'expert en sciences politiques s'appuie aussi sur les résultats d'une question manifestement conçue dans le but de légitimer le productivisme agricole :

> « Vous paraît-il préférable que : – la France produise des produits agricoles uniquement pour sa propre consommation, – la France produise en quantité nécessaire pour exporter sur les marchés mondiaux ? »

Le procédé consiste à instiller l'idée selon laquelle seule la chimie permet à l'agriculture et à l'industrie agro-alimentaire françaises de produire suffisamment pour exporter une partie de la production en dehors de l'hexagone. Dans cette optique, les partisans de l'agrobiologie sont considérés comme des adeptes de l'autarcie qui refusent de commercer avec le monde. Daniel Boy peut donc affirmer que :

> « la vocation exportatrice de l'agriculture française, et donc sa capacité à produire "en quantité nécessaire", n'est absolument pas remise en cause par près des trois quarts des Français (72%), tandis que 27% expriment leur préférence pour une agriculture uniquement tournée vers le marché intérieur ».

Dans l'esprit du sondeur, les Français font donc preuve d'une « assez bonne compréhension de la nécessité d'utiliser des produits chimiques ». Le sophisme est le suivant : l'agriculture française ne peut exporter si l'utilisation des pesticides est interdite, or il est souhaitable qu'elle continue à exporter, donc elle doit continuer à recourir aux produits agrochimiques. Comme si les produits issus de l'agriculture biologique étaient dans l'incapacité mystérieuse de traverser les frontières...

Mais il existe d'autres signes dévoilant l'importante capacité de l'UIPP à influencer le travail réalisé par le sondeur dont elle s'est attachée les services. Ainsi, Daniel Boy n'hésite pas à affirmer que les Français estiment que « l'impact des pesticides sur la santé des consommateurs paraît plus discutable que leurs effets sur l'environnement ». Comment parvient-il à ce résultat favorable aux industriels ? Plutôt que de demander aux personnes interrogées si elles considèrent que les pesticides sont dangereux, l'astuce consiste à diluer les opinions négatives puis à choisir la partie du tableau que l'on va commenter en fonction de son aptitude à apaiser les angoisses du commanditaire. Va-t-on insister sur le fait qu'une forte majorité des personnes interrogées considèrent que les pesticides représentent un danger pour l'eau (99%), les sols (99%), l'air (99%), les animaux (98%) et les consommateurs (99%)[100] ? Faut-il révéler que les sondés sont plus nombreux à considérer que le danger est assez important pour l'animal et l'homme que pour l'eau, les sols et l'air ? Il vaut mieux focaliser l'attention sur un autre aspect susceptible de rassurer les industriels :

> « Pour résumer, c'est sur l'eau potable et les sols que les Français sont les plus persuadés d'un danger "très important" des pesticides (respectivement 58% et 43%), tandis que l'air (36%), les animaux (31%) et les consommateurs (23%) semblent moins nettement exposés. Dans ce dernier cas, le résultat frappe par sa modestie et ne dénote apparemment aucune psychose. »

Il est manifeste que le sondeur cherche à minimiser l'évaluation profane du danger. Lors de son exposé, il a d'ailleurs annoncé que 33% des personnes interrogées estiment qu'il existe un risque sanitaire « assez important » pour les consommateurs alors que 53% ont en réalité choisi cet item. Mais pourquoi cherche-t-il à atténuer la représentation populaire d'un risque sanitaire pour l'homme ? Ce point est encore plus sensible que la question de la pollution de l'environnement. En effet, il serait néfaste pour l'industrie agrochimique que les hommes politiques se demandent si leurs concitoyens ont raison de considérer que les pesticides peuvent causer des dommages à la santé humaine. Mais Daniel Boy a d'autres arguments qui lui permettent de réévaluer à la baisse l'estimation profane des risques que font courir les pesticides à l'homme et à l'environnement. Plutôt que de demander aux sondés s'ils considèrent que les produits agrochimiques sont dangereux pour l'homme et la nature, il suffit d'aménager la question dans le sens du résultat souhaité :

> « Avec laquelle de ces deux opinions êtes-vous le plus d'accord ? Les pesticides présentent peu de risques pour l'homme et pour l'environnement si on les utilise selon les doses prescrites ; Les pesticides présentent des risques importants pour l'environnement et pour l'homme quelles que soient les doses d'utilisation. »

---

[100] Chiffres provenant du dossier préliminaire fourni par les organisateurs (« Tableaux et résultats de l'étude SOFRES »).

La question est polysémique, elle introduit donc un « trouble » dans la qualité de la mesure. Par ailleurs, l'adjectif « important » et la précision « quelles que soient les doses d'utilisation » permet de restreindre le champ de la question. De même, l'adverbe « peu » (et non « pas ») et la mention « si on les utilise selon les doses prescrites » est une technique de canalisation des représentations qui vise à attirer les réponses sur cette partie de l'alternative. Cette manipulation permet à Daniel Boy de relativiser le potentiel de refus en soulignant le résultat obtenu :

> « Dans ce domaine des conséquences pour l'environnement et pour l'homme, une légère majorité des interviewés considèrent que les pesticides sont dangereux par principe, quelles que soient les doses d'utilisation (52%), mais une part assez importante (46%) estime au contraire que cette dangerosité dépend en réalité des doses d'utilisation. [...] Cela m'a surpris, je m'attendais plutôt à un 70/30. »

A la différence de l'enquête par questionnaire utilisée en sciences humaines, la technologie socioculturelle de production de l'adhésion manipule l' « opinion publique » afin d'aller au devant des désirs du commanditaire[101]. Dans l'optique des industriels, l'agriculture raisonnée constitue apparemment une position de repli visant à limiter les dégâts de la contestation. La perspective de la conversion massive de l'agriculture française au mode de production biologique pourrait en effet entraîner des faillites retentissantes pour les firmes qui produisent et commercialisent des pesticides. L'opération de communication doit à tout prix discréditer l'agriculture biologique au profit de l'agriculture raisonnée soutenue financièrement par les firmes agrochimiques. Daniel Boy nous révèle la technique qu'il a utilisée pour satisfaire son commanditaire :

> « On en arrive à une question fondamentale puisque le bio est aujourd'hui partout dans les médias. On a posé la question un peu crûment : "que faut-il faire ? Quelle est la bonne solution ? Continuer à traiter les cultures, mais avec des quantités de pesticides moins importantes (c'est la voie de l'agriculture raisonnée) ? Ou bien augmenter de façon très importante la part de l'agriculture biologique (on a quand même précisé « même si les coûts de production sont plus élevés » pour essayer d'égaliser les deux plateaux de la balance) ?" 47[%] et 52[%]. [...] Ce résultat n'était *a priori* pas évident compte tenu de l'image actuelle, présente du bio. On aurait pu avoir au contraire 70% pour le bio. C'est un autre signe que ce sondage donne : le sentiment d'une société réfléchie et relativement partagée sur ce débat. »

Le moment de relâchement nous permet de comprendre comment le sondeur procède pour instiller l'idée que le peuple est plus conforme à la culture productiviste qu'il n'y paraît. La soumission de Daniel Boy s'enracine aussi dans l'incorporation de la vision du monde des financeurs de l'enquête. Du point de vue des industriels, la préférence pour l'agriculture biologique serait irra-

---

[101] Les mêmes procédés sont utilisés par le CREDOC dans les enquêtes réalisées au profit d'EDF (Juan, 1985a, 248-263).

tionnelle. L'agriculture raisonnée, qui n'hésite pas à afficher sa fidélité à l'esprit des Lumières dans son appellation, doit être favorisée au détriment de l'agriculture biologique qui laisse une trop grande liberté aux processus naturels. Le meilleur moyen de défendre l'industrialisation de l'agriculture consiste à faire croire que, pour la population française :

> « la perspective d'une agriculture raisonnée apparaît comme une alternative crédible au "tout biologique" ».

Le hiatus entre le travail de Daniel Boy et la connaissance désintéressée et rigoureuse de l'opinion des Français sur l'utilisation des pesticides en agriculture qui était annoncée montre bien l'importance du pouvoir détenu par le lobby agrochimique. Le sondeur poursuit inlassablement son travail avec un dévouement inébranlable à la cause des industriels. Si 91% des sondés pensent qu'il y a des résidus de pesticides sur les fruits et légumes commercialisés, si 60% des personnes enquêtées estiment qu'ils sont en quantité susceptible d'être nuisible pour la santé, il s'agit tout au plus d'une « interrogation plus inquiète ». De son point de vue, il est vraiment difficile de comprendre pourquoi la majorité de la population se refuse à croire à l'innocuité des faibles quantités de pesticides à l'instar de Paracelse[102] qui considérait que la dose fait le poison. Pour le politologue manifestement convaincu par cet argument, l'idée qu'un résidu a nécessairement un impact sur la santé est un a « *a priori* sourd à l'argumentation scientifique » puisque 57% des sondés refuseraient de croire des scientifiques indépendants qui leur affirmeraient « qu'en dessous d'une certaine dose, des résidus de pesticides n'ont aucune incidence sur la santé ». La force de la croyance en la toute-puissance des sciences naturelles et la soumission à la logique du pouvoir agrochimique conduisent à affirmer l'innocuité des résidus de pesticides même si les épidémiologistes n'ont pas encore tranché la question. Le sondeur semble considérer que la méfiance envers l'industrie et ses capacités à contrôler les risques est vraiment incompréhensible. Comment peut-on expliquer que « le doute reste très élevé face à l'innocuité supposée des résidus de pesticides à faible dose » ? Daniel Boy ne comprend pas la population qui refuse de croire à la communication des industriels même si ces derniers mobilisent la figure de la science indépendante pour l'accréditer. En fait, ce qui est surprenant, ce n'est pas que la majorité des sondés doute de l'innocuité des faibles doses de pesticides alors que l'absence de danger des reliquats est simplement supposée *a priori* par les industriels, c'est que 37% des personnes interrogées déclarent que les résidus présents sur les fruits et légumes « sont en si petite quantité qu'ils n'ont aucun effet sur la santé ». En conclusion, le sondeur n'hésite pas à affirmer :

> [J'ai] « le sentiment que l'on se trouve dans l'un de ses domaines où le public fait une balance effectivement mesurée entre la perception d'une utilité et le sentiment d'un

[102] Alchimiste et médecin suisse (1493-1541).

risque affirmé. Comme pour le nucléaire, cette balance reste assez favorable, parce qu'il y a une constatation assez réaliste de l'état des choses et une acceptation, me semble-t-il, du risque en contrepartie de ce qui est encore conçu comme un bénéfice ».

L'affirmation selon laquelle l'« opinion publique » serait favorable à l'utilisation des pesticides constitue un tour de passe-passe digne d'un professionnel de la manipulation. Sans avoir jamais demandé aux personnes interrogées si elles acceptent ou refusent les produits agrochimiques – ce qui aurait probablement levé brutalement l'équivoque –, il parvient à annoncer un résultat favorable aux industriels en respectant apparemment une démarche rigoureuse. Le recours aux figures de la neutralité et de l'objectivité permet ainsi de légitimer l'utilisation des pesticides. L'observation de cette prestation nous laisse d'ailleurs le souvenir d'un discours apparemment irréprochable. La présentation des résultats du sondage sur un mode rapide et hypnotisant – du fait du recours aux graphiques – laissait peu de place à la réflexion critique du spectateur. Aucune réaction n'est apparue dans la salle suite à l'exposé, tout le monde étant sans doute convaincu qu'il n'y avait effectivement rien à redire. Le midi, alors qu'un participant confiait à Claire Morin[103] le sentiment de perplexité qu'il avait ressenti suite à la prestation de Daniel Boy, elle lui répondit : « Vous savez, ce n'est qu'un sondage… »

Dévoilons un dernier exemple des techniques utilisées par le sondeur. Ce dernier décide de poser une question en apparence anodine et éloignée de ses préoccupations manifestes :

> « Selon vous, pourrait-on produire des produits agricoles dans les mêmes quantités qu'aujourd'hui sans utiliser aucun pesticide, aucun engrais ? »

Bien qu'il soit patent que l'interrogation a peu de rapport avec l'opinion des Français sur l'utilisation des produits agrochimiques, il est difficile de déterminer *a priori* si elle a un rôle à jouer dans l'orientation latente du travail du sondeur. Observons l'interprétation des réponses à cette question que propose Daniel Boy :

> « 2/3 des gens pensent qu'il n'est pas possible de produire dans les mêmes quantités sans aucun pesticide. De même, 70% des gens pensent qu'il n'est pas possible de produire dans les mêmes quantités sans engrais. Cela fixe aussi les termes du débat de façon très intéressante. C'est au fond la dimension de l'utilité, cette équation du risque et de l'utilité que font les consommateurs. L'utilisation de pesticides et d'engrais est majoritairement bien perçue, encore une fois, si l'on admet la production en grandes quantités. »

Du jugement de fait, Daniel Boy passe imperceptiblement au jugement de valeur. Il transforme la réponse factuelle des sondés en approbation explicite du

---

[103] Responsable de la communication à l'UIPP.

productivisme agricole. La soumission au pouvoir du commanditaire commence donc dès la conception du sondage. L'étonnante dextérité du sondeur à orienter son travail en fonction de la puissance dominante et à conformer symboliquement la population aux attentes du pouvoir confirme les interprétations générales de Patrick Champagne (1990) : l'existence des instituts de sondages dépend de la satisfaction de leurs clients.

Le militant consumériste

Vincent Perrot[104] a été choisi par l'UIPP pour présenter « les risques connus ». L'évaluation technocratique du danger lié à l'utilisation des pesticides est en effet explicitement considérée comme infaillible par les industriels. Pourquoi l'UIPP n'a-t-elle pas chargé un scientifique reconnu de présenter une bibliographie complète des travaux portant sur les pesticides ? Peut-être fallait-il éviter d'afficher la relative méconnaissance des savants, la rareté des travaux français ou les résultats inquiétants des études épidémiologiques s'intéressant aux effets potentiels des produits agrochimiques sur la santé humaine (Alliance Paysans Ecologistes Consommateurs, 2001). Le syndicat agrochimique n'a pas souhaité s'exprimer publiquement sur le sujet. Sans doute n'a-t-il pas voulu révéler à l'auditoire l'existence de ces recherches qui compromettent l'avenir du commerce des pesticides. A moins qu'il n'ait craint de révéler ostensiblement sa croyance à la réalité probable de certains risques chroniques. Du point de vue de la propagande communicationnelle, l'affichage d'un tel cynisme aurait sans aucun doute été préjudiciable à son image. Quoi qu'il en soit, on peut supposer que le lobby espérait que Vincent Perrot s'attacherait à critiquer les peurs des Français au nom de la supériorité des Lumières sur l'obscurantisme populaire. L'introduction d'Albert du Roy laisse le sentiment que cette supposition correspond à la réalité :

> « Il s'agit de savoir avec vous, Monsieur Perrot, ce qui inquiète les consommateurs à travers les études auxquelles vous vous référez quant à l'utilisation des pesticides, et si cette inquiétude vous semble justifiée. »

Bien qu'il affirme que « ces inquiétudes sont totalement fondées », Vincent Perrot va présenter une recension très incomplète de la littérature scientifique portant sur les pesticides. Sans doute respecte-t-il ainsi la volonté des organisateurs de l'opération de communication qui souhaitent manifestement laisser dans l'ombre la plus grande partie des travaux des scientifiques s'intéressant d'un peu trop près aux pesticides. L'exposé de Vincent Perrot, même s'il ne mentionne que deux études, suggère que le risque chronique n'est pas négligeable :

---

[104] Directeur scientifique de l'association Consommation, Logement et cadre de vie (CLCV).

« En décembre 2000, *Nature* a publié un article sur le lien possible entre la roténone, qui est utilisée sur les fruits et légumes, et la maladie de Parkinson, ce qui pose quand même un problème. [...] Il semble exister un lien entre la baisse de fertilité chez l'homme et l'ingestion d'organohalogénés. »

Le fait que le tableau soit loin d'être exhaustif[105] révèle évidemment le pouvoir du lobby des pesticides : la recension minutieuse de toutes les études portant sur les pesticides pourrait donner la fâcheuse impression qu'il existe peut-être un risque sanitaire chronique. De plus, même s'il critique le manque de transparence des industriels, Vincent Perrot ne plaide pas pour une interdiction des pesticides. Manifestement peu convaincu par le principe de précaution, il se contente de demander « le remplacement des pesticides peu sûrs par des alternatives moins dangereuses chaque fois que c'est possible ». Comme Daniel Boy et les agriculteurs productivistes, le militant consumériste croit manifestement qu'il est impossible de se passer totalement des produits agrochimiques. Bien qu'il déclare que « la CLCV prend l'agriculture raisonnée avec des pincettes », il affirme aussi que « dans le cadre d'une réelle agriculture raisonnée, la chimie a sa place à côté des méthodes de lutte biologique contre les parasites des plantes ». Oscillant entre la soumission à la logique industrielle – qu'il connaît bien pour avoir travaillé au profit d'une société commercialisant des semences – et une position militante impliquant le refus d'incorporer des résidus de pesticides, il critique la pollution de l'eau mais se refuse à demander l'interdiction des pesticides en application du principe de précaution :

« Les consommateurs sont de plus en plus méfiants vis-à-vis de l'utilisation des pesticides en agriculture : traces dans leur alimentation, atteintes à l'environnement, nappes phréatiques et eau du robinet polluées, rémanence parfois longue, association avec des pratiques agricoles réprouvées, etc. »

Et d'ajouter aussitôt : « Sont-ils appelés pour autant à disparaître ? » Cette interrogation est d'autant plus étonnante que Vincent Perrot exprime son inquiétude face à l'incorporation des résidus :

« En l'an 2000, une journaliste anglaise a fait analyser un peu de son tissu adipeux et l'on a trouvé dans ses graisses 500 produits chimiques sous forme de traces, en majorité des pesticides. Je ne sais pas si les gens ont confiance mais, personnellement, je ne trouve pas ça très sympathique. »

---

[105] D'autres études disponibles en 2001 n'ont pas été citées : Morison *et al.*, 1992 et 1994 ; Viel et Richardson, 1993 ; Mills, 1998 ; Kogevinas *et al.*, 1995 ; Garabrant *et al.*, 1992 ; Forastriere *et al.*, 1993 ; Kristensen *et al.*, 1996 ; Van der Gulden *et al.*, 1996 ; Schreneimachers *et al.*, 1999. En France, Isabelle Baldi (ISPED, Bordeaux), Pierre Lebailly (GRECAN, Caen), Gilles-Eric Séralini (Université de Caen), Charles Sultan (CHU de Montpellier), Jean-François Viel (CHU de Besançon), etc. travaillent sur l'évaluation des risques sanitaires chroniques qui pourraient être liés à l'utilisation des pesticides.

Malgré sa peur, il se refuse donc à réclamer l'interdiction des produits agrochimiques. Comme s'il considérait qu'il n'est pas légitime d'aspirer à vivre en dehors de la menace perpétuelle…

Un problème de perception

Dans le but de confisquer la parole à la salle, pourtant manifestement acquise à sa cause, les organisateurs avaient prévu de confier le débat à Daniel Boy, Vincent Perrot et à quatre autres personnalités : Danielle Auroi[106], Pierre-Benoît Joly[107], Jacques Estienne[108] et Yves Leers[109]. Un micro circule dans la salle sans doute pour atténuer l'impression fâcheuse que tout a été verrouillé par le pouvoir agrochimique mais nul ne peut intervenir si Albert du Roy ne lui donne pas la parole. D'emblée, ce dernier installe le débat dans la perspective prévue par l'UIPP :

> « Cette première table ronde a pour but d'expliquer cette divergence de points de vue entre l'opinion et les experts. »

Considérant que l'évaluation savante du risque est nécessairement favorable au pouvoir, la culture technocratique n'attribue aucune valeur scientifique à l'estimation profane du danger considérée comme nulle et non avenue (Prével, 2002). Dans cette optique, l'expertise échappe *a priori* à toute critique et le peuple a nécessairement tort. Mais Albert du Roy utilise d'autres arguments pour voler au secours de Daniel Boy qui subit des critiques portant sur le manque de pertinence d'une de ces questions[110]. Les opposants aux pesticides seraient en effet des réactionnaires à tendance autarcique et nationaliste :

> « J'ajoute que, dans ce qu'on appelle les ventilations – c'est à dire les réponses au sondage par catégories, âges, etc. –, l'examen des catégories politiques est assez intéressant sur ce point-là, parce qu'il montre les tendances d'après les convictions politiques, les partisans du repli national et les partisans de l'ouverture européenne ou mondiale. »

Le discours légitime clairement la mondialisation libérale. Les écologistes qui résistent à la possession technoscientifique du monde sont assimilés à des sympathisants d'extrême droite. Tous les moyens sont bons pour discréditer les

---

[106] Député européenne.
[107] Directeur de recherches à l'Institut National de la Recherche Agronomique.
[108] Directeur adjoint « prévention, santé, sécurité, environnement » du groupe CARREFOUR.
[109] Rédacteur en chef d'HYDROPLUS.
[110] « Vous paraît-il préférable que : la France produise des produits agricoles uniquement pour sa propre consommation ; la France produise en quantité nécessaire pour exporter sur les marchés mondiaux ? »

militants qui font courir un risque important au commerce des produits agrochimiques.

Yves Leers semble moins soumis qu'Albert du Roy au pouvoir des industriels du pesticide. Contrairement à Daniel Boy, qui s'est donné beaucoup de mal pour masquer le fait qu'une grande partie des Français souhaite l'interdiction des produits agrochimiques, il remarque que le sondage présenté donne « 52% d'opinions favorables pour l'agriculture biologique ». Et il insiste sur ce point qui constitue le fond du problème pour les industriels du pesticide :

> « Je ne sais pas si beaucoup de sondages ont dit que la majorité des Français est favorable à l'agriculture biologique. »

De plus, il n'hésite pas à critiquer l'une des questions de Daniel Boy : « on parle des doutes très élevés face à l'innocuité supposée. Supposée par qui ? » Non content de faire allusion au fait que ce sont les partisans des industriels qui ont avancé ce postulat, il s'attaque aussi à l'instrumentalisation de la figure du scientifique indépendant opérée par le sondeur :

> « Après tout, il y a eu des études faites sur les pesticides, y compris par les scientifiques indépendants. Qu'il s'agisse de substances chimiques ou de radionucléides, on sait que les effets des faibles doses ne sont pas tout à fait ce qu'on imaginait il y a quelques années et que, maintenant, on se pose des questions y compris pour les pesticides. »

Ce journaliste semble s'intéresser aux aspects que les industriels souhaitaient laisser dans l'ombre. Manifestant son insoumission au pouvoir du lobby agrochimique, il rappelle même que « l'ensemble des cours d'eau en France est contaminé par les pesticides » et que « 75% des points qui sont actuellement surveillés dans les eaux souterraines sont aussi, sinon contaminés, au moins altérés ». Il remarque également que les recherches épidémiologiques sont peu nombreuses au regard du nombre de molécules homologuées :

> « Face à cela, on se retrouve dans une situation qui est une absence de données scientifiques pour beaucoup de pesticides [présents] sur le marché. [...] Il n'existe actuellement pas d'études concernant les faibles doses de ces produits-là. »

Celui que les industriels pourraient considérer comme impertinent remarque que la population est soumise à une incertitude sanitaire résultant de la présence de résidus de pesticides dans l'environnement. Du point de vue du lobby, il est sans doute urgent de faire taire l'insoumis qui risque de faire capoter l'opération de propagande communicationnelle. Mais ce n'est pas tout, Yves Leers a même l'outrecuidance d'interpeller les producteurs de pesticides :

> « Est-ce que l'attitude des industriels aujourd'hui ne pourrait pas être de favoriser un certain nombre de choses qui permettraient d'évoluer sur la connaissance, sur les impacts, entre autres sanitaires, de ces produits-là ? [...] Je trouve qu'il y aurait une

> responsabilité qui participerait de la volonté de transparence des industriels d'inciter à ce genre de travaux. »

Le journaliste demande donc aux industriels d'abandonner leur irresponsabilité sanitaire et sociale. Une telle liberté de parole tranche avec la soumission de la majorité des intervenants à la puissance du lobby des pesticides. Il s'autorise même à critiquer la pression exercée par les vendeurs sur les agriculteurs sans toutefois mettre en cause les dirigeants des sociétés agrochimiques :

> « Jusqu'à maintenant, il n'y avait jamais de mise en garde de la part des commerciaux sur les surdoses, etc. C'était un peu comme la lessive : on en met un peu plus et ça va aller mieux, quitte à se retrouver avec des doses excessives. »

De plus, il affirme qu'« il y a une responsabilité des commerciaux des entreprises qui vendent le produit ». Il s'en faut de peu qu'il ne demande des comptes aux industriels pour le comportement de leurs vendeurs !

Malgré son appartenance au principal parti écologiste, Danielle Auroi n'est pas indifférente à la puissance des industriels de l'agrochimie. Elle considère ainsi que certains « produits phytosanitaires [sont] indispensables à la production agricole ». Même s'ils peuvent « entraîner des risques pour l'homme, les animaux et l'environnement », interdire l'ensemble des molécules mises sur le marché constituerait une attitude insensée :

> « Je ne suis pas dans une logique catastrophiste, [...] essayons d'abord d'appliquer ce que nous avons en réserve comme lois diverses et variées qui permettent de corriger ce qui est réellement dangereux. »

De son point de vue, la décision politique devant nécessairement se conformer à l'évaluation savante du risque, il faut seulement restreindre l'utilisation des pesticides dont la nocivité a été démontrée. Le principe de précaution constituerait à ses yeux – c'est du moins ce que suggèrent ses propos – un extrémisme inquiétant car il ne subordonne pas le politique à la science. Pourquoi réclamer l'interdiction de tous les produits agrochimiques alors que certains ne sont pas considérés comme dangereux par les scientifiques ? La pollution environnementale serait donc acceptable sauf s'il était prouvé qu'elle a des conséquences sur la santé des hommes et des animaux. Pourtant, Danielle Auroi remarque que « l'organisation mondiale de la santé chiffre à vingt mille par an les morts liés aux pesticides ». De plus, elle affirme que « des cancérologues suédois, et une étude plus récente à Besançon, ont démontré que l'exposition des agriculteurs à ce produit accroissait le développement de cancer ». Par conséquent, les agriculteurs doivent changer certaines de leurs « pratiques parce que nous savons qu'il y a des risques objectifs dont les scientifiques nous donnent l'information ». Pour parvenir à ce résultat, il suffirait d'appliquer la législation européenne. Malheureusement, les industriels sont parfois dénués de scrupules :

> « Quand on regarde les étiquetages de certains produits phytosanitaires, en regard de ce qui devrait être fait, on rêve totalement. Là, on est effectivement confronté à un problème de fraudes sur lesquelles il faudrait travailler un peu plus sérieusement. »

A ses yeux, lorsque ces écarts auront été corrigés, les risques sanitaires et environnementaux liés aux pesticides seront correctement gérés sans recourir à des décisions radicales comme l'interdiction des produits agrochimiques.

Après avoir été responsable de la répression des fraudes à Marseille, Jacques Estienne est maintenant directeur adjoint du service « prévention, santé, sécurité et environnement » du groupe CARREFOUR. L'ancien fonctionnaire reconnaît que les consommateurs incorporent des résidus de pesticides :

> « Je pense que nous avons un problème à gérer actuellement, c'est surtout le dépassement des LMR[111]. CARREFOUR nourrit un Français sur quatre et, normalement, nous avons 14% de salades non conformes en termes de dépassement de LMR. Donc, actuellement, le problème que nous avons, c'est d'arriver à être dans la réglementation. »

Pour son organisation, qui peine à respecter la loi, l'éradication des traces de pesticides dans les produits agro-alimentaires n'est manifestement pas à l'ordre du jour. En effet, la responsabilité pénale de la grande surface ne suffit pas à faire disparaître les résidus agrochimiques des aliments :

> « Il est clair aussi qu'actuellement, il y a des méthodes de culture qui entraînent des résultats complètement anormaux, et je ne pense pas que c'est à la grande distribution, en dehors de ses filières, de faire la police. »

L'enseigne CARREFOUR s'incline donc devant la puissance du lobby agrochimique car elle accepte de commercialiser des aliments contenant des résidus de pesticides[112].

Bien qu'elle remarque judicieusement que l'impossibilité de se prémunir de l'incorporation par les résidus de pesticides irrite profondément les citoyens,

---

[111] Exprimée en milligramme par kilogramme de produits frais, la Limite Maximale de Résidus est une norme qui définit le seuil au-delà duquel la présence de pesticides dans les aliments est considérée comme intolérable. Selon le ministère de l'Agriculture, « les LMR sont définies à partir d'essais au champ réalisés par des structures agréées afin d'établir un niveau de résidus dans ou sur la culture traitée avec un produit phytopharmaceutique dans des conditions spécifiques qui correspondent aux Bonnes Pratiques Agricoles [et à partir d'] une évaluation du risque pour le consommateur. La sécurité de ce dernier est assurée par le fait que, pour une substance active donnée, les LMR établies conduisent à des niveaux d'ingestion en résidus inférieurs aux références de toxicités aiguë et chronique ».

[112] La présence de ces molécules est légale si la LMR n'est pas dépassée : « seules les valeurs de teneurs maximales en résidus publiées au journal officiel de la République française constituent des Limites Maximales de Résidus applicables aux pesticides juridiquement opposables » (Ministère de l'Agriculture).

Marie-Louise Efthymiou[113] semble considérer qu'il est légitime que les industriels communiquent pour défendre leurs intérêts :

> « Il n'y a aucun moyen d'agir individuellement sur les résidus dans l'alimentation, sur la contamination du champ du voisin, et je crois que cette passivité obligatoire, cette absence de pouvoir sur les produits phytosanitaires que ressent chaque consommateur est ce qui explique que ces produits sont considérés comme dangereux. C'est pourquoi il me paraît très difficile d'agir et je suis relativement pessimiste sur les divers moyens de communication. »

Pour l'universitaire, la soumission à la puissance du lobby et l'incorporation des pesticides sont manifestement perçues comme des nécessités naturelles puisqu'elle n'évoque que les actions individuelles de préservation personnelle. Dans cette optique, la pollution de l'environnement et de l'alimentation par les pesticides n'est pas *a priori* condamnable. Telle est aussi l'opinion de Bernard Declercq[114] :

> « En ce qui concerne la pollution des eaux, j'ai entendu tout à l'heure que toutes les eaux étaient polluées. C'est vrai. Et la bonne question à se poser est : "Est-ce que cette contamination nous pose des problèmes du point de vue exposition, du point de vue risque de santé publique ?". C'est ça, la vraie question. C'est vrai que ce n'est pas très acceptable d'avoir des cours d'eau pollués. Je préfère avoir une alimentation et des cours d'eau non pollués, mais je pense qu'il ne faut pas aller au bout de la question parce que, comme on l'a dit tout à l'heure, le risque zéro n'existe pas. »

Pour le fonctionnaire qui considère que la vie recèle de nombreux dangers, seul un motif sanitaire clairement établi pourrait justifier l'insoumission au pouvoir des industriels du pesticide. Même s'il n'a pas encore quitté l'administration de la répression des fraudes au profit du secteur privé, il est déjà soumis à l'industrie agrochimique dans la mesure où il outrepasse le devoir de réserve associé à son statut et à sa fonction. Face à la résignation de la puissance publique, Vincent Perrot a un sursaut de résistance :

> « Je suis désolé, mais je n'ai pas envie de boire de l'eau polluée avec de l'atrazine ou avec un quelconque produit chimique. »

De même, Yannick Vicaire[115] ne semble pas se laisser impressionner par la soumission ambiante :

> « Je voudrais juste faire deux considérations quant au discours introductif à ces débats. La première concerne l'histoire des pesticides telle que nous l'a décrite très brièvement Monsieur le député Gaubert. Il me semble que cette histoire est tronquée. Sans faire de

---

[113] Professeur à l'université Paris VII et médecin des hôpitaux de Paris.

[114] Fonctionnaire à la Direction Générale de la Consommation, de la Concurrence et de la Répression des Fraudes (DGCCRF).

[115] Chargé de mission chez GREENPEACE.

> grands rappels, les pesticides sont nés conjointement à la première guerre mondiale, à la guerre chimique, et à la crise morale et philosophique allemande, qui a conduit à s'interroger sur ces forêts allemandes qu'il fallait purifier et protéger contre des multitudes d'insectes, et qui s'est terminée quelques années plus tard dans l'extermination, le génocide. Inutile de rappeler toutes les liaisons entre pesticides et utilisation guerrière. Avant tout, il faut rappeler que les pesticides sont nés d'utilisation militaire et que ce sont avant tout des poisons. »

Un tollé accueille ces propos[116] qui choquent la majorité de l'auditoire acquis à la cause des industriels. Pourtant, Yannick Vicaire confirme qu'il n'entend pas se soumettre à la puissance du lobby agrochimique :

> « Deuxième remarque concernant l'intervention de Monsieur Charles Pilet : je suis choqué qu'un scientifique pose le débat qui aujourd'hui est "L'utilisation des pesticides est-elle socialement acceptable ?" en "Il faut rendre les pesticides socialement acceptable au consommateur et au public". Et un mépris de la population, tel qu'il l'a montré tout à l'heure, ne peut effectivement pas rassurer ce public vis-à-vis de l'expertise scientifique. »

A Danielle Auroi remarquant que l'introduction aux Etats-Unis de soja génétiquement modifié pour tolérer le glyphosate a provoqué une augmentation de 72% du recours au célèbre herbicide[117], Daniel Boy rétorque que la prudence populaire serait due à un défaut de perception de l'utilité des OGM plutôt qu'à des motivations sanitaires, écologiques ou politiques :

> « A mon avis, la vraie raison profonde de ce refus n'est pas le risque intrinsèque des OGM qui n'est même pas véritablement socialement discuté ; la vraie raison, c'est l'absence d'utilité perçue. »

Si le consommateur connaissait les bénéfices économiques et politiques que les OGM apportent aux firmes agrochimiques, nul doute qu'il se montrerait plus raisonnable. En fait, la rhétorique utilitariste déployée par Daniel Boy se fissure rapidement lorsque quelques remarques critiques sont formulées. Finalement, le sondeur nous fait part du fond de sa pensée :

> « Les sondages sont un instrument assez imparfait. On est obligé de caricaturer la réalité, et entre ce que dit l'expert et ce qu'on croit retrouver dans la représentation sociale, il y a toujours une différence. »

---

[116] Une salariée de l'ALLIANCE PAYSANS ECOLOGISTES CONSOMMATEURS nous a confié un peu plus tard qu'elle avait trouvé le discours de Yannick Vicaire « contre-productif » car incapable selon elle de transformer les militants productivistes en écologistes.

[117] Commercialisé notamment sous la marque Roundup®. Une étude récente a montré que les cellules de placenta humain sont très sensibles au glyphosate, expliquant peut-être les avortements et naissances prématurées aux Etats-Unis en milieu agricole. Ces effets croissent avec la concentration et le temps ou en présence d'adjuvants (Richard *et al.*, 2005).

L'expert en sciences politiques exerce bien la fonction idéologique consistant à conformer de gré ou de force les opinions des Français aux attentes des industriels. Ce qui est présenté par le sondeur comme une obligation ne répond évidemment à aucune nécessité. La pratique du biais, de la déformation consciente ou inconsciente de la réalité sociale par le protocole d'enquête présentant tous les dehors de la neutralité est, bien entendu, la conséquence directe de la soumission au pouvoir du lobby des pesticides. Si Daniel Boy prend le risque de perdre la face en défendant à tout prix l'UIPP, Jean Gaubert, soudainement assailli par le sentiment de sa responsabilité envers ses concitoyens, finit par interpeller les firmes sur un mode indirect :

> « Que font les industriels pour essayer d'aller un peu plus loin dans la recherche de produits – si on a considérés qu'ils étaient nécessaires – [...] qui seraient plus acceptables parce que moins risqués pour nos populations ? »

Même s'il continue à considérer que l'utilisation des pesticides est socialement acceptable, car il ne voit pas comment les agriculteurs pourraient s'en passer, il se rebelle l'espace d'un instant contre les techniques employées par les industriels :

> « Croyez-vous véritablement que tant que l'ensemble des commerciaux qui vendent ces produits [...] sont payés à la commission, on pourra avancer ? Croyez-vous que quelqu'un qui a un petit salaire et qui a des grosses primes – et je sais de quoi je parle, je connais les gars qui vendent ça autour de chez moi – va conseiller à son client de prendre peu de produits ou pas de produit quand on sait que son revenu va en dépendre ? Il faudrait être un ange pour agir comme cela ! J'interroge véritablement les industriels et les circuits commerciaux sur ces sujets parce que je sais comment cela fonctionne. J'ai même vu des gens licenciés parce qu'ils ne vendaient pas assez d'engrais ou de produits phytosanitaires près de chez moi. Tant qu'on en sera là, on n'aura pas [...] la crédibilité nécessaire pour continuer le débat. »

La rémunération au rendement favorise la logique productiviste car elle fait coïncider l'intérêt personnel du technicien avec les intérêts financiers de l'entreprise agrochimique. Mais, heureusement pour les industriels, la révolte s'estompe rapidement et cède la place à la résignation régnant ordinairement dans le monde agricole :

> « Mon intervention du début n'avait pas du tout l'intention de faire un cours d'histoire, il s'agissait simplement, dans un temps qui m'était donné, et que j'ai voulu relativement court, [de] reposer le problème vu par les utilisateurs que sont les agriculteurs. Effectivement, [...] il y a eu d'autres utilisations, mais il y a tellement d'autres produits, y compris les avions dans lesquels nous voyageons souvent les uns les autres, qui sont d'abord issus de la recherche militaire. »

L'agriculteur productiviste qui sommeille sous le costume du député, un instant ébranlé par le discours du militant écologiste, affirme que l'utilisation des pesticides est problématique. Mais d'ici à envisager une interdiction légale des biocides ou une limitation de leur usage par un cadre réglementaire à la mesure de la puissance industrielle, il y a un pas que sa soumission au pouvoir des firmes agrochimiques lui empêche de franchir...

Ce scrupule passager n'effleure pas d'autres orateurs comme on va le voir à présent.

Le chimiste partisan de l'agrochimie

Guy Ourisson est manifestement intimement convaincu qu'il faut accepter l'utilisation des pesticides. Il s'empresse donc de répondre à la sollicitation des industriels afin de convaincre l'assistance de la justesse de son point de vue. Mobilisant adroitement la figure de la science pour donner du poids à son opinion personnelle, il utilise son statut social pour améliorer la portée de son argumentation, confirmant involontairement la justesse de l'analyse de Georges Balandier :

> « Une certaine imprégnation scientifique existe ; elle participe de l'esprit du temps, et les savants qui disposent d'un capital de notoriété exercent désormais une influence incontestable. [...] C'est alors à partir de leur science, mais hors des limites de celles-ci, qu'ils interviennent ou expriment leurs propres opinions et leurs évaluations. Dans cette situation, que l'on pourrait dire "extraterritoriale", ils s'engagent sur les terrains où les idées se confrontent et où les options politiques s'affrontent. [...] C'est l'exercice de la responsabilité sociale et civique, et non plus seulement scientifique, qui se trouve ainsi en jeu, sans pour autant que l'une et l'autre soient dissociables. » (Balandier, 2001, 221)

Pour Guy Ourisson, l'attitude des agrobiologistes, qui abandonnent une partie de leur récolte au profit des adventices, des champignons et des ravageurs, est moralement inacceptable dans la mesure où elle pourrait provoquer des pénuries alimentaires comme pendant la guerre, lorsque les enfants étaient « désignés pour aller à la chasse aux doryphores » car il n'y avait pas d'arséniates pour protéger les pommes de terre. Dans le contexte de l'occupation, laisser les doryphores dévorer les précieux tubercules était considéré comme une attitude inhumaine parce que la population souffrait de la faim. A la libération, les doryphores continuent à s'attaquer aux pommes de terre. L'industrie du pesticide se développe avec l'appui des pouvoirs publics et le consentement de la population traumatisée par la famine. Dans ce contexte, un insecticide, le DDT, est produit industriellement et commercialisé auprès des agriculteurs qui l'utilisent notamment contre les doryphores. Synthétisée pour la première fois en 1874, cette molécule est aussi utilisée par l'armée américaine afin d'éradiquer le typhus et les poux notamment chez les survivants des camps nazis. Même si certains témoignages envisagent la responsabilité du produit chimique dans l'apparition de cancers[118], Guy Ourisson évacue la possibilité d'un risque sanitaire chronique. Il affirme ainsi que le DDT ne présente aucun danger pour l'homme tant que l'incorporation n'atteint pas la dose mortelle :

> « Le DDT est un produit non toxique sur l'homme, dans les conditions habituelles de toxicité, c'est-à-dire qu'on peut en manger. La dose létale pour l'homme doit être de l'ordre de deux ou trois cuillérées à soupe. Donc, c'est un produit non toxique. »

En outre, le chimiste partisan de l'agrochimie déclare qu'il faut « percevoir l'utilité d'une activité pour en accepter le risque ». Puisque le DDT a permis de sauver des milliers de personnes de la malaria et du typhus, l'interdiction de l'insecticide a provoqué la mort de tous « les gens qui auraient pu être sauvés si on avait continué à utiliser du DDT, en particulier contre les moustiques facteurs de la malaria ». Pourtant, même s'il peine à accepter la disparition de ce remède miraculeux, le chimiste affirme qu'il fallait interdire le DDT :

> « On avait découvert entre temps la contamination globale par le DDT conduisant, non pas à des effets toxiques directs, mais à des effets toxiques indirects. Les vers de terre sont très peu touchés par le DDT, on arrose une forêt pour tuer les chenilles, il y a du DDT sur le sol, les vers de terre ne sont pas touchés. Les merles qui mangent ces vers de terre ne sont pas malades mais les merlettes font des œufs dont la coquille est un peu plus fragile, ce qui fait que quand la merlette veut couver ses œufs, elle fait une omelette. »

Guy Ourisson affiche une certaine préoccupation écologique bien qu'il semble peu affecté par la mésaventure de la merlette. Tactique consciente ou inconsciente qui vise à abandonner la défense des molécules les plus contestées afin de préserver des conditions de commercialisation favorables aux autres matières actives, ou concession faite à l'écologie au nom d'une frêle coquille de merlette, la métaphore de l'omelette est significative, en soi, d'une prise de position politique. Il vaut mieux donner quelques satisfactions symboliques aux écologistes plutôt que d'encourir le risque d'une interdiction de l'ensemble des produits agrochimiques. Si la population française désapprouve les dégradations occasionnées à l'environnement, il est préférable de lui donner satisfaction même si l'on est intimement convaincu que le peuple est fondamentalement sentimental et qu'il accorde encore trop d'importance à ses affects.

L'argumentation de Guy Ourisson est construite sur un artifice rhétorique. En fait, il défend l'utilité de l'ensemble des pesticides – insecticides, fongicides, herbicides – à partir d'un seul insecticide. L'enjeu est de taille : si l'auditoire se laisse persuader par le plaidoyer en faveur de l'insecticide, la métonymie

---

[118] Par exemple Betty Schimmel : « Le grand événement à ce moment-là pour nous tous, c'est la désinfection. On nous asperge de DDT, pour nous débarrasser des poux et des puces. Je me suis souvent demandée plus tard si ce produit n'était pas à l'origine des cancers et autres maladies dont de nombreux survivants ont souffert par la suite. Mais à ce moment-là, la poudre est le remède magique. » (Schimmel, 2000, 248)

implicite l'amènera à conclure que l'utilisation des produits agrochimiques est socialement acceptable. En insistant longuement sur l'utilisation médicale du DDT, il mobilise le prestige de la médecine dans le but de légitimer le recours aux produits agrochimiques. S'appuyant ainsi sur l'idéologie qui a transformé les pesticides en produits phytosanitaires, il attaque de front l'argumentation des écologistes pour lesquels le DDT constitue la molécule la plus nuisible que l'industrie agrochimique ait jamais produite (Carson, 1963). Si le DDT permet de sauver des vies humaines, comment peut-on s'opposer à son usage ? Les défenseurs de l'environnement seraient inhumains car ils préfèreraient sauver les oiseaux plutôt que les hommes. Cette argumentation emporte d'autant plus facilement l'adhésion que le propos laisse de côté les motivations humanistes des écologistes s'inquiétant des pathologies que pourraient provoquer les résidus de DDT disséminés dans l'environnement.

Avec l'orateur suivant, la prise de position a le mérite de la transparence.

L'ingénieur utilitariste

Bernard Charlot est le dirigeant du lobby français des pesticides. Après Guy Ourisson, il est le second à intervenir dans la table ronde intitulée « Evaluation des risques au regard des services rendus par les produits phytosanitaires ». Comme son prédécesseur, le président de l'UIPP se lance dans un long plaidoyer en faveur des pesticides. De son point de vue, il est indéniable que l'alternative penche du côté des intérêts de l'industrie agrochimique. Ainsi, dans un schéma représentant une balance qu'il propose à l'assemblée, un plateau symbolise les bénéfices et l'autre les risques liés aux pesticides. L'équilibre semble parfait comme en témoigne le point d'interrogation qui souligne que le résultat de l'évaluation est indécis. Mais si l'on observe le titre de la diapositive – « Bénéfices et Risques des produits phytosanitaires » –, on remarque que le premier terme apparaît en caractère gras, laissant transparaître la conviction intime du dirigeant du lobby agrochimique évidemment liée à sa position sociale. De son point de vue, il ne fait aucun doute que l'usage des produits agrochimiques présente plus d'avantages que d'inconvénients. S'il optait publiquement pour l'option inverse, il s'exposerait à subir de sérieux ennuis professionnels notamment de la part des actionnaires des sociétés agrochimiques adhérant à l'UIPP. Par force et par culture, le directeur général de NOVARTIS AGRO FRANCE est donc un défenseur enthousiaste des pesticides. Il estime ainsi que « les produits phytosanitaires apportent des bénéfices au consommateur et au citoyen », mais aussi à l'agriculture[119].

[119] L'exposé s'intitule « De l'utilité des produits phytosanitaires pour l'agriculture ».

Si l'on en croit Bernard Charlot, les agriculteurs sont constamment menacés par les « mauvaises herbes », les « maladies » et les « ravageurs ». Le mildiou, par exemple, « a souvent causé des famines, il n'y a pas si longtemps à l'échelle des siècles, avec l'exode des Irlandais vers les Etats-Unis ». L'utilisation des pesticides est bien entendu considérée implicitement comme la seule façon d'assurer les récoltes et de sécuriser les revenus. Quant aux agrobiologistes, ils sont sans doute totalement démunis face aux caprices de la nature. Le consommateur, lui, n'a pas à pleurer sur son sort : les pesticides « permettent d'obtenir des productions agricoles à des prix abordables, [...] en quantités suffisantes, régulières et de bonne qualité ». En masquant l'importance du soutien public à l'agriculture, l'externalisation de nombreux coûts de production permet de distiller l'impression que la nourriture est bon marché. La rationalité économique ne prend pas en compte les coûts sociaux et écologiques qui, sauf exception, sont à la charge de la collectivité. Le traitement social du chômage agricole, le coût de l'eau du robinet et les programmes de dépollution ne sont pas intégrés dans le prix du produit agro-alimentaire. Quant au consommateur, il assure « l'activité de toute la filière agricole et agro-alimentaire » en incorporant des résidus de pesticides par son alimentation, par l'eau qu'il boit ou l'air qu'il respire. Curieusement, l'enrichissement des marchands de pesticides est en effet considéré comme un bénéfice pour le consommateur qui devrait presque être fier de contribuer à l'augmentation du pouvoir des entreprises multinationales par son modeste achat de produits alimentaires issus de l'agrochimie. Mais ce n'est pas tout : l'utilisation des pesticides aurait aussi des bénéfices environnementaux. En effet, les produits agrochimiques « participent à la sauvegarde du patrimoine des surfaces non cultivées ». Comment cela est-il possible ? Selon la rhétorique de Bernard Charlot, en contribuant à augmenter les rendements sur les surfaces cultivées, on préserverait les forêts que les hommes défrichent afin de subvenir à leurs besoins alimentaires.

Si les dégâts écologiques provoqués par les déforestations massives sont désormais bien connus, le raisonnement est instable, voire manipulateur, car il ne prend pas en compte la destruction des agricultures vivrières qui permettaient aux anciennes colonies européennes de bénéficier de l'autosuffisance alimentaire. De plus, il semble que, plus que la rareté des aliments, c'est le manque de solvabilité des pays du Sud qui constitue le principal obstacle à une éradication des famines. La faim dans le monde serait donc plutôt liée à un problème politique qu'à une insuffisance de la production agricole.

Pourtant, devant une assistance majoritairement convaincue de l'utilité sociale des pesticides, Bernard Charlot, affirme que l'obtention du rendement maximum est une nécessité absolue. Logiquement, l'ingénieur utilitariste considère que les produits agrochimiques sont indispensables à la survie de l'humanité. Dans son optique, si l'agriculture biologique peut être tolérée à la marge, l'intensification de la production agricole doit se poursuivre afin de nourrir la population mondiale :

> « Les études de la FAO montrent que, sans protection, plus de 50 % de la production agricole serait perdue. Pour cela d'ailleurs, le Directeur Général, Jacques Diouf, répète que si l'agriculture biologique peut être une méthode satisfaisante pour quelques marchés de niche, l'alimentation pour tous nécessitera l'intensification de la production sur les terres arables disponibles. »

Le dirigeant agrochimique simplifie les logiques géopolitiques de la faim en insinuant que l'insuffisance de la production agricole est responsable de la malnutrition sévissant notamment en Afrique noire. Afin de pallier les failles de son argumentation qui ne prend pas en compte les stocks alimentaires des pays riches, Bernard Charlot s'appuie sur l'idéologie transformant les pesticides en produits phytosanitaires :

> « Les humains se protègent et se soignent grâce, entre autres, à des produits pharmaceutiques. Les plantes ont aussi besoin d'être protégées, grâce à des technologies qui comportent des médicaments, que l'on appelle produits phytosanitaires traduits en anglais comme pesticides. La nature a inventé les produits phytosanitaires bien avant l'homme. »

La volonté de construire l'évidence selon laquelle l'utilisation des pesticides est un impératif indépassable transparaît dans le fait que la chimie agricole est présentée comme une création naturelle. L'intention est évidemment de bénéficier du prestige de l'écologisme pour convaincre du bien-fondé de l'utilisation des pesticides. L'argument est le suivant : les plantes ont besoin de protection ; or, la nature ne protège pas suffisamment ses végétaux ; l'homme doit donc suppléer aux défaillances naturelles en l'aidant à remplir ses obligations. Bernard Charlot fait preuve d'une certaine habileté rhétorique. En attaquant l'agrobiologie, qu'il juge incapable de nourrir le monde, avec différents arguments dont certains sont directement empruntés aux écologistes, il sème le trouble et détourne l'efficacité symbolique du discours environnementaliste au profit des industriels du pesticide. En effet, si l'agrochimie était écologique, il serait inutile de convertir l'agriculture mondiale à l'agrobiologie. D'autre part, il prend soin de dissimuler les motivations utilitaristes des firmes derrière une façade philanthropique. Si son exposé s'intitulait « De l'utilité des pesticides pour le chiffre d'affaires et le pouvoir des sociétés multinationales », son intervention n'aurait sans doute pas suscité l'adhésion d'une aussi grande partie de l'auditoire. De plus, il s'appuie sur le discours de la science car il prétend démontrer l'utilité des pesticides :

> « Mon challenge va être d'être concis, rapide et de prouver, faits à l'appui, l'utilité de nos produits. »

Si la science nous affirme que les créations de l'industrie agrochimique sont toujours des bienfaits pour l'humanité, qui osera s'opposer à cette assertion ? Certainement pas les ingénieurs qui, comme Bernard Charlot, travaillent à la transformation du monde par la technoscience. Le président du syndicat se dévoue « corps et âme » à augmenter le pouvoir du lobby des pesticides sur les agriculteurs parce que ce sacerdoce lui assure l'obtention d'importantes gratifications matérielles et symboliques. Pour la culture technocratique, l'asservissement des paysans est légitime puisqu'ils seraient incapables de mener à bien l'artificialisation totale de la nature correspondant aux intérêts des industries agrochimiques sans l'aide des techniciens et des agronomes. Fondamentalement, c'est un préjugé productiviste qui justifie la domination exercée par le lobby des pesticides sur les agriculteurs considérés comme des rustres imperméables à l'esprit du progrès.

Le biochimiste évolutionniste

Dans le cadre de la seconde séance consacrée à l'« évaluation des risques encourus au regard des services rendus par les produits phytosanitaires », le président de la commission des toxiques au ministère de l'Agriculture présente un exposé intitulé « Comment évaluer le risque : l'homologation, un gage de sécurité ». D'après André Rico :

> « Ils ont des inconvénients : à savoir qu'ils entraînent un certain nombre de risques lors de leur utilisation, que ce soit des risques pour le consommateur à travers des résidus de pesticides, que ce soit pour le manipulateur – puisque l'agriculteur utilise ces produits –, et que ce soit pour l'environnement. »

Mais pour le biochimiste, il n'y a pas lieu de s'inquiéter outre mesure car la procédure d'homologation des pesticides est un « gage de sécurité ». De son point de vue, il est normal que les tests portent uniquement sur le danger immédiat et délaissent le risque chronique car les faibles doses seraient inoffensives :

> « Contrairement à ce que l'on pense, nous sommes protégés, nous, êtres vivants, contre l'action des produits chimiques qui nous entourent. Il existe un système de protection chimique qui est l'équivalent du système immunitaire. En fait, nous vivons dans un milieu extrêmement riche en produits chimiques, et ce, depuis que la vie est arrivée sur Terre. Avec l'évolution, ce sont mis en place des mécanismes de protection qui font que pour les faibles doses, j'en suis persuadé, nous sommes bien protégés, ce qui ne veut pas dire qu'il ne faille pas effectivement les étudier. J'ai publié récemment, dans les comptes rendus de l'Académie des Sciences, un papier sur l'existence de ce système de chimiodéfense. Je suis persuadé un, qu'il existe, deux, qu'il est efficace. »

Même s'il prend soin de préciser que son opinion – il affirme à deux reprises qu'il en est persuadé – serait en passe de devenir une vérité scientifique, ce sont bien les croyances évolutionnistes du président de la commission des toxiques qui viennent combler les failles du processus d'homologation et remplacer l'inexistence d'un protocole sérieux de recherche épidémiologique. Par ailleurs, André Rico ne semble pas insensible au pouvoir des industriels de la chimie agricole. En effet, s'il est tellement persuadé que le dispositif bureaucratique permet une réelle maîtrise des risques sanitaires et environnementaux liés à l'utilisation des pesticides, cela n'est sans doute pas étranger à l'idéologie allopathique qui fait rejaillir le prestige de la médecine sur les produits agrochimiques :

> « On vient de dire que les phytosanitaires, ou pesticides, étaient aux plantes ce que les médicaments sont à l'homme et aux animaux. Effectivement, ces pesticides protègent la santé des plantes, améliorent leur production tant quantitativement que qualitativement, contrairement à ce que l'on croit. »

De plus, l'optimisme technicien considérant que l'homme réussira toujours à se protéger des risques industriels, il n'y aurait aucune raison de s'inquiéter. D'ailleurs, si l'imaginaire de la maîtrise échoue à évacuer la réalité du danger, la sanction encourue ne peut excéder la perte de son corps :

> « [Un pesticide] qui est très toxique et qui n'a pas d'exposition, présente un risque tout à fait mineur ; inversement, un produit peu toxique, mais avec une exposition importante, présentera un danger majeur. A titre d'exemple, un fil électrique qui conduit un courant de 10 000 volts : s'il est isolé, vous pouvez prendre le fil dans la main, il n'y aura pas de problèmes ; s'il ne l'est pas, l'exposition sera très importante et vous mourrez. »

Outre qu'il est difficile d'imaginer un isolant à pesticides aussi efficace qu'une gaine électrique, l'exemple de l'électrocution montre que c'est l'intoxication aiguë qui constitue le principal modèle présidant à l'évaluation du risque sanitaire par la commission des toxiques. Pour André Rico, l'intoxication chronique existe peut-être mais elle ne semble pas incluse dans le champ de la santé publique :

> « Les limites maximales de résidus (LMR) sont les valeurs au-dessus desquelles une denrée n'est pas commercialisable. Un dépassement de LMR tout-à-fait provisoire, sans que ce soit cinq ou six fois la LMR, a peu d'importance en termes de santé publique car le problème de la DJA, c'est une toxicité à long terme et non de type aigu. »

Quant à la Dose Journalière Acceptable (DJA), le ministère de l'Agriculture la définit comme « *l'estimation de la quantité de substance active qui, ingérée quotidiennement par un individu tout au long de sa vie, semble ne présenter aucun risque appréciable, compte tenu de toutes les données disponibles au moment où elle est établie* ».

Une panne de balance

Le second débat a été conçu par le syndicat des agrochimistes pour l'aider à comprendre « l'irrationalité populaire ». Si les industriels pouvaient saisir les motivations des Français qui souhaitent majoritairement que les agriculteurs renoncent totalement aux pesticides, peut-être pourraient-ils améliorer l'efficacité de leurs opérations de communication et conduire le peuple à accepter la chimie agricole. Lorsque l'on croit au progrès et que l'on adhère aux imaginaires technoscientifiques, la méfiance envers les pesticides est extrêmement difficile à comprendre. L'intitulé du débat révèle la perplexité des industriels :

> « Comment expliquer que la balance bénéfices/risques liée aux produits phytosanitaires ne soit pas acceptée ? »

Du point de vue technocratique, le comportement du peuple est irrationnel car il est évident que les avantages de la chimie agricole supplantent largement ses inconvénients. Face à la puissance de cette culture, Albert du Roy peine à maintenir la neutralité apparente qui devait assurer l'efficacité de l'opération de communication :

> « L'objectif [de cette deuxième table ronde] est de répondre, me semble-t-il, aux questions suivantes : pourquoi les risques ne sont pas acceptés, faut-il les rendre acceptables (après tout on peut se poser la question) et comment les rendre acceptables lorsqu'ils sont justifiés ? »

Doutant l'espace d'un instant qu'il faille légitimer l'utilisation des pesticides, il réaffirme aussitôt qu'il est nécessaire de convaincre la population quand les dangers sont justifiés... par un principe qu'il prend soin de ne pas expliciter. Albert du Roy, dont les propos illustrent à merveille le pouvoir du lobby agrochimique, passe alors la parole à Dominique Bourg[120]. Après avoir refusé de déterminer ce qui est acceptable et ce qui ne l'est pas, le philosophe affirme regretter que les opposants aux pesticides s'inquiètent parce que les produits agrochimiques sont des créations humaines. Si les pesticides étaient des substances naturelles, les militants écologistes n'auraient sans doute pas manifesté une aussi grande méfiance. De son point de vue, une telle misanthropie est éminemment suspecte :

> « Si l'on regarde les arguments donnés par des gens pour refuser, par exemple, les produits phytosanitaires ou les OGM, il s'agit bien quand même d'un argumentaire aristotélicien, c'est-à-dire qu'en fait, il y a pour eux une supériorité de la nature sur l'artifice. Finalement, si la nature, avec le passé dont elle dispose, n'a pas fait telle ou

---

[120] Philosophe à l'université de technologie de Troyes.

telle chose, si elle n'a pas introduit un gène de poisson dans une fraise, ce n'est pas gratuit. Alors, qu'est-ce qu'on peut opposer face à cela ? [...] On a affaire à une position de principe sur laquelle il est difficile de discuter mais que je ne partage pas du tout. »

Le philosophe ne comprend pas que les opposants aux pesticides ou aux OGM n'admettent pas la supériorité de l'artificiel sur le naturel qui lui semble aller de soi. Pourtant, Dominique Bourg dénonce les applications sociales de la philosophie cartésienne telles qu'elles se sont manifestées au lendemain de la seconde guerre mondiale :

« Ce n'était pas tant Descartes lui-même, qu'un usage assez peu précautionneux de Descartes. Nous sommes appelés à devenir maîtres et possesseurs de la nature. Encore une fois, on s'aperçoit que cette idée-là, qui est plus compliquée que cela chez Descartes, a fait naître après-guerre une sorte de cartésianisme vulgaire, qui n'est plus supportable. »

Adepte d'un productivisme tempéré, il considère que l'augmentation des rendements est une bonne chose sauf si elle produit des effets dommageables à moyen ou à long terme. A ce propos, il s'étonne que la Mutualité Sociale Agricole n'ait pas entrepris de réaliser des enquêtes épidémiologiques qui auraient sans doute permis l'évaluation du risque sanitaire chronique lié à l'utilisation des pesticides. L'hypothèse selon laquelle les dirigeants de la MSA ne seraient pas indifférents à la puissance du lobby agrochimique ne semble pas lui venir à l'esprit. Il demande cependant aux industriels s'ils contribuent à améliorer la connaissance des dangers résultant de l'incorporation des faibles doses :

« Est-ce que l'industrie essaie ou est-ce qu'elle a les moyens de tenir compte [du risque chronique], est-ce que dans la façon dont elle tend aujourd'hui à explorer le danger, est-ce qu'elle essaie d'intégrer ces paramètres nouveaux ? On ne le savait pas, il y a vingt ans, et dans l'exposé de Monsieur Ourisson sur le DDT, ce qu'il faut bien voir, c'est que les effets dommageables ont constitué une surprise. On ne s'y attendait pas du tout. Il faut bien dire que d'autres surprises de ce genre-là, forcément, nous en découvrirons dans les années à venir. »

Même s'il estime que l'on court le risque de s'apercevoir, après coup, que l'exposition aux pesticides a provoqué l'apparition de nouveaux dangers, le philosophe se refuse à réclamer l'application du principe de précaution qui lui semble impliquer l'idée que la nature serait supérieure à l'homme. Malgré quelques réserves, l'humanisme fait donc bon ménage avec l'utilitarisme des industriels du pesticide.

La position d'un économiste de l'Université de Toulouse est beaucoup plus radicale. Pour Christian Gollier, le catastrophisme éclairé (Dupuy, 2002) qui se répand dans les sphères du pouvoir est une version extrémiste du principe de précaution qui conteste à tort l'hégémonie sociale du cartésianisme :

« Je voudrais dire que c'est une divine surprise de participer à ce colloque. Entendre parler d'analyse coûts/bénéfices quand on parle de problème de gestion des risques,

> c'est presque une nouveauté en France. Je participe à différentes commissions dans les cercles de pouvoir et je lis aussi, tout comme vous, la presse. Je peux constater qu'une terrible pression s'exerce aujourd'hui vers l'abandon d'un cartésianisme dont on vient de nous parler pour valoriser des approches un peu différentes ou très différentes, comme les notions de catastrophisme éclairé où il faudrait faire comme si, parmi tous les risques possibles, parmi toutes les représentations de risques que l'on pourrait avoir pour une action donnée, il faudrait toujours considérer que la plus catastrophique est le risque certain. Je crois que l'on fait face à un grand danger et je suis vraiment très heureux d'entendre parler de coûts et de bénéfices pour parler de problèmes de prévention des risques. »

Du point de vue de l'économiste, l'acceptation ou le rejet des pesticides doit prendre en compte les avantages et les inconvénients de la chimie agricole. Mais comment faire pour que la balance penche du côté souhaité par les industriels ? Pour rendre les pesticides acceptables, Christian Gollier propose de créer une assurance destinée à couvrir le risque qu'ils soient responsables d'une intoxication mortelle :

> « Que vaut le fait de perdre une vie humaine parce que cette personne a ingurgité des pesticides en quantité importante ? Je crois qu'aujourd'hui, c'est une question extrêmement importante. Alors, j'ai participé récemment, avec d'autres, à une commission, le Commissariat général au plan sur l'évaluation de la vie humaine. Vous ne le savez peut-être pas, mais, en France, le projet, c'est de fixer la valeur de la vie humaine à deux millions d'euros. »

La réalisation d'un totalitarisme marchand semble progresser à grands pas puisque la vie humaine pourrait ne plus avoir qu'une valeur économique. En fait, Christian Gollier semble considérer que l'utilisation des pesticides est parfaitement acceptable à condition que le consommateur soit informé des risques que lui font courir les produits agrochimiques. De plus, les aliments issus de l'agrobiologie sont soupçonnés de receler une menace sérieuse – les mycotoxines – puisqu'ils proviennent de la nature. L'alimentation est donc considérée comme un danger permanent par l'économiste qui vit dans un monde contaminé dans lequel l'homme est contraint d'incorporer des agents pathogènes :

> « Je suis partagé : "Est-ce qu'il faut préférer les mycotoxines ou les pesticides dans les aliments ?". Je suis un partisan fervent dans le domaine de la souveraineté du consommateur. Supposez que les consommateurs soient bien informés des risques des mycotoxines, ce qui n'est actuellement pas mon cas, je le reconnais, et des pesticides, mais donc que l'information publique soit disponible. Je crois que c'est au consommateur de décider dans ces conditions. Il y a des gens qui aiment les mycotoxines, il y en a qui aiment les pesticides. »

L'économiste réduit le problème à un jeu de préférences individuelles. Entre ces deux sources de contamination alimentaire, Christian Gollier préfère la chimie sans doute pour son origine artificielle. Il considère en effet que la puissance publique doit obliger les agrobiologistes à utiliser des pesticides afin de protéger des mycotoxines les consommateurs qui ne souhaitent pourtant pas incorporer de produits chimiques :

> « Il faut accepter que l'Etat impose les pesticides plutôt que les mycotoxines, ça me paraît [être] une chose utile si vraiment il y a une vraie asymétrie de l'information entre les scientifiques et l'opinion publique. »

Même les industriels du pesticide n'avaient pas osé réclamer cette mesure dont l'application serait aussi efficace que l'interdiction légale de l'agriculture biologique. Le propos de l'économiste libéral épouse donc parfaitement les aspirations utilitaristes du lobby agrochimique qui sont exaucées avant d'avoir été formulées. Il en va de même chez Gérard Benoist du Sablon qui est un militant professionnel de la consommation manifestement acquis à la cause des industriels. Sa qualité de membre du comité d'organisation concocté par l'UIPP est en effet perceptible dans ses propos. A son avis, les pesticides sont absolument indispensables car il faut bien que l'homme se défende contre les calamités naturelles :

> « J'ai presque envie de transformer le titre [du colloque] : ce n'est pas [l'utilisation des pesticides] "est acceptable", c'est "actuellement socialement nécessaire". Le président Charlot l'a montré à travers les ravageurs qui nous guettent. Cette nuit, je me suis battu avec un moustique : j'ai vaporisé de l'insecticide et me suis aperçu que, même si j'avais empoisonné le moustique, je m'étais peut-être moi-même empoisonné. »

L'anecdote du moustique impose l'idée qu'il serait nécessaire que l'homme se protège des insectes. Les plantes étant anthropomorphisées, elles doivent aussi se prémunir des ravageurs car, comme l'a affirmé Guy Ourisson, « l'inaction serait coupable ». Et si la santé humaine était mise à mal par les pesticides, ce serait uniquement la conséquence malheureuse d'une pratique considérée comme absolument indispensable. Pour Gérard Benoist du Sablon, qui se refuse manifestement à envisager la perspective d'une conversion de l'agriculture au mode de production biologique, le seul aménagement envisageable réside dans la mise en œuvre de l'agriculture raisonnée. Si les problèmes posés par la technique ne sont pas résolus par une surenchère technicienne, la porte est ouverte à un nouveau rapport au monde qui pourrait bouleverser l'ordre établi :

> « Personnellement, je préconise ce qu'on appelle une agriculture de précision dans laquelle on va se préoccuper à la parcelle près de ce que l'on fait sur le sol et de ce que l'on touche sous le sol, c'est-à-dire la nappe phréatique. Je crois que ça, c'est une nécessité de notre époque. »

L'écologie est acceptable à condition qu'elle ne remette pas en cause les orientations techniques et scientifiques de la modernité. Lorsqu'il affirme que les industriels ont parfois de « fausses sincérités », c'est-à-dire de vrais mensonges, Gérard Benoist du Sablon prend soin d'atténuer les propos qui pourraient les choquer. Il avoue aussi à l'assistance qu'il se sent en complet accord avec la présentation de Christian Gollier, allant même jusqu'à afficher un certain mépris pour la figure du consommateur qu'il présente comme un homme grossier incapable d'avoir une attitude rationnelle :

> « Je regarde avec admiration Monsieur Gollier parce que, vraiment, je suis absolument admiratif de cette nouvelle approche sur le regard des consommateurs (sur laquelle je suis bien d'accord). Le consommateur est beaucoup plus primaire dans ses actes et il est, en plus, contradictoire. »

Mais la soumission au pouvoir du lobby agrochimique ne suffit pas à éloigner la peur résultant de l'incorporation des résidus de pesticides :

> « A l'heure actuelle, qu'est-ce qui nous inquiète tous ? C'est notre seuil de tolérance à tout ce qui se cumule dans notre corps et les tissus graisseux invoqués par Vincent Perrot. Je ne sais pas si cela constitue une zone de réserve, ce qui serait assez réconfortant, parce que si c'est effectivement le cas, cela veut dire que finalement, ils sont stockés à cet endroit sans que cela ait beaucoup d'incidence sur la santé. C'est un élément que j'aurais bien voulu connaître [ou] à défaut, jusqu'à quel point je risque d'être atteint. »

Malgré l'incertitude sanitaire, Gérard Benoist du Sablon considère que la balance entre les avantages et les inconvénients de l'utilisation des pesticides penche du côté des bénéfices. S'il préfère courir le risque de la maladie ou du malheur, c'est sans doute parce qu'il ne peut supporter l'idée d'affronter un moustique sans insecticide. Comme s'il lui était profondément insupportable de faire face à l'adversité sans le secours de la technique. Quant à André Rico, il considère que l'histoire de l'humanité est une parenthèse qui ne saurait remettre en cause la loi de l'évolution naturelle du monde vivant :

> « Il ne faut pas croire que nous soyons totalement dépourvus, comme je vous l'ai dit tout à l'heure, de phénomènes de défense. Nous en avons, heureusement, sinon la vie ne serait pas parvenue jusqu'à nous, depuis qu'elle est apparue, c'est-à-dire depuis 4,5 milliards d'années. Je vous signale entre parenthèses que l'homme, c'est trois millions d'années, ce qui représente à peu près une minute dans 24 heures. Ce n'est pas grand chose par rapport à l'évolution. »

En fait, pour André Rico, la transmission d'un environnement cohérent est une utopie qui nie la réalité de l'évolution naturelle des organismes vivants :

> « Je pense que vouloir aujourd'hui transmettre aux générations futures notre environnement ou un environnement peut-être meilleur que celui que nos parents avaient, c'est une utopie. De toute façon, la vie évolue en permanence. La vie n'est pas figée, heureusement, elle s'adapte à toutes les circonstances. Comment peut-on prévoir quel sera l'environnement dans vingt ou trente ans ? Laissons aux générations futures un environnement aussi cohérent que possible, aussi propre que possible et laissons-leur surtout la possibilité d'adapter leur environnement comme ils l'entendront. Ce n'est pas à nous de prendre des décisions pour ceux qui vont naître ou ceux qui ne vont pas naître. [...] Je suis complètement interloqué quand on me dit : "Il faut faire attention aux

générations futures". Mais les générations futures, excusez-moi du terme, elles se démerderont comme tout le monde. »

Soulignons l'aveu explicite d'irresponsabilité qui a, au moins, le mérite de la franchise. Puisque la lutte pour la vie est déjà une réalité sociale qui semble avoir marqué André Rico, il est inutile de chercher à préserver des conditions favorables à l'existence de l'humanité. La légère coloration environnementaliste du propos ne parvient pas à masquer la croyance à la théorie évolutionniste, l'optimisme technicien, la volonté d'artificialiser la nature, le refus d'assumer une prise en charge des déchets ou des nuisances par ceux qui les produisent et la difficulté à prévoir l'avenir en dépit du fantasme de maîtrise. Puisque le biochimiste considère que tous les problèmes sont résolubles par la technique, il en conclut qu'il faut avoir confiance dans les capacités d'adaptation de l'homme qui arrivera toujours à tirer parti de son environnement.

Un autre argumentaire vient étayer ce type de posture. Le témoignage d'un agriculteur permet de mieux comprendre le pouvoir du lobby des pesticides. Titulaire d'un diplôme d'agronomie délivré par un institut universitaire de technologie, Didier Maudoux exerce « diverses responsabilités syndicales et économiques ». Son exploitation est de plus « la première ferme de rencontre du réseau FARRE » (Forum pour une Agriculture Raisonnée Respectueuse de l'Environnement). Mais comment le comité d'organisation a-t-il choisi le seul exploitant agricole convié à exposer son point de vue lors de l'opération de propagande communicationnelle ? Dans l'optique des industriels, il ne fallait pas recourir à un contestataire du système productiviste. En effet, un agriculteur biologique ou durable aurait pu montrer que l'utilisation des pesticides n'est en aucun cas une obligation, ou même plaider en faveur de la thèse selon laquelle l'agrochimie est inacceptable. De tels propos auraient profondément ébranlé l'édifice rhétorique construit par le lobby. Mais si elle avait sans doute décidé d'éviter ces écueils, l'UIPP ne pouvait se permettre d'inviter un agrochimiste trop radical qui aurait pu altérer l'efficacité symbolique de l'opération de communication. Pour convaincre l'assemblée de l'utilité sociale des pesticides, il suffisait d'inviter un membre du réseau FARRE que l'UIPP subventionne justement à toutes fins utiles. L'agriculture raisonnée, qui maquille le productivisme agricole sous un vernis écologique en mobilisant adroitement le discours de la raison, présente en effet une image consensuelle dont la capacité de persuasion est autrement plus élevée que celle des agriculteurs les plus hostiles à la protection de l'environnement. Didier Maudoux s'est donc plié de bonne grâce à la demande des industriels. Mais quels sont les éléments de son discours expliquant le pouvoir des firmes agrochimiques sur les exploitants agricoles ? De son point de vue, la balance entre les bénéfices et les risques penche évidemment du côté des premiers :

« Je crois qu'au départ, le premier bénéfice, c'est d'abord une assurance récolte [...] qui est très importante pour l'agriculteur, d'une part, et pour la société, d'autre part, puisqu'il y a derrière cette assurance toute la notion de nourrir. »

L'idéal humaniste (nourrir le monde) côtoie clairement la volonté de sécurité. La perspective de perdre une partie de la récolte est intolérable pour un agriculteur s'efforçant de maîtriser et de posséder la nature. L'honneur productiviste impose l'obtention du rendement maximum car il serait honteux de concéder une partie de sa récolte aux ravageurs. Mais la protection contre l'indignité n'est pas le seul avantage procuré par l'utilisation de la chimie agricole. Le productivisme atténue la peur de la famine qui constitue la préoccupation majeure de l'humanité plongée dans la survie :

> « Sans être philosophe, je pense que dans le sondage, quand les gens disent "il vaudrait peut-être mieux produire un peu plus", c'est aussi, quelque part, être sûr qu'en produisant un peu plus ils auront assez. Je ne sais pas, c'est l'impression que j'ai. »

Face à ces bénéfices, quels sont les risques qui pourraient équilibrer la fameuse balance chère au cœur des économistes et des industriels ? Selon Didier Maudoux, il n'y a tout simplement aucun danger :

> « Depuis ce matin, en fait, personne ne m'a montré le risque. On a parlé d'un risque, on a parlé de phytos dans les eaux, mais ce risque, il n'est pas palpable, pas mesurable. On ne sait pas ce qui peut en advenir. C'est la grande peur du vide. »

La pollution des eaux par les pesticides provoquerait des peurs irrationnelles puisqu'on ignore les conséquences sanitaires qui pourraient être provoquées par l'incorporation des produits agrochimiques. Par conséquent, il faut abandonner le principe de précaution et consommer de bon cœur les résidus de pesticides même si les épidémiologistes n'ont pas eu les moyens de mener à leur terme toutes les études qu'ils auraient souhaité réaliser. Pourquoi chercher à échapper à la vulnérabilité si caractéristique du monde contemporain ? Puisque « le risque zéro n'existe pas », il est inutile de lutter contre la puissance de l'UIPP. Quant à l'asservissement au lobby des pesticides, il est préférable de le nier tant il dérange :

> « Je voudrais aussi répondre à quelqu'un qui disait que les représentants des produits phytosanitaires étaient payés à la commission, et que plus ils en vendaient, plus ils étaient payés. C'est faire peu de cas de l'agriculteur qui reste, quand même, le dernier décideur. Le niveau moyen des agriculteurs monte, je tiens à rassurer l'assistance. Et disons, à partir de maintenant en tout cas, que c'est surtout l'agriculteur qui va décider de la quantité et des conditions dans lesquelles il utilisera les produits qu'il aura choisis. »

Ce propos contredit nos enquêtes de terrain et ne correspond pas à la réalité observable. Plus la liberté des exploitants agricoles s'amenuise, plus il est tentant de jeter un voile pudique sur cette douloureuse rançon du progrès. L'aliénation croissante des agriculteurs, perceptible notamment dans le sentiment fugace d'avoir été berné, vient en effet altérer l'estime de soi et porter atteinte à la fierté professionnelle. La soumission au système productiviste est susceptible de provoquer de sérieux problèmes narcissiques car le machisme traditionnel assimile la faiblesse ou la naïveté à une tare féminine[121]. Dans le monde rural, un homme soupçonné de manquer de virilité est dévalorisé comme en témoigne la réflexion de cet exploitant agricole estimant qu'il est honteux que le maire de Paris soit homosexuel[122]. Mais Didier Maudoux ne se contente pas d'alimenter le discours qui affiche péremptoirement la sécurité sanitaire et l'utilité sociale des pesticides conformément aux attentes de l'UIPP. En effet, il bascule soudain dans une critique radicale des propos tenus par André Rico :

> « Il y a des arguments qu'on ne peut pas utiliser. Vous avez tout à l'heure fait valoir les trois millions d'années d'expérience de l'espèce humaine en matière de résistance à certains contaminants, chimiques ou autres. Certes, mais ça ne veut rien dire par rapport aux trente ans d'industrie qu'on vient de vivre et on découvre des problèmes qu'on ne connaissait pas avant. Il y a une rapidité avec laquelle on détruit, vous le savez, la biodiversité par exemple, qui n'a rien à voir avec le rythme même de l'évolution. Effectivement, toutes les espèces sont condamnées, la nôtre aussi, ne nous faisons pas d'illusions, mais on y va à une allure folle par rapport à l'évolution dont vous vous réclamiez tout à l'heure. »

Pourtant, en dépit de cette inquiétude quant à l'avenir, l'agriculteur « chimiste » persiste à légitimer l'utilisation des pesticides en conformité avec l'optimisme technicien qui prétend que les problèmes posés par la technique seront résolus par un surcroît de technique. L'instant de doute rapidement évacué, Didier Maudoux tient à rassurer l'auditoire : les conditions d'utilisation des pesticides, qui sont en progrès constant, limitent au minimum le risque sanitaire pris par l'agriculteur :

> « Il y a vingt ans, mes prédécesseurs, quand ils versaient les produits phytos, qui étaient relativement dangereux, agressifs, étaient en short, ils fumaient des cigarettes en faisant leur mélange à bras nus ! [...] Maintenant, avec des produits qui sont beaucoup moins dangereux et beaucoup moins agressifs, j'ai un masque, une combinaison, des gants, je fais très attention à moi, je ne fume pas, je ne mange pas non plus et tout ça avec des produits qui sont beaucoup moins dangereux. »

---

[121] « Dans la biologie antique, les femmes sont tenues pour des mâles manqués. Elles sont plus humides et froides que les hommes chez qui la chaleur, accumulée et retenue dans la semence, joue un rôle fortifiant. Identifié à la chaleur vitale, le sperme est, contrairement au sang féminin, pensé comme le principe actif et créateur de la génération. Tandis que la femelle fournit passivement la matière brute, le mâle apporte le principe qui donne vie et forme à cette matière. Cette manière de minorer le rôle du corps féminin dans la reproduction ne fait que refléter la perception même des femmes comme une espèce qui diffère en nature de celle des hommes ; le préjugé de l'infériorité congénitale du féminin comparé au masculin relève d'une assimilation généralisée. Et l'on trouve l'idée qu'avec l'introduction de la femme et de la sexualité dans le monde des hommes, l'humanité est vouée au vice et à la débilité. » (Tétart, 2004, 190)

[122] Cette homophobie montre par ailleurs que la « virilité » est perçue comme indispensable à l'exercice du pouvoir.

Bien que l'affirmation selon laquelle les pesticides actuels seraient moins nocifs que les anciens soit sujette à caution, Didier Maudoux estime que le risque posé par l'utilisation des pesticides est bien géré même si les exploitants agricoles utilisent peu la tenue de protection totale. L'idéologie du progrès impose l'idée que la situation s'est améliorée avec le temps. Par sa promptitude à exaucer les souhaits des industriels, l'agriculteur productiviste révèle aussi sa soumission au pouvoir du lobby des pesticides. Depuis La Boétie (1577), la sociologie politique a compris qu'aucune domination n'est possible durablement sans l'assentiment des dominés. David Le Breton écrit par exemple qu' « une "société d'inégalités et de dominations" (G. Balandier), telle que la nôtre, est impossible sans le consentement minimum des acteurs défavorisés » (1985, 174). Les propos de Didier Maudoux nous montrent que l'asservissement au système est favorisé par la pression sociale exercée par la cage d'acier productiviste, mais ils révèlent aussi que les agriculteurs « chimistes » acceptent de subir cette domination.

A l'opposé, pour Yannick Vicaire, la balance entre les besoins et les risques est extrêmement défavorable aux pesticides. De son point de vue, l'utilisation des produits agrochimiques ne répond à aucune nécessité :

> « On pense que l'agriculture peut se passer d'intrants chimiques. Alors, évidemment, il y aura des pertes de rendements, évidemment, les coûts seront plus élevés, mais l'agriculture telle qu'elle est pratiquée actuellement n'intègre pas tous les coûts, ni les coûts sanitaires actuels et futurs, ni les coûts environnementaux. »

Après avoir fait référence à ce que les économistes de l'environnement nomment l'internalisation des coûts externes ou l'application du principe pollueur-payeur, le représentant de GREENPEACE affirme qu'il existe des risques sanitaires chroniques en faisant allusion à une étude qui n'avait pas été mentionnée auparavant :

> « On a vu tout à l'heure un tableau dressé par Monsieur Perrot qui était assez complet. On pourrait parler aussi de la baisse de fertilité observée sur dix ans en France, sur la génération à laquelle j'appartiens. »

Quelles que soient les incertitudes portant sur les effets sanitaires résultant de l'incorporation des faibles doses de produits agrochimiques, Yannick Vicaire a objectivement raison d'affirmer que les pesticides ne sont pas indispensables à l'agriculture. La longue histoire des sociétés agricoles jusqu'à l'invention et l'introduction des intrants chimiques dans les pratiques culturales ainsi que l'existence de l'agrobiologie montrent à l'évidence que l'on peut cultiver la terre sans recourir aux pesticides. Quant aux industriels, en dépit des motivations philanthropiques qu'ils affichent volontiers, ils tentent d'augmenter leur chiffre d'affaires[123] et surtout leurs bénéfices conformément à l'esprit du capitalisme.

---

[123] Evalué à 29,2 milliards de dollars en 2000 par l'UIPP.

Derrière la volonté souvent revendiquée de nourrir le monde, ils sont en fait animés par la recherche de la puissance et du profit. L'utilitarisme des fabricants de pesticides est notamment perceptible dans le manque d'intérêt dont ils font preuve pour mettre au point des molécules destinées à des pays non solvables. Guy Ourisson affirme ainsi qu'« on ne peut pas espérer que l'industrie se mette à faire, à grands frais, des recherches dont on sait, *a priori*, qu'elles ne seront pas rentables ». Le défenseur des industriels nous montre que la philanthropie n'est qu'une façade idéologique qui ne résiste pas à l'épreuve des faits. Et Bernard Charlot de confirmer avec quelques précautions oratoires :

> « Le problème des criquets est effectivement un peu plus compliqué puisqu'il se situe uniquement dans une région du monde. »

L'euphémisme dissimule l'utilitarisme des firmes afin de favoriser l'efficacité de l'opération de communication. Le dévoilement de la vérité risque en effet de fragiliser les fondements imaginaires de la domination exercée par le lobby des pesticides.

Le député technoscientifique

Jean-Yves Le Déaut semble convaincu que, si l'on souhaite rendre les pesticides socialement acceptables, il faut « impliquer le citoyen le plus en amont possible » du processus de décision politique. Le biochimiste estime visiblement que cette stratégie constitue la seule façon de combattre les inquiétudes de la population. Les citoyens demandent ainsi à leur député :

> « Est-ce qu'on peut manger de la viande rouge en période d'ESB ? Est-ce que les OGM sont dangereux pour la santé ou pour l'environnement ? Est-ce qu'il y a des craintes à avoir [...] quand on a un stockage de farines animales à côté d'une commune ? Est-ce qu'il y a un réel réchauffement de l'atmosphère ? Et est-ce la cause des inondations, de la sécheresse ou des tempêtes ? Est-ce qu'il y a des séquences d'espions dans nos ordinateurs ? Est-ce que l'eau est contaminée par des résidus de pesticides ? »

Face à ces interrogations qui constitueraient autant de peurs irrationnelles, le biochimiste laisse transparaître sa lassitude. Manifestement persuadé que le peuple s'inquiète inutilement, il regrette l'époque où le cartésianisme jouissait de l'assentiment général :

> « Il y a dans notre pays une montée de la perception du risque scientifique. Je crois qu'il faut l'admettre. Même si le risque n'est pas objectivement plus important aujourd'hui, on peut même parler de risque virtuel – c'est ce que disent un certain nombre d'experts : "Mais il n'y a aucun risque" –, il n'empêche qu'en tant que politique, ce n'est pas seulement le risque mais c'est aussi la perception du risque qu'il faut traiter. »

Désormais, les parlementaires ne peuvent se contenter de défendre des options politiques pour lesquelles ils ont obtenu le suffrage de leurs électeurs. Serviteurs zélés du processus d'innovation technologique initié par les entreprises multinationales, ils doivent dorénavant se dépenser sans compter pour convaincre les citoyens que les promesses de bonheur portées par les imaginaires techniques et scientifiques seront réalisées. Et la nouvelle fonction du député, qui résulte de la transformation imperceptible du régime démocratique en oligarchie technocratique, n'est pas une sinécure tant la population adhère de moins en moins à l'idéologie du progrès :

> « Il y a un changement d'attitude face à la science. Alors qu'au début du siècle, on faisait confiance à la science pour apporter le progrès dans tous les domaines, aujourd'hui, la position de nos concitoyens vis-à-vis de la science est contrastée. La science a apporté le progrès, certes – le niveau de vie, la santé, les conditions de travail –, mais la science serait responsable de l'accroissement du chômage, la cause de la dégradation de notre environnement et également de multiples accidents qu'on a connus en termes de santé publique au cours des dernières années. »

Face à ces problèmes, certains demandent la mise en œuvre du principe de précaution. Mais il faut bien voir que cette politique pourrait avoir pour effet de bloquer le processus de création continuelle de nouvelles technologies. Puisqu'il est inconcevable que cesse l'innovation technoscientifique – sinon il faudrait renoncer à l'espoir que la science appliquée conduise l'humanité au bonheur –, il faut laisser une liberté totale aux scientifiques qui n'apprécient pas que leur soient imposées des limites éthiques :

> « Le progrès technique n'a été possible qu'au prix de l'expérimentation, c'est-à-dire non de son refus *a priori*, mais de la gestion de son développement et de l'appréciation de son activité. Il est lié à une conception de la connaissance qui fait sa part à l'inévitable incertitude. Les vérités ne sont que relatives, valables dans certaines conditions et représentatives d'un certain état de savoir. »

Pourtant, bien qu'il cherche à diffuser la culture savante chez ses électeurs, le député technoscientifique est aussi perméable aux angoisses populaires. Parfois, le fantasme de maîtrise ne résiste pas à la contagion symbolique de la peur ambiante. Lorsque la culture technocratique cesse de dispenser la certitude que l'imaginaire de la catastrophe ne se réalisera jamais, le notable éprouve ainsi les inquiétudes de ses électeurs :

> « Le politique, à de très rares exceptions près, représente la majorité de la population. C'est-à-dire qu'il est lui-même inquiet devant le développement des sciences et des techniques et devant ce qu'il ne maîtrise pas. »

Confessant volontiers son impuissance face au pouvoir du complexe économique, technique et scientifique, il laisse transparaître l'espace d'un instant l'incapacité des instances politiques nationales à contrôler le processus de l'innovation. Toutefois, passé ce moment d'égarement en dehors des sentiers battus où l'UIPP souhaitait sans doute cantonner le débat, le député se reprend et montre même un aspect plus autoritaire. Jean-Yves Le Déaut affirme ainsi que l'opinion des citoyens doit être recueillie par les experts jugés compétents par les parlementaires :

> « Comment peut-on impliquer le citoyen le plus en amont possible ? [...] En auditionnant les gens avec des comités de pilotage, c'est-à-dire avec de bons experts qui travaillent en même temps et en liaison avec les politiques. »

Finalement, si les différentes tendances politiques représentées au parlement s'affrontent sur les questions du nucléaire, de la santé publique ou du réchauffement de l'atmosphère, c'est parce que le peuple n'a pas bénéficié d'une formation dispensée par un « comité de pilotage » qui lui aurait permis d'abandonner son opinion « irrationnelle » au profit du point de vue des experts officiels. Perceptible dans les propos du député, l'idée implicite est que la science a la capacité de créer un consensus politique susceptible de reléguer la rhétorique démocratique au rang de souvenir désuet. La diversité des jugements de valeurs pourrait ainsi céder la place à une seule opinion conforme au jugement de réalité produit par le discours de la science. En outre, dans l'esprit de Jean-Yves Le Déault, l'évaluation administrative du risque est évidemment la seule qui soit scientifique. Les experts travaillant avec le mouvement social écologique seraient nécessairement de mauvais professionnels en dépit de leurs diplômes et de leurs publications. C'est pourquoi il considère qu'il faut diffuser dans les classes défavorisées le point de vue technocratique qui serait nécessairement raisonnable. La confiance dans la gestion administrative du risque est un problème technique qu'il est facile de résoudre si l'on identifie la procédure adéquate. Du moment que l'on applique la bonne méthode, il est facile de convaincre la population que les scientifiques donnent raison aux industriels :

> « Comment organise-t-on un débat public sur un sujet controversé comme celui des organismes génétiquement modifiés ? L'idée n'était pas de dire que quatorze citoyens allaient se substituer aux experts, aux parlementaires – ce qui aurait été profondément démagogue –, mais de dire que sur des débats importants, avec une méthodologie que nous avons élaborée, notamment avec Daniel Boy qui est ici présent et qui a participé à cette opération, ces citoyens, ils s'informent d'un sujet plutôt que d'apprendre un sujet par flashs télévisés ou par articles de journaux. »

La technocratie, qui mobilise la sphère politique pour mieux développer ses appareils, considère qu'il suffit de contrôler le processus d'incorporation de l'évaluation officielle du risque dans les couches populaires pour les convaincre que l'utilisation des pesticides est acceptable. Si le peuple considère que le principe de précaution doit être mis en œuvre, c'est parce qu'il serait par nature enclin à se tromper. En définitive, il ne faut pas désespérer parce que, même lorsque le sujet est compliqué, le « Français moyen » est capable de donner un avis conforme à l'évaluation administrative du danger à condition qu'on l'ait convaincu que les scientifiques donnent raison au pouvoir. Pour ce faire, les technologies socioculturelles d'adhésion comme les forums hybrides ou les conférences de citoyens sont particulièrement utiles :

> « Voilà ce que nous avons fait et ce que nous avons expérimenté au Parlement, et je crois que c'est une bonne chose pour essayer de faire progresser les sciences et les techniques et contrebalancer un peu une montée de l'irrationnel dans notre pays sur des sujets scientifiques et techniques que je regrette. »

Le député affiche clairement son engagement en faveur du développement de la technoscience qu'il identifie explicitement à l'avènement du progrès. De son point de vue, l'innovation doit être poursuivie malgré l'opposition d'une partie de la population et en dépit du fait qu'elle échappe au contrôle du politique. Quant au citoyen, il faut l'impliquer le plus en amont possible du processus de décision afin qu'il devienne un défenseur du développement économique et technoscientifique. Si par hasard il se mettait à douter de l'existence du progrès et qu'il réclame l'application du principe de précaution, il faudrait alors l'éloigner au plus vite des sphères du pouvoir. Le doute serait en effet susceptible de gagner les hommes politiques qui pourraient interdire l'utilisation des pesticides. Heureusement, Jean-Yves Le Déaut veille à ce que cette perspective jugée funeste ne se réalise pas. Les industriels de l'agrochimie peuvent dormir sur leurs deux oreilles : le député défend leurs intérêts. Pour l'élu du peuple – qui appartient au réseau des services croisés entre recherche et industrie caractéristiques de ce que l'on pourrait nommer l'oligarchie technocratique –, la domination des firmes sur les agriculteurs est manifestement légitimée par la nécessité d'assurer la victoire des Lumières sur l'obscurantisme rural.

La recherche de la tranquillité

Pour le troisième débat, les organisateurs ont convié d'autres personnalités à rejoindre Bertrand Mathieu, Marion Guillou et Jean-Yves Le Déaut : Alain Chalandon[124], Patrick O'Quin[125], Frédéric Saldmann[126], François Ewald et Jean-Louis Lambert. L'intitulé du débat – « Comment travailler en confiance ? » – montre que l'UIPP souhaite que les firmes puissent continuer à produire et commercialiser des pesticides sans encourir en permanence les reproches des écologistes et les soupçons de la population. Que faudrait-il faire pour que ces rebelles à l'esprit du progrès prennent parti en faveur des pesticides ? Pour Albert du Roy, l'organisation de conférences est susceptible de créer le consensus espéré par les industriels. Ainsi, il est urgent d'identifier les freins

---

[124] Ingénieur membre du comité exécutif « Matières actives, Produits, Projets », chez AVENTIS CROPSCIENCE.
[125] Responsable des relations extérieures du groupe DANONE.
[126] Cardiologue et nutritionniste à l'hôpital NECKER.

empêchant la banalisation de ces opérations qui ont l'avantage inestimable de permettre l'incorporation de l'évaluation officielle du risque dans les couches populaires. Les propos tenus par Jean-Yves Le Déaut nous montrent que les hommes politiques, qui pourraient refuser les conférences de consensus au nom de la nécessaire confrontation démocratique des différentes opinions, semblent plutôt craindre que les avis populaires soient insuffisamment scientifiques :

> « Je pense qu'il y a beaucoup de thèmes qui pourraient être abordés dans des conférences de citoyens. D'abord, je ne pense pas que le pouvoir politique y croie parce qu'un certain nombre de mes collègues m'ont dit sur un ton humoristique : "Pourquoi vas-tu chercher quatorze cons à l'extérieur quand tu les as déjà au parlement ?", ou d'autres, de manière plus sérieuse : "C'est nous qui avons la légitimité, pourquoi donc aller demander à des citoyens qui [nous] ont élu" et "pourquoi on les remet dans le processus ?". »

L'attitude des députés, qui se comportent en oligarques dépositaires de la connaissance scientifique, révèle l'arrogance de la culture technocratique et la crainte que le peuple ne refuse la seule opinion qui puisse à leurs yeux bénéficier du sceau de la science. Les élus semblent réduits à servir l'évaluation administrative du danger dans l'oubli de leurs valeurs et du programme sur lequel ils ont été choisis. Quant aux citoyens, il est souhaitable qu'ils s'accordent avec le point de vue des experts du pouvoir. S'ils affirment que l'utilisation des pesticides pourrait engendrer un risque sanitaire chronique, il convient de les faire renoncer à soutenir une position contraire aux intérêts des entreprises agrochimiques :

> « Il faut avoir le courage d'aller à contre-courant, c'est-à-dire [qu'] il faut faire œuvre pédagogique. [...] Il y a des risques qui sont réels mais pas perçus et il y a des risques qui sont perçus et pratiquement virtuels. [...] On met beaucoup trop d'argent pour essayer de minimiser des risques qui n'existent pas. Il faut avoir le courage de le dire, contre l'opinion publique quelquefois. »

Du point de vue technocratique représenté par Jean-Yves Le Déaut, la classe dominante ne peut avoir tort : il est impensable que les scientifiques donnent parfois raison à l'estimation profane du danger qui est soumise aux tares de la connaissance empirique. Pourtant, des épidémiologistes considèrent qu'il est possible que des risques sanitaires chroniques existent. Constatant l'augmentation de l'incidence de certains cancers, ils cherchent à mieux connaître les conséquences à long terme qui pourraient résulter de l'utilisation des produits agrochimiques. Frédéric Salmann critique ainsi le discours psychologisant du lobby des pesticides en le confrontant à la réalité sanitaire :

> « Redonner la confiance de façon abstraite est une chose, de façon concrète, c'est autre chose. Aujourd'hui, au Danemark, ils ont constaté qu'il y a 300% d'augmentation des cancers du testicule et ils sont en train de rechercher à quoi est due une telle augmentation. Ils s'intéressent en particulier à l'utilisation des pesticides. »

Si le recours à la chimie agricole met réellement la population en danger, le gouvernement ou le parlement pourrait céder à la colère des électeurs et prendre la décision d'interdire les produits agrochimiques. Les industriels, qui souhaitent sans aucun doute éviter cette perspective préjudiciable à leurs intérêts, recourent aux opérations de communication destinées à faire tomber une léthargie propice sur le peuple. Même s'il ne réclame pas l'application du principe de précaution, Frédéric Salman semble considérer que l'utilisation des pesticides pourrait être reconsidérée à la lumière des connaissances acquises par les épidémiologistes :

> « Qu'est-ce qui va se passer au niveau de l'utilisation de ces produits ? Qu'a-t-on trouvé dans les équipes médicales [...] qui ont décidé [...] [d'étudier] d'un peu plus près [...] l'impact sur la santé humaine ? Est-ce que ça joue ou pas sur la reproduction ? »

De son point de vue, la confiance de la population pourra être rétablie « en s'appuyant sur des publications permettant de dire “c'est un risque qui est jugé complètement inacceptable” » plutôt qu'« en disant “il faut redonner confiance” de façon un petit peu schématique ». Si le médecin envisage l'interdiction des produits pour lesquels une toxicité chronique aurait été démontrée, il omet d'évoquer les problèmes de statuts et de financements de la recherche publique qui n'a pas les moyens d'évaluer *a posteriori* l'ensemble des pesticides autorisés à la vente.

Mais François Ewald vole au secours de l'UIPP. Le sociologue patronal entreprend de développer une thèse susceptible d'éradiquer le pouvoir de nuisance des partisans du principe de précaution : ce n'est pas le risque qui pose problème mais le manque d'information. Reprenant habilement certains propos de Frédéric Salmann, il affirme que la connaissance du danger permet de s'en prémunir :

> « Un risque qui n'est pas connu est inacceptable, est-ce que c'est bien exact ? [Le médecin répond oui] Je crois que vous posez la bonne question. Je crois que la question, c'est celle de l'information. Le traumatisme français est lié au fait que nous avons eu plusieurs expériences dans lesquelles nous avons découvert que nous avons été placés dans des situations de risque, des situations très dangereuses, par certaines personnes qui détenaient une information, qui ne l'ont pas communiquée et donc, que ceux qui ont dû la subir ont découvert après coup. Ça, c'est le type de situation qui provoque la plus grande défiance. »

Pour que le risque lié à l'utilisation des pesticides soit acceptable, il suffit simplement de combler le déficit d'information. Si la population dispose de la même connaissance que les scientifiques, ses craintes disparaîtront et elle ressentira nécessairement la confiance envers les industriels qui lui faisait auparavant cruellement défaut :

> « Ce savoir, même imparfait, doit être communiqué au public, et c'est précisément parce qu'il aura l'impression d'avoir accès au même savoir, c'est-à-dire d'être dans une

situation où l'asymétrie de départ se sera transformée en une égalité de savoir, que précisément, il pourra faire confiance. »

Si l'on en croit François Ewald, la solution au problème des firmes est donc extrêmement simple. Le présupposé implicite selon lequel l'homme est un être rationnel indique la solution : la population succombe à une crise d'irrationalité car elle présente un déficit d'information qu'il suffit de combler pour provoquer mécaniquement un retour de la confiance. En d'autres termes, le peuple sera pleinement rassuré lorsqu'il aura compris qu'il est possible que l'incorporation de résidus de pesticides soit préjudiciable à la santé humaine. Pourtant, il n'est pas certain que la confiance soit restaurée par la réception de cette information. Il est donc préférable de conditionner les citoyens réunis en conférence afin qu'ils donnent un avis conforme aux intérêts du pouvoir agrochimique :

« Dans une conférences de citoyens, ce qui serait très intéressant, ce n'est pas de demander aux quatorze abrutis qu'on a réunis de savoir quelle est la décision à prendre, mais quelles sont les questions à se poser. [...] Le problème, aujourd'hui, c'est qu'on ne sait pas susciter les questions pertinentes chez les gens. »

Le mépris affiché pour la classe populaire implique l'idée que le combat contre l'obscurantisme est un sacerdoce long et difficile. Inculquer la logique hypothético-déductive au peuple qui se complaît au stade de l'empirisme est pourtant la seule solution si l'on souhaite lutter contre sa propension à céder aux charmes de l'irrationalité :

« Il me semble que c'est tout ce travail de formalisation ou d'explicitation qui devrait être fait si on veut rétablir la confiance, si on veut que l'information donnée soit une information compréhensible par celui à qui on l'adresse et qui ait un véritable sens qui permette de décevoir précisément les imaginaires qu'on peut se formuler à partir d'une perception très vague du risque et d'une information insuffisante. »

Pour François Ewald, l'évaluation administrative du risque lié aux pesticides, qui serait nécessairement scientifique, est susceptible de rassurer la population. Si toutefois l'expertise échouait à éradiquer l'angoisse diffuse, il faudrait en chercher la raison dans le fait que le peuple peine à saisir les subtilités du discours de la science. L'hypothèse selon laquelle les scientifiques pourraient donner raison à l'estimation profane du danger agrochimique est bien entendu complètement exclue pour le sociologue patronal. De son point de vue, l'utilité des pesticides ne fait évidemment aucun doute.

Pour Jean-Louis Lambert au contraire, l'information peut altérer la confiance de la population dans la sécurité de l'industrie agro-alimentaire :

« Les citoyens qui n'avaient pas été informés ont découvert des choses qu'ils n'imaginaient pas du tout dans le système. Et comme le domaine alimentaire est très fortement émotionnel, ça a pu provoquer un imaginaire très fort, et un imaginaire sur des risques inexistants. On rejoint la perception des risques virtuels qu'évoquait le député tout à l'heure. »

Même si le discours s'oppose en apparence aux propos de François Ewald, il est aussi fondé sur le dénigrement des savoirs sociaux, la croyance en l'infaillibilité de l'évaluation technocratique du danger et la conviction que les pesticides étant des produits du progrès, il est impossible qu'ils puissent s'attaquer à l'homme. Dans cette optique, le risque perçu par la population ne peut pas être réel. De même, si le peuple pense que, dans les affaires de la vache folle ou des OGM, des impératifs de rentabilité ont été privilégiés au détriment de la santé publique, c'est le résultat d'une « impression » qui aurait peu de rapport avec la réalité :

> « Des consommateurs ont l'impression qu'on leur a caché certains éléments, ce qui n'est pas complètement faux. Et surtout, ils ont eu l'impression qu'ils étaient l'objet d'un jeu, non pas inégalitaire de savoir, mais d'un jeu inégalitaire d'intérêts dans le sens où ils ont eu l'impression que les acteurs de la chaîne avaient tout fait pour défendre leurs intérêts mais ne s'étaient pas beaucoup préoccupés de l'intérêt du client final. [...] Ils ont eu l'impression que les enjeux économiques étaient bien servis par ceux qui leur fournissaient leurs aliments mais que leurs intérêts propres n'étaient pas pris en compte, et spécialement en matière de santé. [...] Une bonne partie des consommateurs ont l'impression que c'est très inégalitaire, dans le sens où les offreurs auraient tous les bénéfices, les consommateurs très peu en supportant tous les risques. C'est au moins la perception qu'ils en ont. Donc, ils ont l'impression d'avoir été trompés [...] et ils ont l'impression que les bénéfices, c'est pour les autres, et les risques, c'est pour eux. »

La culture technocratique, convaincue de sa supériorité, dénigre systématiquement les savoirs populaires surtout si ces derniers mettent en cause le pouvoir de la classe dirigeante. Ainsi, Jean-Louis Lambert insiste longuement : l'appréhension profane de la réalité n'est qu'une impression qu'il ne saurait cautionner même s'il prend la liberté de brosser un tableau des sentiments qui animent le peuple. Bien que la presse ait révélé que des impératifs de rentabilité ont effectivement été privilégiés au détriment de la santé publique, il est préférable de cacher cette réalité gênante. Lorsque certains scientifiques défendent la cause de l'UIPP, ils légitiment le pouvoir en place même s'ils sont convaincus que leur statut de chercheur ou d'enseignant du supérieur les met à l'abri des compromissions ordinaires du social.

L'intervention d'Alain Chalandon[127] montre que l'organisation de l'opération de communication correspond bien à une stratégie pour le lobby déterminé à conserver sa puissance :

---

[127] Dirigeant d'AVENTIS CROPSCIENCE, filiale agrochimique de la société AVENTIS née du rapprochement entre RHONE POULENC et HOESCHT, en cours de rachat par le groupe BAYER.

« On a bien perçu que l'opacité de l'industrie nous desservait. [...] Là où on a été probablement un peu timoré, pendant des années, c'est que lorsqu'on avait des gens qui nous titillaient sur des endroits qui faisaient mal, on n'a pas voulu répondre. »

Le silence contribuant à augmenter l'inquiétude de la population, les firmes décident de lancer une véritable propagande douce incluant différents dispositifs :

« Certaines [erreurs] ont été commises, notamment une qui était de nous désintéresser de l'utilisation de nos produits lorsqu'ils arrivaient chez l'agriculteur. Ce qui nous a amené à participer, avec Marion Guillou, à des plans d'action "produire plus propre" montés il y a quatre ou cinq ans, avec le ministre Vasseur, à mettre en place des opérations avec les agriculteurs comme "phytomieux", ou à parler de l'agriculture raisonnée. »

Puisque les actions menées pour contrer la montée en puissance de la sensibilité écologiste ne doivent jamais remettre en cause le productivisme agricole, il est logique que la promotion des agricultures durable, biologique et paysanne ne constitue pas une priorité politique pour les industriels du pesticide. Une chaîne de ramassage des emballages vides a ainsi été créée sans doute pour faire oublier à la population que les produits agrochimiques sont répandus dans la nature. Il s'agit en effet de « répondre à une demande citoyenne qui était "Que deviennent les pesticides lorsqu'ils ont été utilisés ?" ». Voilà qui va sans aucun doute transformer les militants écologistes – « détracteurs de notre métier » – en adeptes convaincus de la chimie agricole. Mais l'ingénieur dispose d'un autre argument susceptible de lever les réticences des derniers irréductibles qui s'obstinent à refuser que les fabricants de pesticides leur fassent incorporer les résidus de leurs créations :

« On a parlé des Danois tout à l'heure qui sont très anti-pesticides. C'est très intéressant de voir qu'aujourd'hui un certain nombre d'économistes danois sont en train de nous dire : "On est peut-être en train de faire de mauvais procès à des gens qui nous rendent service, car il vaut mieux manger des légumes pas chers, même s'ils ont peut-être des traces de pesticides, que de ne pas en manger du tout". »

Le refus d'incorporer des pesticides serait un luxe réservé aux consommateurs les plus riches. Quant aux autres, ils devraient accepter la puissance des firmes et consommer des aliments contenant des additifs agrochimiques. Mais l'ingénieur agronome tient à rassurer l'auditoire en déclarant que les risques de l'activité industrielle sont bien gérés. Le fantasme de la maîtrise implique en effet l'affirmation officielle de la rationalité et de la sécurité :

« La priorité des priorités, pour nous, c'est la recherche de la sécurité pour l'utilisateur, c'est-à-dire l'agriculteur, le consommateur et puis la sécurité vis-à-vis de l'environnement. »

Et si certains ont le mauvais goût de penser que cette déclaration n'a qu'un rapport lointain avec la réalité, le dirigeant d'AVENTIS CROPSCIENCE se charge personnellement de les convaincre :

> « Je vais les convier à un séminaire de réflexion en prenant le cas des phytosanitaires, parce qu'il répond aussi bien au problème du savoir qu'aux problèmes de l'information et [...] de la traçabilité. »

L'argumentation d'Alain Chalandon nous confirme que, dans l'optique des industriels, la théorie de l'information a la puissance nécessaire pour convaincre les opposants à la possession technoscientifique du monde. Comme si l'incrédulité envers l'affirmation officielle de la sécurité était le résultat d'une difficulté à exercer sa raison. Nul doute que, lorsqu'ils auront suivi la formation à la propagande technocratique que leur propose l'ingénieur agronome, les sceptiques adopteront définitivement la foi dans le progrès.

Patrick O'Quin est un ancien élève de l'Ecole Nationale d'Administration. Après avoir été haut fonctionnaire au ministère de l'Agriculture, puis aux Affaires européennes et enfin au ministère de la Coopération, il a ensuite « pantouflé » en 1995. Aujourd'hui directeur de la communication du groupe DANONE, il partage la culture technocratique des industriels de l'agrochimie auxquels il est venu apporter son soutien. Il est par exemple étonné de la réaction du consommateur qui est apparue lors des dernières crises sanitaires mettant en cause l'industrie agro-alimentaire :

> « Nous avons eu, [...] au moment de la dioxyne, au moment des crises de listéria, des explosions de questions à nos services consommateurs, et des questions toutes bêtes. [...] Le consommateur est un peu déboussolé, peut-être parce qu'il a trop d'informations ou trop d'inputs qu'il n'arrive pas à trier donc il demande à quelqu'un. Et il se trouve que notre service consommateurs a été, à un moment donné, l'outil que le consommateur a trouvé pour avoir des éléments de réponse à ces questions. »

Dans le domaine alimentaire, la machine corporelle du citoyen de base subirait des dysfonctionnements. Son système de traitement de l'information officielle ne résisterait pas aux sentiments archaïques que les classes dirigeantes cherchent pourtant à faire disparaître. Le peuple succomberait ainsi à une angoisse obscurantiste sans commune mesure avec la réalité du risque. En fait, les controverses médiatiques produisent des inquiétudes devant lesquelles le pouvoir est désarmé :

> « Ce qui [...] inquiète le consommateur, ce sont les risques perçus. Et là, à partir du moment où l'on travaille dans l'imaginaire, dans l'inconscient, dans le non formulé, on n'a pas forcément [...] [les] moyens de lui répondre. »

Quelle stratégie faut-il adopter pour gérer cette irrationalité populaire qui contrarie la rationalisation du monde ? Faut-il lancer une gigantesque campagne de communication ? Patrick O'Quin propose une technique plus subtile. Tout d'abord, il convient de s'enquérir des désirs de la population : « Il est évident que le consommateur dit : "je ne veux pas de pesticides" ». Ensuite, il ne faut surtout pas tenir compte des Français qui s'inquiètent des dangers qui pourraient résulter des produits agrochimiques. Puisque l'estimation officielle du risque a conclu à l'innocuité des faibles doses, il est inutile d'obliger les agriculteurs en contrat avec DANONE à se convertir à l'agrobiologie. Il suffit en fait de prendre parti pour l'agriculture raisonnée qui prévoit le respect de la réglementation existante :

> « Nous aujourd'hui, notre grand credo, [...] c'est l'agriculture raisonnée. [...] C'est la meilleure façon de répondre à un certain nombre d'inquiétudes du consommateur et notamment concernant les résidus de pesticides. »

L'agriculture raisonnée a l'avantage inestimable de s'inscrire dans l'héritage culturel d'une logique de compromis correspondant historiquement aux intérêts des appareils. Si Patrick O'Quin n'évoque pas les agricultures paysanne, durable et biologique, il faut sans doute en chercher la raison dans le fait qu'elles remettent toutes en cause la culture industrielle. Selon la vision du monde véhiculée par la classe technocratique, la nature est un stock ouvert à l'arraisonnement de l'homme. Dans cette optique, le processus d'artificialisation ne peut et ne doit souffrir aucune limitation. Mais cette représentation dominante est loin de faire l'unanimité au sein des classes populaires. La logique symbolique résiste à la rationalisation portée par les imaginaires techniques et scientifiques. A la consternation des adeptes de l'idéologie technoscientifique, les traces de l'ancien monde n'ont pas encore totalement disparu dans la population. Ainsi, Jean-Louis Lambert ne comprend pas l'irrationalité du peuple :

> « On assiste, en matière de perception des risques, [...] à un type de croyances largement répandu qui est : "Mais c'est normal que les Anglais soient malades de la vache folle, ils ont transgressé les règles de la nature en transformant des vaches herbivores en carnivores", et j'entends le même type de discours à propos des OGM. Ce qui veut dire que, chez ces individus, il y a une nature qui est transcendante – pour ne pas dire entre les mains de divinités –, et l'homme n'a que certains droits par rapport à cette nature. Et lorsqu'il dépasse certaines limites d'intervention, et bien ressort l'idée du péché originel, [...] et il est normal qu'il soit puni. »

Dans ces conditions, comment peut-on convaincre les Français que l'utilisation des pesticides est acceptable ? En fait, le pouvoir des industriels de la chimie agricole se heurte effectivement à la résistance des couches populaires qui, plus récemment converties au technocratisme que la classe bourgeoise, sont effectivement plus souvent hostiles à l'artificialisation illimitée de la nature. Mais ces résistances diffuses ne semblent pas en mesure de limiter la puissance du lobby agrochimique en entravant durablement la réalisation de l'utopie économique et technoscientifique. La fin de l'incorporation des résidus de pesticides n'est manifestement pas à l'ordre du jour...

Chapitre cinquième

SOCIOGRAPHIE DE LA PRESSION COMMERCIALE

Après avoir analysé le pouvoir du lobby des pesticides, nous allons observer la pression commerciale exercée sur les agriculteurs par les marchands qui leur fournissent des intrants (semences, engrais, produits agrochimiques, etc.) et qui leur achètent les matières premières ou les aliments produits à la ferme. La force de vente de la cage d'acier productiviste est par exemple perceptible dans les sollicitations que peuvent recevoir les élèves de l'enseignement agricole. Dans ce lycée normand rattaché au ministère de l'Agriculture, les techniciens des banques habilitées à délivrer des prêts aux agriculteurs – Crédit Agricole et Crédit Mutuel – viennent régulièrement présenter leurs produits aux élèves des filières agricoles. Sous couvert de pédagogie bancaire, il s'agit bien entendu de recruter de futurs clients avec la complicité passive ou active de l'enseignant en sciences économiques et de la direction du lycée[128]. Par ailleurs, il peut arriver que les constructeurs de matériel agricole vantent les mérites de leur matériel dans l'enceinte de l'établissement. Ainsi, le six février 2003, les enseignants en biologie et phytotechnie ont organisé une « animation machinisme » au cours de laquelle ils avaient invité la Mutualité Sociale Agricole mais aussi une entreprise privée (KUHN) et la filiale de la coopérative locale (AGRIAL) spécialisée dans le matériel agricole (SM3). Au programme de l'après-midi : l'utilisation des machines à cardan, le réglage des pulvérisateurs et des semoirs à maïs, ainsi que la « manipulation des produits phytosanitaires ». Après avoir assuré à leurs élèves de BEPA[129] et de terminale CGEA[130] que ces intervenants allaient leur apprendre à se servir du matériel, les enseignants ont cédé la parole au technicien de la MSA qui leur a projeté un film portant sur les risques liés à l'exercice du métier. Lorsque l'intervenant a pris la parole pour encourager les

---

[128] Il y aurait une recherche à faire pour actualiser le travail de Claude Grignon (1975).
[129] Brevet d'Enseignement Professionnel Agricole.
[130] Conduite et Gestion de l'Entreprise Agricole.

futurs agriculteurs à utiliser des gants et un masque quand ils manipulent des pesticides, les élèves se sont moqués de cette prudence jugée excessive à l'exception de l'un d'entre eux qui a estimé que le propos était intéressant. Thomas a ainsi résumé la consternation générale : « Il veut que l'on se déguise en astronaute pour aller dans les champs ». Les enseignants ont ensuite invité leurs élèves à se rendre à la ferme du lycée pour assister à une exposition de machines agricoles. Le mécanicien travaillant pour SM3 a alors présenté les techniques de réglage du semoir à maïs qu'il a pris soin d'apporter pour illustrer son propos. Bien entendu, le choix de cette machine n'est pas anodin car la culture du maïs permet à la coopérative de commercialiser chaque année[131] des pesticides, des semences hybrides et des compléments protéiques comme le soja pour équilibrer les rations alimentaires destinées aux animaux d'élevage. Quant au vendeur de la société KUHN, au lieu de présenter le fonctionnement du pulvérisateur à pesticides fabriqué par son entreprise, il a entrepris de vanter les mérites du modèle exposé et de toute sa gamme, n'hésitant pas à indiquer les prix de vente aux élèves. Vêtu d'un costume et d'une cravate colorés, les cheveux courts, le teint rose et la taille enrobée, il a débité son discours avec l'assurance et la gestuelle du commercial :

> « Il faut entretenir son pulvérisateur car dans la plaine, un appareil acheté trois cent mille francs, on passe plus de trois cent mille francs de phytos dedans chaque année. »

Adepte de l'idéologie qui transforme les pesticides en produits phytosanitaires, il a tenu à soulager la culpabilité qui ronge souvent les agriculteurs productivistes du fait de la montée en puissance de la sensibilité écologique dans la population :

> « Les gens disent que les agriculteurs polluent, mais les agriculteurs ne le font pas exprès, et puis il y a des doses à respecter... »

---

[131] Le maïs hybride ne peut être ressemé avec profit par l'agriculteur qui doit donc l'acquérir tous les ans. Cette plante a ainsi permis l'avènement d'une hétéronomie inédite puisque jusqu'alors, pour chaque plante cultivée, une partie de la récolte pouvait être réutilisée sans recourir aux marchands de semences. Dans le sud-ouest, il existait d'autres variétés de maïs adaptées au mode de production domestique : « En Béarn, le maïs hybride (l'Américain, comme on disait, par opposition au grand Roux basque, variété traditionnelle) avait été introduit par les services agricoles dès 1950 ; [...] les façons culturales n'étaient pas très différentes, mais il fallait quand même acheter la semence, les engrais et les désherbants, donc avancer de l'argent, ce qui était inutile avec le Grand Roux, dont on échangeait la semence entre voisins et qui se binait et se contentait de fumier » (Mendras, Forsé, 1983, 87). Aux Etats-Unis, les hybrides doubles créés en 1918 par un chercheur de la station expérimentale publique du Connectitut (D. F. Jones), ont été développés par Henry C. Wallace, secrétaire d'Etat à l'agriculture du gouvernement Harding... au profit notamment de son fils, Henry A. Wallace, cofondateur de PIONEER en 1926 (Charcosset, 2002). Voir également André Pochon (2001) sur l'introduction de la culture du maïs hybride en Bretagne autour de 1970.

Profitant du malaise agricole pour essayer de vendre du matériel toujours plus onéreux, il a tenté d'endormir la méfiance de ses futurs clients :

> « L'avenir, c'est le GPS et l'injection directe, ça coûte entre cinquante mille et cent mille francs, c'est cher, mais je pense que dans dix ans, tout le monde en aura. C'est l'avenir. »

Le marchand considère lui aussi que les problèmes posés par la technique seront résolus par une surenchère technicienne. Au cours de cette observation opaque (Juan, 1999)[132], l'enseignant en biologie est venu nous voir en nous disant « il se débrouille bien », reconnaissant ainsi la pression exercée par le vendeur de matériel agricole sur les futurs agriculteurs. Même s'il ne figure pas dans les programmes, l'apprentissage de la soumission au système productiviste est présent dans l'établissement agricole public.

La source documentaire de ce chapitre est constituée par des entretiens et des observations que nous avons réalisés au côté d'un commercial qui a accepté de nous emmener en tournée auprès de ses clients[133]. Notre statut était transparent (Juan, 1999) car nous n'avons pas caché que nous travaillions à la réalisation d'un ouvrage portant sur les agriculteurs et leur entourage. Nous avons toutefois omis de préciser que cette source documentaire était destinée à alimenter un chapitre dans lequel nous nous proposions de réaliser une sociographie de la pression commerciale qui s'exerce sur les exploitants agricoles. De même, nous avons pris la précaution de dévoiler progressivement nos hypothèses de travail afin d'éviter de biaiser le recueil d'informations par des révélations intempestives. Nous avons simplement lancé la première conversation avec Monsieur Mathieu[134] en lui rappelant une réflexion qu'il nous avait spontanément adressée suite à notre premier contact :

> « Les agriculteurs ne savent pas profiter de la vie. Ils sont toujours "boulot boulot" sauf rarement lorsqu'ils s'arrêtent une soirée. »

Cette confirmation inattendue de l'existence de la passion du travail qui anime souvent les agriculteurs productivistes nous a en effet fourni une entrée en matière particulièrement bien adaptée à notre hypothèse portant sur la démesure économique.

---

[132] Nous avons répondu à des élèves intrigués par notre présence que l'exposé du commercial nous intéressait sans toutefois dévoiler les motifs de notre intérêt.

[133] Entretiens et observations réalisés le 12 août 2003.

[134] Comme nos autres informateurs, Monsieur Mathieu a été anonymé.

La passion du travail

La passion du travail des agrochimistes est ambivalente. Oscillant sans cesse entre souffrance et plaisir, elle témoigne à la fois de l'existence de l'inconscient culturel chrétien et d'un véritable sentiment amoureux pour l'agriculture qui s'apparente encore souvent à une vocation plutôt qu'à un métier ordinaire. Un agriculteur nous a ainsi confié qu'il se plaint toujours d'avoir trop de travail mais qu'il se sent désemparé lorsqu'il n'en a pas. Le problème, dit-il, c'est qu' « *on ne sait pas rien faire* ». Le labeur semble fonctionner comme une conduite addictive procurant du plaisir. Rares sont les agriculteurs qui cessent toute activité lorsqu'ils sont à la retraite. Seule la mort parvient à interrompre leur passion du travail. Quant aux vacances, elles sont rares et souvent insatisfaisantes. Par fidélité aux parents qui n'en prenaient pas, on part rarement car on ne sait pas quoi visiter. Les voyages organisés ou les visites familiales peuvent toutefois trouver grâce aux yeux des agriculteurs productivistes. Dans le premier cas, on n'a pas le temps de s'ennuyer et dans le second, on peut parler de la ferme avec la famille qui n'est souvent pas étrangère au milieu agricole. La culpabilité ressentie du fait de l'abandon temporaire de l'exploitation est ainsi provisoirement évacuée. De même, la plage ne rencontre pas les faveurs de cet agriculteur :

> « Souvent, il fait beau ici et froid à la mer, et puis on ne sait pas nager. De toute façon, lézarder sur la plage[135]... »

Cette pratique n'est pas appréciée car elle tranche trop avec la passion du travail qui habite l'agriculture dominante. Les commerciaux savent tirer parti de ce trait culturel agrochimiste. Lors d'une discussion avec un agriculteur, Monsieur Mathieu a ainsi fustigé l'amour de la fainéantise qui se serait abattu sur le peuple en général et sur les fonctionnaires en particulier. Pourtant, il nous a ensuite fait remarquer que l'activité frénétique n'est pas forcément rentable pour les agriculteurs qui s'y adonnent :

> « Tu vois, celui-là, ses parents travaillaient beaucoup mais il a compris que ça ne rapporte pas d'avoir toujours la tête dans le guidon[136]. Il gagne de l'argent depuis qu'il passe du temps dans son bureau. »

Mais pour les agriculteurs productivistes, le labeur exige que l'on ne mesure pas ses efforts et que le corps soit mis à l'épreuve. Le plaisir du travail est donc indissociable d'une certaine souffrance physique qui peut trouver un exutoire

---

[135] Sur ce point, cf. l'article de Patrick Champagne (« Les paysans à la plage », *in* 2002).

[136] Remarquons que la métaphore cycliste que nous avions soufflée à Monsieur Roger vient spontanément dans la bouche de Monsieur Mathieu.

dans la parole. C'est pourquoi Monsieur Paul[137] peut affirmer que si un agriculteur ne se plaint plus, c'est qu'il est mort. Et d'ajouter avec un grand éclat de rire, « celui-là, on ne peut plus lui vendre d'engrais »...

Une pression variable

Monsieur Mathieu exerce une pression douce sur les agriculteurs productivistes. Même s'il reconnaît que certains commerciaux cherchent à vendre le maximum de fournitures afin d'augmenter leur chiffre d'affaires, il n'apprécie pas ces pratiques qui lui paraissent contestables[138]. Alors que d'autres n'hésitent pas à vendre vingt litres de pesticides au lieu de quinze, Monsieur Mathieu préfère conseiller à ses clients de consommer le reliquat qu'ils peuvent avoir en stock avant de leur procurer la solution commerciale. Cette attitude lui semble conforme à ses intérêts et à son éthique professionnelle :

> « Je pourrais leur raconter des conneries pour faire un coup mais après je serais grillé et puis ce n'est pas dans ma façon de voir les choses. »

Attaché à la qualité de la relation humaine, il n'apprécie pas l'utilitarisme extrême qui anime certains de ses collègues. La marchandisation croissante lui semble en particulier inacceptable dans la mesure où il estime qu'elle favorise la déshumanisation du monde[139]. Monsieur Mathieu reconnaît toutefois qu'il doit « gratter » pour réaliser les cinq millions de chiffre d'affaires au delà desquels il perçoit une participation aux bénéfices. Touchant un salaire fixe situé aux alentours de mille cinq cents à deux mille euros mensuels, il ne dépend pas du versement de l'intéressement pour sa survie. Bien que son statut lui permette de ne pas exercer une pression maximale sur ses clients, Monsieur Mathieu cherche à atteindre le plafond qui lui permettrait d'augmenter ses revenus. Même s'il a frôlé cet objectif l'année passée avec une marge nettement supérieure à celle qu'il devait réaliser, il n'a pas réussi à obtenir la participation aux bénéfices qu'il espérait. Déçu par l'attitude de son patron, il estime avoir été exploité et envisage d'aller négocier afin de récolter les fruits de son travail. Par ailleurs, même s'il sait bien qu'une partie du chiffre d'affaires produit des bénéfices, il n'insiste pas sur la plus-value encaissée par la direction de l'entreprise lorsqu'il démarche auprès des agriculteurs. En fait, il justifie les prix de ces produits par

[137] Technico-commercial travaillant comme Monsieur Mathieu pour une entreprise privée.

[138] D'après Monsieur Mathieu, « les agriculteurs se sont tellement fait truander qu'ils ont peur de se faire avoir lorsqu'on leur propose une nouveauté ».

[139] Un jour qu'il était tombé en panne de voiture, Monsieur Mathieu a bénéficié de l'aide d'un automobiliste qui s'est spontanément arrêté pour lui proposer ses compétences en mécanique. Ce dernier ayant refusé toute rémunération pour son geste, Monsieur Mathieu a décidé de lui offrir un baptême de l'air comme pour le récompenser de son désintéressement.

la nécessité d'obtenir une marge qui puisse lui permettre de vivre. Afin de convaincre les agriculteurs que les prix sont justifiés, il ne faut surtout pas rappeler que l'entreprise cherche à faire du profit. Les caractéristiques de l'économie capitaliste sont dissimulées dans le but de favoriser les ventes. Monsieur Mathieu propose donc des biens ou des services aux agriculteurs sans insister outre mesure, ce qui pourrait avoir un effet contre-productif. Semences, engrais, pesticides, analyses de sol ou de plantes, etc., il propose un prix et attend de voir si le « poisson » mord à l'hameçon :

> « Il faut respecter leur liberté. De toute façon, ça ne sert à rien de les brusquer. Lorsqu'un agriculteur me téléphone pour me faire part d'un problème qu'il rencontre, je lui propose plusieurs solutions. Celle que je lui conseille n'est pas la moins onéreuse mais c'est lui qui choisit en fonction de son budget. »

En fait, les agriculteurs productivistes ayant incorporé la conviction que leurs plantes ont besoin de produits chimiques, il suffit souvent de les persuader que le rapport entre la qualité et le prix de la marchandise proposée est le meilleur du marché pour décrocher la vente. Bien entendu, le charisme personnel du technicien n'est pas sans incidence sur son efficacité commerciale. Sa capacité à incarner le fantasme de maîtrise et l'idéologie technoscientifique est essentielle. Il doit se transformer en médecin des plantes qui s'assure que les agriculteurs ont bien soigné leurs végétaux. Le marchand de pesticides et d'engrais devient l'équivalent imaginaire d'un vétérinaire du végétal pourvoyant aux « besoins » que l'agriculteur ne parvient plus à assumer grâce à ses techniques et à son expérience. Le fait qu'il soit perçu comme sympathique joue aussi, que le commercial ait le contact facile ou qu'il se soit longuement entraîné afin de donner l'impression à ses interlocuteurs qu'il s'intéresse à leur existence. Mais l'efficacité du vendeur dépend aussi des services qu'il rend à ses clients[140] et surtout de la réalité de son adhésion à l'idéologie productiviste. C'est en effet parce qu'il partage la même vision du monde que le commercial peut exercer son métier avec profit.

---

[140] Un exemple donné par Monsieur Mathieu : « Celui-là, c'est un client et aussi un copain. L'autre jour, je l'ai aidé à réparer sa porte de garage pour lui rendre service mais aussi parce que le contrat de vente n'était pas encore signé. Il y a quand même une notion d'intérêt parce qu'il a trois cent hectares et que, par son biais, je pourrais peut-être travailler avec de nouveaux clients. Et puis je n'avais pas envie d'être obligé de refaire la route pour revenir chez lui. J'ai bien fait de rester parce que j'ai signé trois cent cinquante tonnes de blé avant de rentrer. »

L'esprit du productivisme

L'esprit du productivisme pourrait être résumé par un seul jugement de valeur : l'obtention du rendement maximum est une bonne chose. Monsieur Mathieu et les agriculteurs que nous avons rencontrés communient ainsi dans la même ferveur :

> « Quarante-sept quintaux en colza, c'est bien ; sur la côte, ils sont bien : cent, cent-dix, cent vingt quintaux de blé à l'hectare. »

En liaison avec le jugement de valeur productiviste, la conviction que la rentabilité économique dépend de l'obtention de la production maximale est profondément incorporée par Monsieur Mathieu comme par les exploitants agricoles. L'agriculture raisonnée est compatible avec cette croyance car elle cherche à diminuer les intrants sans remettre en cause le postulat selon lequel il faut obtenir le rendement maximum. Dans l'optique majoritaire, les agricultures biologique, durable et paysanne semblent inexistantes sans doute parce qu'elles osent critiquer le préjugé productiviste. Pour Monsieur Mathieu, il ne fait aucun doute que l'obtention d'un petit rendement est nécessairement synonyme de mauvais résultat économique :

> « A force de vouloir faire des économies, il arrive qu'ils n'obtiennent que vingt ou trente quintaux. Quand ils prennent une gamelle, ils ne s'en vantent pas. C'est pourquoi je leur conseille toujours de mettre la dose homologuée. Lorsqu'ils travaillent à demi-dose, ils prennent des risques. Il y en a qui rechignent à investir sur les intrants mais ils ne savent pas ce qu'ils perdent. »

Qu'un système économe et autonome puisse être rentable n'est visiblement pas compatible avec l'esprit du productivisme. Il nous a fallu en effet insister longuement pour que Monsieur Mathieu reconnaisse que « les derniers quintaux obtenus peuvent coûter cher » en intrants. Suite à notre sollicitation, la conviction selon laquelle la rentabilité dépend de l'obtention du rendement maximal a cédé à contrecœur. Cette croyance assurément propice au commerce est en fait la version économique du jugement qui attribue de la valeur au productivisme agricole. Les propos tenus par Monsieur Mathieu montrent également que l'imaginaire productiviste est profondément lié à l'idéologie du progrès. En effet, l'innovation technologique est valorisée car elle est d'emblée créditée de la faculté d'augmenter la production :

> « Les OGM, ça peut apporter un plus, c'est comme les blés hybrides[141], ça peut améliorer les rendements. On est quand même parti de vingt ou trente quintaux à

[141] Conçues sur le modèle du maïs, ces nouvelles variétés de blé interdisent physiolo-

l'hectare pour arriver à cent quintaux alors que le blé a un potentiel de cent-cinquante ou deux cents quintaux. »

En fait, l'avancée imaginaire peine à dissimuler la réalité de l'asservissement que les nouvelles techniques permettent de perfectionner :

« Avec les OGM, demain, tu ne pourrais plus faire ton blé toi-même ; l'intérêt du blé hybride, c'est que tu ne peux pas le ressemer, tu dois le racheter. »

Certains agriculteurs semblent d'ailleurs conscients des risques politiques que les nouvelles technologies leur font courir. L'un d'entre eux s'est même moqué de Monsieur Mathieu parce que les agriculteurs semblent refuser de tomber dans le piège : « Les blés hybrides, vous avez du mal à les vendre ! ». Mais le commercial, imperturbable, attend tranquillement que ses clients cèdent à la passion productiviste et acquièrent les nouvelles technologies dans l'espoir d'augmenter leurs rendements. Rira bien qui rira le dernier... De toute façon, pour Monsieur Mathieu, il ne sert à rien de résister à la puissance des firmes car nous la subissons déjà :

« Les OGM, c'est comme les phytos, faut pas être contre parce qu'on en mange. Dans les poivrons par exemple, il y a eu des transformations mais ils n'en parlent pas. »

Comme pour les pesticides, l'incorporation des OGM constitue un enjeu politique majeur car elle semble avoir la capacité d'entraîner mécaniquement la soumission au pouvoir des firmes multinationales.

La nouvelle mentalité

Monsieur Mathieu regrette que se soit instaurée une nouvelle mentalité chez les agriculteurs. Auparavant, les relations entre vendeurs et acheteurs étaient basées sur la fidélité et la confiance. La circulation des biens et des services obéissait autant aux règles de l'échange symbolique qu'à la rationalité de la

---

giquement la pratique des semences fermières que les multinationales souhaitent éradiquer : « la caractéristique des "hybrides" est d'être des plantes *fixées*, au sens où elles sont reproductibles par le sélectionneur et lui seul. En imposant à l'agriculteur de cultiver le même modèle de plante dans son champ, le sélectionneur utilise la *dépression consanguine* pour l'empêcher de semer le grain qu'il récolte. Les "hybrides" sont donc stériles pour l'agriculteur. Pour saisir cette double dimension, nous remplacerons le terme fallacieux "hybride" par "stérifix" et "hybridation" par "stérifixation" » (Berlan, 1999, 5). Le maïs « stérifix », écrit Jean-Pierre Berlan, est donc la « vache à profits des "semenciers". Car la caractéristique de ce *type variétal*, ce qui le différencie de tous les autres, n'est pas d'augmenter le rendement comme on le proclame depuis des décennies. En attendant les variétés Terminator, c'est jusqu'ici le *seul* type variétal qui s'auto-détruit dans le champ du paysan » (Berlan, 1999, 3).

transaction marchande. La parole donnée était fiable et donnait de la consistance à des rapports qui étaient à la fois sociaux et économiques. L'agriculteur n'interrompait la relation que s'il avait l'impression d'avoir été dupé par le vendeur. Maintenant, même si l'ancienne relation subsiste en partie avec certains de ces clients, Monsieur Mathieu est obligé de signer des contrats pour compenser la dégradation de l'encadrement social de l'échange :

> « Il y a des filous qui vendraient bien trois fois leur récolte ; une fois, ils ont détourné mon attention pour me voler un produit particulièrement coûteux dans ma voiture. Maintenant, je la ferme toujours à clé. »

Monsieur Mathieu se plaint aussi du manque de fidélité et de reconnaissance de la nouvelle génération. D'après lui, ces agriculteurs se comportent comme si tout leur était dû et considèrent les commerciaux comme leurs subordonnés :

> « Dans le Bessin, ils ont vraiment une sale mentalité, ils ne pensent qu'à l'argent et à bouffer leur voisin. »

Même la Société d'Aménagement Foncier et d'Etablissement Rural, qui dispose d'un droit de préemption sur les terrains agricoles se trouvant libérés par un départ à la retraite ou une faillite, n'est pas insensible à la puissance de ces agriculteurs qui n'hésitent pas à téléphoner à leurs connaissances siégeant au conseil d'administration ou même à verser un dessous de table conséquent afin d'agrandir leur exploitation. Chez certains productivistes, l'individualisme franchit ainsi un nouveau stade et se transforme en un arrivisme forcené qui ne s'encombre pas de considérations morales. Mais Monsieur Mathieu constate avec plaisir qu'il subsiste encore des exceptions à la règle :

> « Cet ouvrier agricole est devenu exploitant grâce à son ancien patron qui l'a soutenu auprès de la banque et lui a prêté du matériel. Même si en contrepartie il devait continuer à travailler chez lui, il a eu de la chance car l'agriculteur aurait pu augmenter la taille de sa ferme sans s'occuper de son ouvrier. »

Pourtant, d'après sa femme, l'ancien ouvrier est un homme soucieux qui semble avoir du mal à savourer son nouveau statut. Selon Monsieur Mathieu, cet agriculteur est vulnérable car sa ferme serait trop petite pour lui permettre d'échapper à la peur de la faillite. Ses quatre-vingts hectares sont pourtant comparables aux soixante-seize hectares qui ont permis à Monsieur Roger d'abandonner les affres de la survie productiviste. Si la crainte de la désaffiliation est indissociable de la volonté d'agrandir son exploitation[142], l'ancien ouvrier agricole cherchera sans doute à phagocyter son voisin à moins qu'il ne

---

[142] La Confédération paysanne s'oppose à cette logique asociale dominante comme en témoigne le slogan qu'elle avait choisi lors de la campagne pour les élections professionnelles à la chambre d'agriculture de la Manche en 1996 : « Trois petites fermes valent mieux qu'une grande ».

parvienne à rejeter à son tour les logiques asociales dominant les campagnes françaises.

Une autre dimension de la nouvelle mentalité réside dans un affaiblissement de l'amour du métier. Pour un agriculteur retraité que nous avons rencontré lors de la tournée avec Monsieur Mathieu, la conscience professionnelle serait en voie de disparition :

> « Avant, lorsque le vétérinaire nous recommandait de nous relever toutes les trois heures pour soigner un animal, on s'en voulait si on ne respectait pas la consigne. Et si l'animal mourait, c'était vraiment une catastrophe. Je n'étais pas le seul à penser comme ça, on était tous pareil. Maintenant, le vétérinaire envoie des vaches à l'équarrissage alors qu'elles pourraient être soignées. C'est un laisser-aller général. »

Un autre agriculteur confirme :

> « Quand on voit des fermes remplies de vieux bidons, de pneus et de bâches en plastiques, on se dit que ces agriculteurs n'ont plus de goût à rien. »

Le désenchantement du travail, la transformation de l'activité agricole en labeur machinal et insipide semble être la conséquence de l'industrialisation de l'agriculture :

> « Maintenant il y a moins de fermes, il n'y a qu'un bonhomme à la tête de grosses structures, ils ne peuvent pas avoir la même mentalité ; ce ne sont plus des agriculteurs comme nous étions, ce sont des chefs d'entreprise. »

L'exacerbation de l'individualisme productiviste pourrait avoir éradiqué la satisfaction que l'agriculteur tire de son travail. Face à la désocialisation caractérisée par la montée en puissance de l'opportunisme, du cynisme et de la peur (Virno, 1991), Monsieur Mathieu songe parfois à changer de métier car il est irrité par l'ingratitude de certains agriculteurs. Il a ainsi été déçu qu'un de ses clients ne l'ait pas remercié d'avoir offert des cadeaux à ses enfants. Il évite aussi de commercer avec les agriculteurs les plus déshumanisés qui l'agacent profondément. S'il est amené à travailler avec eux, il ne fait aucun effort pour leur proposer des tarifs avantageux, les punissant ainsi de leur arrogance et de leur conception de l'existence :

> « Ils veulent le beurre et l'argent du beurre. J'ai ma marge, il faut bien que je vive. Il y en a qui comprennent mais d'autres non… Ils me prendraient bien tout. Ils ne pensent qu'à l'argent alors qu'il y a quand même autre chose dans la vie. »

Si pour Monsieur Mathieu l'existence ne doit pas se réduire à la rationalité économique, telle n'est pas l'opinion d'autres commerciaux qui s'adaptent consciencieusement à l'esprit du temps. Ainsi ce jeune vendeur qui était content d'avoir menti à ses clients dans le but de confisquer les cadeaux que ses fournisseurs destinaient aux agriculteurs : « Je les ai bien baisés ». D'autres marchands n'hésitent pas à frauder pour augmenter leurs gains aux dépens des agriculteurs. Monsieur Mathieu nous explique ainsi qu'un négociant de la région rouennaise trichait mais qu'une rumeur insistante a mis en cause son honnêteté. Monsieur Paul confirme :

> « Les agriculteurs ne voyaient pas la balance lorsqu'il pesait leurs céréales. Il se mettait toujours quelques quintaux dans la poche. En plus, il trichait aussi sur les analyses[143] et sur les tonnages qui sortaient de chez lui. C'était un secret de polichinelle. Un jour, je déjeunais dans un routier et il y avait des chauffeurs qui rigolaient parce que leurs remorques pesaient toujours plus au départ que lorsqu'ils arrivaient à Rouen. Ils savaient bien qu'elles n'étaient pas trouées ! »

Et Monsieur Mathieu d'ajouter :

> « J'ai un client, il faisait confiance à son négociant jusqu'au jour où il a été étonné de n'avoir que soixante-cinq quintaux de blé alors que ses voisins en avaient quatre-vingt-dix. Son négociant a retrouvé trois "erreurs". Un mois et demi plus tard, il a découvert un camion entier qu'il avait "oublié" de compter. Depuis, il ne lui a plus livré un seul quintal. »

Ces quelques exemples montrent que ces pratiques économiques affranchies de considérations morales semblent gagner du terrain dans l'entourage des agriculteurs. Si l'existence se réduit à la survie, chacun doit tenter de tirer son épingle du jeu sans se préoccuper de respecter son partenaire commercial. Il faut au contraire léser au maximum les différents intermédiaires de l'échange économique pour maximiser son profit. La dimension symbolique et la réciprocité sont concurrencées par une logique asociale qui rappelle l'expérience traumatisante vécue chez les Iks par Colin Turnbull (1973). La désocialisation extrême observée par l'anthropologue américain montre que l'homme peut réellement devenir un « animal économique » (Mauss, 1923-1924, 271)[144]. Les acteurs ayant intégré sans réticence la logique du profit semblent en effet construire un monde où l'autre pourrait devenir superflu.

La cage d'acier

L'existence de la cage d'acier productiviste est confirmée par différentes informations fournies par Monsieur Mathieu. D'après le technicien commercial,

---

[143] Les céréales sont payées à des tarifs qui diffèrent selon leurs caractéristiques.

[144] L'expression est utilisée entre guillemets par Mauss : « Ce sont nos sociétés d'Occident qui ont, très récemment, fait de l'homme un "animal économique". Mais nous ne sommes pas encore tous des êtres de ce genre. [...] L'homme a été très longtemps autre chose ; et il n'y a pas bien longtemps qu'il est une machine, compliquée d'une machine à calculer » (Mauss, 1923-1924, 271-272).

lorsqu'un agriculteur demande au Crédit Agricole un prêt de dix mille francs, on lui propose ordinairement plusieurs millions. S'il accepte avec enthousiasme et s'empresse de signer, il entre alors dans un engrenage productiviste qu'il aura beaucoup de mal à abandonner. Il peut aussi maintenir sa demande initiale en précisant ainsi ses motivations : « Il vaut mieux un petit chez soi qu'un grand chez les autres ». Dans ce cas imaginé par Monsieur Mathieu, la résistance à la pression commerciale est clairement articulée à un refus de l'hétéronomie politique. Mais d'autres composantes de la cage d'acier productiviste utilisent également des stratégies destinées à favoriser l'asservissement au système qu'elles dominent. Monsieur Mathieu raconte ainsi que les firmes productrices de pesticides font pression pour maintenir des prix de vente élevés. Lorsqu'elles vendent leurs créations aux entreprises qui les revendent ensuite aux agriculteurs, les sociétés multinationales recommandent une fourchette de prix qu'elles souhaitent voir appliquer lors de la commercialisation. Si l'entreprise intermédiaire propose à l'agriculteur un prix jugé trop faible par la firme, elle sera sanctionnée dès que la multinationale prendra connaissance des conditions de la vente. Quand Monsieur Mathieu ou un de ses collègues font un tarif avantageux à un agriculteur, ils prennent le risque que ce dernier vende la mèche à la coopérative qui fera remonter l'information jusqu'à la firme afin de nuire à ses concurrents[145]. La multinationale peut alors cesser d'approvisionner l'intermédiaire trop bon marché en invoquant un motif fallacieux. Monsieur Mathieu raconte ainsi qu'une firme a prétexté l'incendie de l'une de ses usines pour justifier l'arrêt de ses livraisons :

> « C'est bizarre, ils n'en ont pas du tout parlé dans les journaux et à la coopérative, ils ont continué à être ravitaillés en produits. Il faut dire que eux, ils vendent cher… »

La sanction frappe l'entreprise qui a osé atténuer la pression commerciale s'exerçant sur les agriculteurs productivistes. Quant au mensonge, il montre que la volonté d'hégémonie des entreprises multinationales ne s'encombre pas de préoccupations morales. Si la cage d'acier qui entrave les agriculteurs résulte pour une part de la logique technocratique régnant dans les organisations bureaucratiques, elle provient aussi de l'économie capitaliste qui domine le secteur marchand. Dans cette optique, la pression produite par l'*agrobusiness* résulte d'un double principe relativement facile à comprendre. Pour les organisations qui cherchent à maximiser leurs profits en commerçant avec les agriculteurs, il faut à la fois vendre des services et des fournitures au tarif le plus élevé possible, et acheter les productions agricoles au moindre coût afin de les revendre au prix fort. D'après Monsieur Mathieu, les sociétés coopératives exercent une pression commerciale au moins aussi importante que les entreprises privées comme en témoigne l'exemple du blé :

---

[145] Les commerciaux modifient légèrement les propositions qu'ils font aux agriculteurs afin d'identifier l'auteur de la fuite éventuelle.

> « La coopérative, normalement, c'est dans l'intérêt des agriculteurs mais en fait, ils achètent le moins cher possible et vendent cher à Rouen ou ailleurs à des marchands. Moi, le blé, je leur achète à cent-cinq ou cent-dix euros la tonne alors que la coopérative leur prend à quatre-vingt-neuf euros en leur faisant miroiter une participation aux bénéfices grâce au système des parts sociales. Mais l'an dernier, les agriculteurs leur ont vendu à quatre-vingt-cinq euros[146] et ils n'ont rien touché par la suite. »

En fait, non seulement la coopérative achète à des tarifs souvent moins avantageux que ceux des entreprises privées mais elle propose aussi des fournitures onéreuses même lorsque ses commerciaux proposent des réductions aux agriculteurs pour leur donner l'impression de faire de bonnes affaires :

> « Un jour, une agricultrice me demande une remise. Suite à mon refus, elle m'accuse de vouloir la voler en me disant que la coopérative lui accorde habituellement vingt-cinq pour cent de remise. Mais après avoir comparé les tarifs, j'étais encore quinze pour cent moins cher que mon concurrent malgré sa réduction. »

La force de l'habitude, la position hégémonique occupée par la coopérative, ainsi que le sentiment de participer à sa gestion sont les raisons pour lesquelles les agriculteurs ne font pas toujours jouer la concurrence. D'après Monsieur Mathieu, les agriculteurs qui abandonnent la coopération se font taper sur les doigts. Quant à ceux qui souhaitent tempérer le productivisme de l'organisation, ils éprouvent certaines difficultés comme le montre le témoignage de cet agriculteur :

> « A la coopérative, lorsque je leur dis qu'à mon avis, il faudrait diminuer la quantité de la production et améliorer sa qualité, ils me disent qu'il n'en est pas question. »

Les pratiques intensives ont évidemment l'avantage inestimable de provoquer la commercialisation de nombreux intrants qui se vendraient beaucoup plus difficilement si le productivisme agricole venait à tomber en désuétude...

La théorie des besoins agrochimiques

La théorie des besoins agrochimiques est une croyance partagée par les agriculteurs productivistes comme par leur entourage commercial. Puisque, dans l'optique dominante, il est impensable de ne pas chercher à obtenir le rendement maximum, le recours à la chimie agricole apparaît souvent comme une nécessité naturelle. La plante est ordinairement conçue comme une usine biotechno-

---

[146] Un agriculteur retraité nous a confié que la productivité du blé a singulièrement augmenté pendant sa carrière alors que son prix de vente a baissé. Après la création de l'Office National Interprofessionnel du Blé (ONIB) par le gouvernement du Front populaire en 1936, la vente de cent kilos de blé permettait l'achat d'une tonne de charbon.

logique ayant besoin de matières premières pour alimenter sa chaîne de production. La tâche de l'agriculteur consiste alors à fournir à ses cultures tous les consommables qui lui permettront d'atteindre l'objectif de rendement maximum véhiculé par la logique productiviste. Il importe peu que l'agriculteur ressemble toujours plus à un ouvrier spécialisé pourvu que le processus de production tourne à plein régime grâce à la chimie agricole. Du fait de l'existence de la théorie de la nécessité agrochimique, les agriculteurs qui rechignent à satisfaire les « besoins » de leur exploitation sont souvent perçus comme des bricoleurs méconnaissant les lois de la nature. Nous avons ainsi pu observer l'étonnement de Monsieur Mathieu face à l'attitude d'un de ses clients qui refuse de fournir à son colza une partie de l'engrais et des pesticides auxquels il a « légitimement droit » :

> « Il prend un gros risque car il ne traite pas sa semence et il met seulement deux fongicides et un insecticide. Heureusement qu'il lui donne quand même deux cent unités d'azote. »

Tant que le rendement final n'est pas affecté par ces pratiques économes, Monsieur Mathieu ne désapprouve pas le comportement de l'agriculteur car il considère que les besoins de la plante ont été satisfaits :

> « Il a eu quarante sept quintaux [en colza], ça va. Mais si la semence chope un champignon, il peut perdre toute la récolte. A force de vouloir le beurre et l'argent du beurre… »

Le refus de satisfaire les exigences agrochimiques des cultures est donc perçu comme le signe d'une avarice sordide et contre-nature. Puisque les plantes ont besoin de recevoir un apport conséquent pour se développer au maximum de leurs possibilités, il faut combler leurs besoins « naturels » sans chercher à faire des économies déplacées. Les agriculteurs qui persistent à sous-alimenter leurs cultures manquent de professionnalisme et s'obstinent à perpétuer un archaïsme paysan réactionnaire et hostile à l'esprit de la modernité. Monsieur Mathieu est irrité par les agriculteurs qui refusent de satisfaire les « besoins agrochimiques » de leurs plantations :

> « Certains traitent à demi ou même à quart de dose mais ça ne sert à rien. C'est psychologique, ils ont fait un traitement, donc ils sont tranquilles. »

Ou encore :

> « Ce client a refusé de mettre un insecticide comme je lui avais conseillé. Il a suivi les recommandations du technicien de la chambre d'agriculture qui pensait que ce n'était pas nécessaire. Un mois plus tard il m'appelait pour me réclamer un traitement mais le problème a été difficile à résoudre car il avait perdu trop de temps. »

Les agriculteurs pêchant par excès d'économie s'exposent donc à subir des pertes de rendement, ce qui constitue manifestement une faute professionnelle pour Monsieur Mathieu. Dans cette optique, seule l'agriculture raisonnée est acceptable sans doute parce qu'elle ne remet pas en cause la théorie des besoins agrochimiques : « Il ne faut pas traiter systématiquement, il faut raisonner ». Quant aux agricultures durable, paysanne et biologique, elles semblent inexistantes sans doute parce qu'elles ne recherchent pas à tout prix l'obtention du rendement maximum. Mais pour emporter l'adhésion de la population, il est plus efficace de recourir à l'argument médical :

> « Il ne faut pas non plus être contre les produits, car ils ont permis de faire disparaître certains champignons dangereux pour l'homme. »

Le risque sanitaire constitue également le principal argument des militants écologistes qui s'opposent à l'utilisation des pesticides. La théorie des besoins agrochimiques semble finalement fonctionner pour Monsieur Mathieu et son collègue Monsieur Paul comme une légitimation de leur activité professionnelle. Si les essais de semences de maïs n'obtiennent pas le rendement maximum, il faut en chercher la raison dans le fait que les besoins physiologiques de la plante n'ont pas été satisfaits :

> « C'est un bon hybride mais l'agriculteur n'a pas mis suffisamment d'engrais pour qu'il exprime son potentiel de rendement. »

Lorsque les mensurations des plantes correspondent à l'idéal dominant, les commerciaux organisent des réunions dans lesquelles les agriculteurs sont conviés à admirer les qualités esthétiques de leurs créations. Mais l'utilité de leur métier est parfois violemment contestée par certains agriculteurs qui leur reprochent de s'enrichir à leurs dépens ou même de les voler. Pour se protéger de ces attaques virulentes, Monsieur Paul met en avant une croyance sans doute largement partagée par l'ensemble des techniciens commerciaux : « Ils disent qu'on les exploite, mais ils gagnent quand même de l'argent grâce à nous ». Rien n'est moins sûr mais cette conviction permet à Monsieur Mathieu de poursuivre son activité en ayant l'esprit tranquille : « Tiens, son champ est sale, je vais pouvoir lui vendre du désherbant ». Et si certains contestent la théorie des besoins agrochimiques, ils s'exposent à recevoir quelques critiques : « Madame Bachelot, une ministre écologique, ne veut pas que l'on traite trop ». L'argument selon lequel il faut protéger l'environnement est en effet toléré à condition qu'il ne remette pas en cause le productivisme agricole[147].

---

[147] Il semble que l'interdiction de l'atrazine a été bien acceptée par l'entourage commercial des agriculteurs qui en a profité pour augmenter les ventes d'autres désherbants plus coûteux.

La production de la désaffiliation

La pression commerciale s'exercant sur les agriculteurs constitue une contrainte qu'ils souhaiteraient voir disparaître. Monsieur Mathieu confirme l'existence de cette revendication qui ressurgit lors de chaque crise agricole : « Les agriculteurs veulent vivre de la vente de leurs produits ». Même si la faiblesse des cours des produits agricoles est en partie compensée par les primes publiques, cette situation est profondément insatisfaisante pour les exploitants qui ont l'impression de recevoir l'aumône alors que leur identité professionnelle est encore profondément imprégnée de l'amour de la liberté qui caractérise l'*ethos* paysan. Finalement, la dépendance au marché constitue bien le facteur sociologique qui explique la paupérisation du monde agricole. Face à cette tendance lourde, l'agrandissement des exploitations est une compensation matérielle et symbolique à laquelle recourent fréquemment les agriculteurs qui n'ont pas renoncé au productivisme. Pour Monsieur Mathieu :

> « le système marche sur la tête mais il profite aux sociétés agro-alimentaires qui veulent faire baisser les cours du blé jusqu'au niveau de la bourse de Chicago ».

La réduction permanente du nombre d'agriculteurs résulte donc directement des logiques capitalistes œuvrant au sein du système économique mondial. Depuis qu'il s'industrialise toujours plus, le secteur agricole perd en effet de nombreux emplois, la pression commerciale produisant mécaniquement la destruction progressive du lien social et l'affaiblissement du tissu rural. Mais en dépit de sa lucidité sociologique, notre informateur poursuit son activité professionnelle. Par nécessité et par culture, il adhère à l'idéologie productiviste. Il considère ainsi que les plantes doivent être soignées par les pesticides qui sont des merveilles technologiques :

> « Tu vois ça [l'*Index phytosanitaire* édité par l'Association de Coordination Technique Agricole][148], c'est le Vidal[149]. [...] Un fongicide, c'est quand même une belle mécanique... »

Toutefois, il ne faut pas sous-estimer la force du facteur sociologique expliquant son attitude. Son statut social étant directement lié à son contrat de travail, il est fortement incité à servir le système productiviste. S'il souhaite bénéficier à l'avenir des avantages matériels et symboliques que son entreprise lui procure, il doit évidemment continuer à défendre ses intérêts politiques et commerciaux.

---

[148] Ouvrage recensant les matières actives et les solutions commerciales autorisées à la vente.
[149] Dictionnaire médical.

Chapitre sixième

LES IMAGINAIRES DU PRODUCTIVISME AGRICOLE

Dans ce chapitre, nous cherchons à accéder à « l'institution imaginaire » (Castoriadis, 1975) du productivisme agricole à partir d'une source riche et originale : la publicité. Ce matériau a une objectivité factuelle qui n'est pas liée aux discours tenus par les acteurs. De plus, il constitue une voie d'accès privilégiée à des représentations peu verbalisées. Il permet en effet de saisir l'imaginaire non pas à sa source, mais plutôt dans l'évidence des symboles utilisés par les publicitaires. Bien entendu, le fait qu'une idée est manipulée par une agence de publicité ne constitue pas le signe infaillible que les agriculteurs sont habités par ces symboles. Les publicitaires peuvent se tromper en partie ou en totalité, et leurs créations manquer cruellement d'efficacité symbolique. Toutefois, même si l'administration de la preuve ne peut être totale, la présence d'un réseau de symboles, révélée par l'analyse d'un échantillon de publicités destinées aux agriculteurs, nous semble particulièrement intéressante. L'idéologie du progrès, notamment, par sa polyvalence et son omniprésence dans les publicités, confirme son statut d'inconscient culturel de la modernité. S'il y a un imaginaire social-historique auquel les agriculteurs sont attachés, c'est bien celui du progrès conçu comme une évolution quasiment naturelle.

Un corpus de publicités issues de journaux professionnels a fait l'objet d'une analyse de contenu classiquement thématique mais intégrant tant les slogans que les symboles véhiculés par l'image. Les thèmes utilisés massivement dans ces planches sont le progrès, l'arrachement à la terre, la virilité, l'argent, le divin, l'idéologie technoscientifique, la puissance, la compétition, la maîtrise et l'artificialisation de la nature. Moins fréquemment, d'autres représentations sont aussi utilisées par les publicitaires dans le but de vanter les mérites des produits agrochimiques, des semences et des machines agricoles qui leur sont proposés.

Le progrès

Qu'est-ce que l'idéologie du progrès ? Il nous semble, en accord avec l'analyse de Pierre-André Taguieff (2001, 177) prolongeant celles de Louis Weber (1913) et Robert Nisbet (1980), que le cœur de cet imaginaire est un jugement qui valorise systématiquement le déroulement du temps. De nombreux agriculteurs croient par exemple que le changement des techniques professionnelles lié au processus de modernisation constitue un progrès[150]. Dans cette optique, toute innovation technologique passée, présente ou future est nécessairement pensée comme une amélioration des techniques préexistantes. Les publicitaires tentent bien entendu d'utiliser cette symbolique pour favoriser la vente des produits de leurs commanditaires. Une réclame pour la société NEW HOLLAND[151] (page 214) dresse ainsi un véritable panégyrique de l'innovation technique conçue comme un progrès incontestable. Deux temporalités cohabitent dans l'espace publicitaire : le passé est représenté par un paysan labourant avec une charrue attelée à deux chevaux et le présent par un tracteur à quatre roues motrices à peine sorti de l'usine. A elles seules, les photographies ne renvoient pas explicitement à la notion de progrès. La coalescence du passé et du présent n'implique en rien, a priori, l'infériorité ou la supériorité de l'un par rapport à l'autre. Toutefois, le slogan lève l'ambiguïté en dévoilant le jugement de valeur évolutionniste exploité par le publicitaire : « Heureusement, le monde évolue ! » Le déroulement du temps est implicitement conçu comme une amélioration : « Certains sont fiers de ne jamais changer. Pas New Holland qui n'a de cesse de s'améliorer pour vous ». Le texte de la publicité martèle la rhétorique évolutionniste, dévoilant même le fantasme de perfection qui semble animer l'entreprise progressiste :

> « Evoluer, cela veut dire grandir, s'adapter aux besoins des clients, actualiser sa technologie et élargir ses services. Evoluer, c'est un engagement qui nécessite de la connaissance, de l'expérience et la compréhension du passé. C'est aussi la capacité, qui se traduit chez NEW HOLLAND par une gamme unique et complète de produits et de services, d'être une référence forte, solide et globale sur le plan de l'évolution toujours tournée vers la recherche de perfection. »

---

[150] En réalité, la mécanisation serait plutôt synonyme de catastrophe au regard de la dépaysannisation massive qu'elle a permis. L'amélioration relative des conditions de travail qui en a résulté pour les agriculteurs ayant échappé à l'hécatombe permet d'asseoir la croyance au progrès sur un élément concret. Le « progrès » majeur qui a résulté de cette évolution est plutôt constitué par l'apparition et le développement exponentiel de l'entourage institutionnel et marchand des agriculteurs.

[151] *Cultivar le mensuel*, supplément au n° 478, 28 déc. 1999, p. 2.

L'amélioration semble infinie, la progression tendant asymptotiquement vers un état de perfection imaginaire (Balandier, 2001, 249) qu'il ne faut surtout pas atteindre sous peine de stopper la dynamique de « l'évolution ».

Une autre publicité[152] pour des semences de blé hybride reprend le thème progressiste en y ajoutant une dose de conservatisme : « Une révolution, non. L'évolution, oui ! ». L'entreprise semencière cherche ainsi à s'attirer les faveurs des agriculteurs qui, même s'ils adhèrent pour la plupart à l'idéologie du progrès, sont en effet rarement révolutionnaires. Le concept d'évolution, outre qu'il renvoie au schème qui identifie le déroulement du temps à une amélioration inéluctable, naturalise l'idée progressiste comme l'indique le slogan secondaire : « Gamme Hyno®, l'évolution naturelle du blé ! ». Même s'ils ignorent les théories de Spencer, Lamarck et Darwin (Taguieff, 2001, 79-88) appliquant l'idée de progrès à la nature, les agriculteurs sont sensibles à la thématique évolutionniste qui est parfois associée à l'utilitarisme et au libéralisme :

> « De tout temps et dans tous les domaines, l'homme a fait évoluer ce qui l'entoure et ce dont il a l'usage, pour mieux l'adapter à ses besoins. Le blé, dont l'origine remonte à plusieurs milliers d'années, n'échappe pas à cette règle. Aujourd'hui, la gamme des blés hybrides Hyno compte déjà huit variétés, spécifiquement créées pour mieux répondre aux attentes des agriculteurs et à leurs débouchés. »

La naturalisation de l'idée de progrès impliquée par le concept d'évolution permet de légitimer les pratiques de la société semencière tout en masquant les caractéristiques des semences « hybrides » (Berlan, 1999). Comment pourrait-on critiquer ce qui ressemble à une loi de la nature ? Le paradoxe de cette « évolution naturelle du blé » étant bien sûr qu'elle doit tout à la main de l'homme et qu'elle diffère profondément de la sélection traditionnelle dans la mesure où elle cherche à produire des plantes incapables de se reproduire conformément à la plus élémentaire des facultés naturelles. « *Artifice et nature ne sont plus des catégories opposables (certes, elles ne l'ont jamais été, mais jamais leur proximité n'a été telle), elles se mêlent* » écrit à ce propos David Le Breton (1999, 20). L'entreprise HYBRINOVA appartenant depuis 1998 à la firme DUPONT[153] utilise la théorie évolutionniste afin d'encourager l'achat de semences programmées pour avoir une descendance stérile. Avec le discours de « l'évolution naturelle », la représentation qui assimile le déroulement du temps à une amélioration se présente comme une fatalité éminemment désirable.

Une publicité de la société SOPRA-ZENECA[154] met en scène un autre aspect de l'imaginaire du progrès. Elle vante les mérites d'un pesticide représenté dans

---

[152] Blés hybrides Hyno® (DUPONT HYBRINOVA), *Cultivar les enjeux* n°7, déc. 1999, p. 2.
[153] Comme PIONEER rachetée pour dix milliards de dollars alors qu'elle avait été fondée en 1926 avec 7600 dollars (Berlan, 1999, 3).
[154] Amistar® et Amistar Pro®, *Cultivar le mensuel*, supplément au n°455, 4 janv. 1999, p. 20.

un halo vert symbolisant sa puissance et sa capacité à éradiquer les champignons. Cette publicité joue sur la dialectique progressiste car elle représente une batteuse des années vingt côtoyant un bidon d'Amistar® reproduit à une échelle supérieure. Une annotation précise : « Pour augmenter le rendement des céréales, il y a deux grandes inventions ». Le fongicide apparaît ainsi comme la dernière étape du processus qui a révolutionné l'agriculture au vingtième siècle. Si du point de vue du réel, le fongicide a, semble-t-il, le pouvoir d'augmenter la quantité produite, ce n'est pas le cas de la batteuse qui a seulement la capacité d'accroître la vitesse du travail en rendant inutile le recours aux ouvriers agricoles qui accomplissaient auparavant cette tâche[155]. La valeur imaginaire du pesticide est donc supérieure à celle de la batteuse qui ne permet pas d'augmenter directement les quantités produites. Toutefois, il n'est pas anodin que ces deux outils constituent des supports l'idéologie du progrès. En effet, l'augmentation de la vitesse du travail est une autre figure du productivisme. Le rendement est aussi la quantité de travail effectuée par unité de temps. La batteuse, en faisant diminuer le temps nécessaire à la séparation du grain et de l'épi, accroît la productivité.

La spécificité de cette publicité réside dans le fait qu'elle insiste sur l'augmentation du rendement pensée comme une amélioration. L'idéologie du progrès se présente ici sous sa version productiviste. La quantité de céréales récoltée, exprimée en nombre de quintaux par hectare, est l'indice qui permet de classer l'agriculteur sur une échelle de prestige. L'augmentation de la production provoquée par l'industrialisation est interprétée comme un progrès. La recherche du rendement maximum apparaît comme une attitude naturelle des agriculteurs alors que c'est l'idéologie du progrès qui la légitime désormais. Tout se passe comme s'il était impossible de ne pas céder à l'idéal productiviste. Obtenir la quantité maximale est un objectif dont le bien-fondé demeure indiscutable. L'évidence de l'idéologie, sa familiarité, sont des auxiliaires rêvés

---

[155] La mentalité individualiste caractérisée par la recherche systématique du profit, même à l'encontre des règles de la socialité traditionnelle, semble constituer le fonds sociologique du productivisme. Le père de Grenadou a ainsi acheté une faucheuse-lieuse malgré les critiques des villageois : « En juillet 1911, j'ai dit adieu à l'école. Mon père avait acheté une faucheuse-lieuse ; c'est moi qui l'ai menée cet été-là, la première faucheuse-lieuse du village, tirée par trois chevaux. Vous pensez si j'étais fier et, la moisson finie, je suis tombé malade parce que je n'en pouvais plus. Dans ce temps, c'était la mode, on voulait toujours en faire plus. Celui qui avait la force de porter cinquante kilos en portait soixante-quinze. Mon père avait payé sa faucheuse-lieuse mille francs. Avec elle, il économisait quatre ouvriers par moisson, quatre cent francs sans compter la nourriture. Surtout qu'à ce moment-là la main d'œuvre devenait déjà plus rare. Pourtant, tout le monde critiquait la faucheuse-lieuse ; soi-disant qu'on coupait l'ouvrage aux moissonneurs qui venaient. Et puis les charretiers ne connaissaient que leurs charrues, ils ne voulaient pas s'occuper des machines. Dans les fermes, il n'y avait même pas une clef anglaise. Ce sont les jeunes de nos âges qui ont essayé de comprendre. Dans ces années-là, on était regardant à un épi, et les autres cultivateurs qui voyaient la faucheuse-lieuse disaient "je ne veux pas une machine comme ça, elle gaspille le grain". Quand même, tout doucement, il y en a d'autres qui en ont acheté. » (E. Grenadou et A. Prévost, 1966, 40)

pour le publicitaire. Il suffit de convaincre que le pesticide a cette capacité : « Maintenant, pour augmenter le rendement des céréales, il y a Amistar® ou Amistar Pro® ». Pour ce faire, le plus sûr est de faire référence à la puissante configuration imaginaire du progrès. L'influence de la publicité est d'autant plus grande que l'argumentation ne se limite pas à l'aspect technique mais insiste sur la dimension imaginaire.

L'arrachement à la terre

Autre symbole fétiche de la modernité, l'arrachement à la terre (Alphandéry, Bitoun, Dupont, 1992, 195-228) est présent dans de nombreuses publicités. Dans le monde agricole, cette idéologie introduit une rupture radicale avec les différentes cultures paysannes de l'enracinement. Le désir de faire table rase du passé, suspecté par l'idéologie des Lumières de constituer un foyer obscurantiste impénétrable au progrès[156], s'exprime par une valorisation de la production « hors-sol ». L'industrialisation de l'agriculture, provoquée par l'acculturation de nombreux agriculteurs aux valeurs urbaines, entraîne le désir de s'affranchir de l'image dépréciée du paysan – ce rustre qui a les pieds dans la boue – et encourage l'aspiration à rompre le lien symbolique avec le sol. Les agriculteurs refusant le remembrement pour des raisons affectives d'attachement à la terre qu'ils cultivent[157] sont perçus comme des êtres « archaïques » par les partisans du progrès. Leur attachement viscéral à des valeurs de l'ancien monde en fait des dissidents au pays de l'« extrême contemporain »[158].

La fascination pour la conquête de l'espace, vieux rêve de la modernité occidentale[159], habite donc désormais de nombreux agriculteurs. Pour s'en convaincre, il suffit d'analyser les messages publicitaires qui tentent d'exploiter cette thématique. Une publicité pour les tracteurs LANDINI (p. 215) met en

[156] « Toute notre culture démocratique, toute notre histoire économique, industrielle, intellectuelle, artistique depuis la Révolution française est marquée, pour des raisons philosophiques de fond, par un éloge du déracinement, ou, ce qui revient au même, de l'innovation » (Ferry, 1992, 28). Dans le même ouvrage, Luc Ferry remarque aussi que « l'humanisme cartésien est sans nul doute la doctrine qui est allée le plus loin dans la dévalorisation de la nature en général et dans celle de l'animal en particulier. Réduit au statut de simple mécanisme, l'intelligence, l'affectivité et même la sensibilité lui ont été refusées » (Ferry, 1992, 40).

[157] Qu'elle soit celle de leurs ancêtres ou celle qu'ils ont acquis. Sans doute lié au droit de propriété, cet attachement semble concerner les propriétaires exploitants plutôt que les titulaires d'un bail à fermage ou à métayage (locataires de terres agricoles).

[158] Cette expression désigne « les entreprises les plus inédites, celles qui nous mettent déjà un pied dans l'avenir au niveau du quotidien ou de la technoscience, celles qui induisent des ruptures anthropologiques provoquant le trouble de nos sociétés » (Le Breton, 1999, 8).

[159] Jules Verne (1865) et Hergé (1953 et 1954) ont donné des illustrations littéraires de ce fantasme maintenant en partie réalisé.

scène un attroupement surréaliste d'agriculteurs, vêtus aux couleurs de la marque et chevauchant les merveilleuses machines sur une planète inconnue. Avec LANDINI, la conquête de « l'autre planète bleue » semble enfin réalisée. Le désir de « changer d'ère » trouve sa réalisation imaginaire dans l'arrachement à la terre. Le fantasme de maîtrise et de possession du monde n'a d'autres limites que celles de l'univers pensé comme infini. Le paradoxe est que le sol de cette planète lunaire semble stérile. Débarrassée de la terre, dont le péché majeur est de ne pas être une création humaine, le nouveau monde façonné par l'homme sur le modèle de la machine satisfait les imaginaires techniques et scientifiques. Du point de vue agricole, l'artificialisation suprême consiste en effet à éradiquer complètement la nature. La terre qui, dans l'ancien monde, souillait les roues des tracteurs, est enfin éliminée dans la nouvelle ère. Les héros de cette mythologie technoscientifique sont bien entendu les tracteurs LANDINI. Leur nom témoigne de la forte charge symbolique qu'ils véhiculent. Tels les rois mages (*Rex Vignes*, *Rex Fruits*, *Rex Vergers*), ils sont à l'origine du mythe (*Mythos*) et de la légende (*Legend Delta six*) de la conquête de l'espace (*Discovery*[160]), portant sur leurs épaules l'ossature du nouveau monde (*Atlas*).

Une autre publicité vantant les mérites des botteleuses KRONE[161] (p. 216) file la métaphore de l'arrachement au sol. Figurant l'imaginaire à l'état pur, les machines sont en apesanteur dans l'espace, tels les satellites iconoclastes d'une planète couleur jaune paille. Le rêve semble déjà en partie réalisé grâce aux presses KRONE et à leur « technologie d'avant-garde ». L'utopie révolutionnaire tombe en désuétude devant la révolution technoscientifique. Ce n'est plus l'avant-garde du prolétariat qui porte les espoirs de bonheur de l'humanité mais la technique investie du fantasme d'arrachement à la terre qui fascine par l'augmentation du pouvoir de réalisation de l'homme. S'il est possible d'aller se promener sur la lune, alors il doit être envisageable de cultiver des plantes et d'élever des animaux sur d'autres planètes. Le « plancher des vaches » n'est décidément plus ce qu'il était !

D'autres publicités mettent en scène l'imaginaire de l'arrachement à la terre. Une réclame de la société BAYER AGRO[162] (p. 217) est construite sur un dessin représentant un tracteur pulvérisant un pesticide sur une autre planète. En arrière plan, la Terre flotte dans un ciel rempli d'étoiles. Les slogans insistent sur le thème de la course en avant dans la réalisation de l'inouï (« plus loin avec vous ») et sur les motivations « philanthropiques » de la firme (« une gamme phytosanitaire au service de l'agriculture »). Il serait sans doute symboliquement moins efficace de montrer un vendeur profitant du désir de rompre avec le sol pour vendre à prix d'or des pesticides à son client.

---

[160] Du même nom qu'une navette de l'agence spatiale américaine (NASA).
[161] *La France agricole*, 31 mars 2000, p. 10 et 11.
[162] *Cultivar le mensuel*, supplément au n° 455, 4 janvier 1999.

Une publicité pour le fongicide Ohayo®[163] est particulièrement explicite : la photographie d'un pied de pomme de terre déraciné et arrosé artificiellement constitue l'illustration publicitaire. Dans ce monde imaginaire, la pluie n'existe plus et le peu de terre qui subsiste en guise de souvenir est posé sur un sol bleu parfaitement plat qui illustre à merveille la « table rase » chère aux esprits modernes. De plus, l'arrachement au sol, la victoire sur la pesanteur et la conquête de l'espace semblent avoir remplacé l'attrait exercé autrefois par l'Ouest américain dans les imaginaires occidentaux (Wilson, 2002). Maintenant que l'occidentalisation du monde (Latouche, 1992) a soumis les terres arables à l'agriculture industrielle, la volonté de conquérir les territoires perçus comme sauvages s'est déplacée du *Far West* (l'Ohio) à l'ensemble de l'univers (grâce à Ohayo®). Désormais, la colonisation de terres en friches a donc comme condition nécessaire la conquête de l'espace.

Les nombreuses publicités ou dessins mettant en scène la Terre vue du ciel font ainsi l'éloge de la puissance humaine. De même que la nature est acceptable si elle porte l'empreinte indélébile de l'homme, le cosmos est le nouveau territoire qu'il faut « civiliser ». Une publicité pour une semence de blé[164] représente ainsi un épi dessiné dans le ciel d'une nuit de pleine lune. « Une nouvelle étoile est née » clame le slogan. En contrebas, un champ de blé absolument dépourvu de toute autre plante. Comme les indiens d'Amérique, les « mauvaises herbes » ont été éradiquées. Et le ciel ne semble digne d'intérêt que s'il constitue un espace ouvert à l'artificialisation. L'épi étoilé tire sa force de sa rupture radicale avec le sol conçu comme une instance naturelle résistant à la production technoscientifique du monde. L'arrachement à la terre semble constituer une tentative de conjuration symbolique de la souillure imaginaire qui entache ce qui échappe au contrôle humain. S'il est impossible de se rendre complètement maître et possesseur de la nature, alors il est tentant d'aspirer à découvrir d'autres espaces moins hostiles à la volonté de rationalisation. Une publicité pour la BNP[165] présente même un vaisseau spatial moissonnant la couronne d'une planète entièrement consacrée à l'agriculture. Au second plan, un autre astre dont la gestion du sol est manifestement parfaitement rationnelle. Dans le ciel étoilé luisent des points jaunes figurant sans doute d'autres lieux du même type. La colonisation de l'espace par la rationalité occidentale, après avoir été tant rêvée, semble enfin réalisée. Quel plaisir d'embrasser d'un seul coup d'œil l'ensemble de la planète ou même l'infinitude de l'univers...

[163] *Cultivar le mensuel*, supplément au n° 482, 29 février 2000.
[164] Orvantis ® (C.C. BENOIST), *Cultivar le mensuel*, supplément au n°490, 3 juillet 2000.
[165] *La France agricole*.

La virilité

Associée au travail, à l'endurance au mal, au courage, mais aussi à la force physique et à la puissance sexuelle, la virilité est une valeur importante pour les agriculteurs. Une publicité pour une botteleuse[166] est ainsi construite dans le but de flatter la fierté narcissique liée à l'affirmation de la « masculinité » agricole. La machine destinée à faire des bottes de paille est, si l'on en croit le slogan, conçue « pour les mecs carrés ». L'heureux propriétaire de cette mécanique sera un « costaud », un homme « baraqué » ou encore « une masse »[167]. L'acquisition de la botteleuse équivaut à un brevet de force physique pour les agriculteurs qui peuvent ainsi afficher leur virilité même si la botteleuse diminue la pénibilité du travail.

Comme d'autres céréales, le blé est un symbole de fécondité[168]. La coutume veut ainsi que l'on lance du riz sur les jeunes mariés sortant de l'église ou de la mairie afin que, comme dans les contes de fées, ils soient heureux et aient beaucoup d'enfants. La conquête du bonheur, pour un agriculteur, passe par l'obtention d'un bon rendement, d'une femme et de nombreux enfants. Dans la tradition catholique, la femme est surtout respectée pour sa capacité à être mère. Les publicitaires qui souhaitent faire vibrer la corde érotique doivent donc tenir compte de la spécificité du monde agricole dans ce domaine. Le plus simple est de jouer sur l'équivalence imaginaire entre le blé et la femme. Les publicités pourront donc insister sur l'idée que pour être heureux en amour, il faut arroser ses champs de pesticides. Ainsi, avec Epopée®[169] (BAYER AGRO, p. 218), « tout est bien qui finit bien » car un homme et une femme s'embrassent au milieu d'un champ de blé dépourvu d'adventices. Comment en est-on arrivé à cet heureux résultat ? Deux sentes sombres et parallèles rappellent que pour accéder à cette félicité, il a fallu « traiter » le champ avec le fongicide dont les mérites sont vantés. « L'union de la qualité et du rendement » est obtenue, si l'on en croit la publicité, par la grâce des vertus d'Epopée®. En donnant une dimension mythologique au fongicide, ce nom insiste sur la symbolique de la

---

166 D 6000® (WELGER), *La France Agricole.*

167 Expression utilisée par des élèves masculins d'un lycée agricole public.

168 « Dans la tradition mythique des Grecs, la métaphore agraire est couramment employée pour désigner la procréation ; la femme y est présentée comme un sol à labourer dans lequel l'homme dépose une semence qu'il fait fructifier. Or, si dans le prolongement des nourritures cultivées, Déméter préside à l'établissement du mariage, c'est qu'en dehors du lien conjugal il n'y a pas d'union sexuelle qui soit pensée comme véritablement féconde. De même que l'agriculteur doit sélectionner le bon grain s'il veut récolter de beaux fruits, les enfants de bonne race sont ceux qui ont été légitimement engendrés et en qui on peut reconnaître une filiation. En somme, procréer sans être maritalement lié, cela revient à pratiquer une agriculture stérile sinon récolter de mauvais produits. » (Tétart, 2004, 97)

169 *Cultivar le mensuel*, supplément au n°478, 28 décembre 2000, p. 21.

fécondité qui unit la femme et le champ de blé dans la même représentation. De plus, une certaine instrumentalisation de la femme est perceptible en filigrane : la « bonne femme »[170], dans les deux sens de l'expression, est caractérisée par sa capacité à enfanter et sa conformité aux normes sociales de la beauté corporelle. En termes crus, l'inconscient des agriculteurs étant mis à nu, pour sa « qualité » et son « rendement », selon les termes du slogan.

Une autre publicité[171] intègre le jeu de l'érotisme dans un idéal de la réussite familiale marqué par les valeurs de la bourgeoisie. Un bidon d'Ogam® (BASF), « le fongicide complet des programmes réussis », trône au milieu d'un champ de blé aux côtés d'un agriculteur entouré par tous les signes du bonheur tel qu'il est conçu dans notre société de consommation : un fauteuil, un canapé, un tapis, une table basse sur laquelle sont disposés une bouteille de champagne, des cadeaux, des médailles, des trophées de concours hippiques ; un buffet chargé de coupes sportives ; un bureau moderne avec téléphone et ordinateur, un pan de mur recouvert de diplômes et d'une tête de daim empaillée : il est d'autant plus utile de faire référence à la chasse que les agriculteurs sont souvent attachés à cette tradition. Et enfin, autres éléments indispensables au bonheur de l'exploitant agricole : un fils footballeur et une femme ornée d'un bouquet de fleurs. Coiffé d'une casquette écossaise, l'homme ressemble ainsi à un cycliste recevant une gerbe de fleurs suite à sa performance sportive. A moins qu'il n'ait offert le bouquet de la réussite, orné d'un bandeau rouge, à sa femme. Par sa position centrale sur la photographie, cette dernière semble occuper une place particulière parmi les différents éléments symbolisant le bonheur. La famille toute entière célèbre manifestement le chiffre d'affaires obtenu grâce à Ogam®. L'agriculteur en profite d'ailleurs pour mettre la main sur l'épaule de sa femme. Equivalent symbolique du sperme, le pesticide abondamment utilisé semble garantir le bonheur au sein du couple : « pleine dose pour ceux qui veulent des rendements de gagnant, et pas seulement ». Si l'on en croit la publicité, rien de tel qu'un bidon d'Ogam® pour satisfaire une femme.

Dans le même registre, une publicité pour un tracteur[172] (p. 219) file la métaphore de la félicité familiale. Une photographie bucolique met en scène un homme rentrant chez lui la veste sur l'épaule. Sa femme l'accueille devant le portail d'une maison en pierre ornée d'une cour pavée et arborée. Elle illustre parfaitement les normes sociales de la beauté en vigueur dans la société contemporaine. Son sourire est rehaussé par un rayon de soleil qui éclaire ses cheveux. Au second plan, un enfant accompagné d'un chien accourt vers son père. Le bonheur semble parfait mais pourtant il manque un élément nécessaire à la félicité totale : un gros tracteur apparaissant dans un cadre bleu au centre de

---

[170] Selon Françoise Héritier, « le domptage du féminin dans le mariage vise à l'éradication de la lubricité et de la fureur sexuelle pour obtenir la bonne épouse, c'est-à-dire selon la métaphore usuelle, l'ouvrière abeille chaste, travailleuse et nourricière » (*in* Tétart, 2004, 12).
[171] *Cultivar le mensuel*, supplément au n°479, 18 janvier 2000.
[172] NEW HOLLAND série TM, *Cultivar le mensuel*, supp. au n°482, 29 février 2000, p. 27.

la publicité. Le slogan (« Qui a dit qu'on ne pouvait pas tout avoir ? ») insiste sur la plénitude imaginaire qui semble combler l'heureux élu. Quant aux nombreux agriculteurs qui sont célibataires[173], il ne leur reste plus qu'à acheter un tracteur NEW HOLLAND pour se consoler.

L'érotisation semble d'autant plus insolite qu'elle est explicite. Ainsi, une publicité pour les semences Baltimore®[174] (NICKERSON, p. 220) n'hésite pas à mettre en scène des épis de maïs portant des traces de rouge à lèvres. Le message destiné à la clientèle masculine est d'autant plus clair que cette partie de la plante a une forme phallique. Le slogan principal (« Baltimore®, je t'adore ») insiste sur cette dimension tandis que le second (« pour ton rendement exceptionnel, pour ta souplesse d'utilisation, pour ta résistance aux verses[175] ») précise les qualités réelles ou imaginaires qui lui valent une telle déclaration d'amour. Le clin d'œil à la ville américaine manifestement choisie parce qu'elle permet de faire une rime facile, renforce l'attractivité de la plante pour les agriculteurs épris de modernité. Le publicitaire mobilise habilement l'imaginaire de la conquête de l'Ouest qui a le pouvoir de transformer l'agriculteur français regardant un western en cow-boy héroïque défendant seul contre tous les valeurs du Bien contre celles du Mal. Ce « rêve américain », éminemment désirable, est perceptible dans la consonance anglo-saxonne du nom de la société qui témoigne d'une hospitalité certaine envers cet imaginaire. De plus, la devise de l'entreprise – « NICKERSON fait fructifier vos récoltes » – ne laisse planer aucun doute sur le symbole manipulé par le publicitaire. La semence est d'autant plus attractive que la commercialisation de la récolte peut rapporter beaucoup d'argent.

Si la fécondité de la femme est tellement valorisée dans l'imaginaire des agriculteurs, il faut sans doute en chercher la raison dans le fait que l'existence des enfants matérialise la puissance sexuelle du père. Les grossesses des femmes administrent la preuve de la virilité des hommes. Dans les représentations des agriculteurs, la masculinité est en effet caractérisée par le fait de posséder des attributs naturels[176] et surtout de savoir s'en servir. Pour cet imaginaire machiste et sociobiologique, la femme, qui est « plus corps que l'homme » (Le Breton), est lascive, passive, féconde tandis que l'homme est avant tout caractérisé par sa puissance sexuelle. Une publicité[177] (p. 221) pour quatre solutions commerciales

---

[173] La dureté de la condition de femme d'agriculteur, la faible reconnaissance professionnelle du statut d'agricultrice mais aussi la dévalorisation des agriculteurs dans l'idéologie urbaine du « plouc » et la pratique du surtravail font que les paysans sont peu recherchés sur le marché matrimonial (Bourdieu, 2002).

[174] *Cultivar l'actualité*, n°455, 4 janvier 1999, p. 16.

[175] Une plante est « versée » lorsqu'elle est couchée sur le sol. La « verse » résulte notamment de mauvaises conditions météorologiques et du choix des variétés cultivées.

[176] « Avoir des couilles » signifie faire preuve de courage.

[177] Libéro®, Horizon ew®, Cartoon® et Triade® (BAYER AGRO), *Cultivar le mensuel*, supplément au n° 480, 1er février 2000, p. 27.

contenant du tébuconazole illustre parfaitement cette configuration fantasmatique. Cette matière active est personnifiée sous les traits d'un médecin de bande dessinée. Revêtu de la blouse blanche qui matérialise son statut de scientifique, le docteur occupe le centre de l'image, les poings sur les hanches et les pieds légèrement écartés. De sa poche dépasse un tube à essai, symbole de la science expérimentale, garni d'une branche de colza en fleurs. Mais pourquoi affiche-t-il ce sourire épanoui ? Sans doute parce qu'il est entouré de deux assistantes dont le physique correspond aux normes sociales de la beauté et qui tiennent chacune un ballon symbolisant les effets supposés du pesticide (« efficacité fongicide » et « limitation du risque de verse »). Conformément au fantasme, les infirmières semblent nues sous leur blouse blanche. Leur posture lascive et leur poitrine arrogante, dignes des conquêtes féminines de *James Bond*, renforce encore l'érotisation de la scène. « Doc. Tébuco » fait manifestement la démonstration de sa puissance sexuelle car les femmes portent fièrement sur leur ventre le symbole de leur grossesse. En outre, leur ressemblance frappante souligne la puissance de « Doc. Tébuco » qui semble avoir cloné l'une afin de créer l'autre *ex nihilo*, cette créature artificielle étant en quelque sorte le fruit de ses amours avec une paillasse de laboratoire. On peut en effet voir dans ce mimétisme un clin d'œil à l'imaginaire du clonage qui porte un fantasme de toute-puissance ainsi qu'une tentation démiurgique. Le recours au sexe, qui comme le sang est une instance symbolique majeure, transforme l'agriculteur en un médecin viril « s'occupant » simultanément de ces deux infirmières. S'il souhaite bénéficier de l'aura symbolique produite par les performances imaginaires du docteur, l'exploitant agricole n'a plus qu'à sortir son carnet de chèques...

La puissance

Pour Francis Bacon, la nature est une prostituée docile ouverte à l'investigation du scientifique (cf. supra). Le fantasme de possession a donc une connotation sexuelle indéniable. Dans les temples de la tradition productiviste que sont souvent les lycées agricoles publics, on peut observer dans les chambres des élèves internes des posters de tracteurs ou d'autres machines surpuissantes côtoyant des photographies de femmes lascives. Pour cet imaginaire machiste, la puissance est l'affirmation symbolique de la virilité. Posséder la nature consiste à lui imposer la volonté masculine. Le monde désenchanté n'est plus conçu comme une demeure divine, il s'est transformé en un espace neutre ouvert au pouvoir humain. La possession étant un imaginaire de la domination, les agriculteurs productivistes entendent dicter leur volonté à la nature. Puisque le plaisir réside dans l'arraisonnement des ressources naturelles, le monde est une entité qu'il faut soumettre au joug de la rationalité technoscientifique. Parfois teintée d'agressivité, cette domination peut instaurer un rapport guerrier allant jusqu'au pillage systématique du sol. La terre est désacralisée, elle n'est plus considérée comme une entité respectable dont il faut conserver l'intégrité pour préserver l'avenir de l'humanité. Elle cesse d'incarner la figure respectable de la mère. Pour les imaginaires techniques et scientifiques, elle constitue un vaste laboratoire ouvert à l'action de l'homme comme la femme publique l'est à ses clients. Pour jouir de la possession de la nature, il faut donc avoir une grosse machine. Si on n'a pas de « chevaux sous le capot », on est suspecté de ne pas être un homme digne de ce nom mais une femme ou un homosexuel.

Toute une série de publicités exploite cette symbolique de la puissance. Les marchands de matériel agricole notamment, ont beau jeu d'utiliser l'équivalence imaginaire entre le moteur et la force. Des réclames[178] (pages 222 et 223) intitulées « plus forts que jamais » mettent ainsi en scène une moissonneuse et deux tracteurs CASE IH sortant juste de l'usine. La rhétorique des publicités passe insensiblement de la valorisation de la puissance du matériel, à celle de la force commerciale de la société, tout en faisant miroiter une promesse implicite de bonheur associée à l'affirmation d'une volonté de partage :

> « Depuis plus de 150 ans, CASE IH n'a cessé de gagner en puissance, vous apportant en permanence un choix, une qualité et une innovation sans équivalents. Mais au-delà de cette histoire prestigieuse, nous aimerions partager l'avenir avec vous. »

L'achat de matériel surpuissant est encore plus rentable symboliquement du fait de la position imaginaire occupée par le constructeur dans la compétition qui l'oppose à ses concurrents. Les hésitations de ceux qui se demandent s'ils ont réellement besoin de machines aussi puissantes sont balayées d'un revers de main : « Sachant tout cela, les raisons de choisir CASE IH n'ont jamais été aussi fortes ». Plus les agriculteurs cèdent aux sirènes de la volonté de puissance, plus les constructeurs de gros matériel écoulent facilement leurs créations.

Avec la technique moderne, la recherche de la force alimente un imaginaire de l'illimitation. Rien ne semble pouvoir satisfaire cette compétition vers toujours plus de puissance. Jusqu'où cette course effrénée peut-elle se poursuivre ? Le rêve secret de ce fantasme est qu'elle ne puisse pas s'arrêter, comme si aucune borne réelle ou symbolique ne pouvait s'opposer au désir d'infini. Une publicité pour un tracteur baptisé Mx Magnum®[179] (CASE IH, p. 224) pose ainsi cette question en gros caractères blancs sur fond rouge : « Puissance, fiabilité, rentabilité... Peut-on imaginer qu'il n'y ait pas de limites ??? » Tel un cri du cœur, la réponse apparaît en grands caractères : « oui ! ». Avec cette machine merveilleuse, le rêve est devenu réalité. Si l'innovation est assimilée à une révolution bénéfique pour l'agriculture moderne, il faut en chercher la raison dans le fait qu'elle satisfait souvent la volonté de puissance. Quoi de plus exaltant que la satisfaction du désir de domination du monde par la technique ?

---

[178] *Cultivar l'actualité* n°480, 1er février 2000 ; *Cultivar l'actualité* n°482, 29 février 2000.
[179] *La France Agricole*.

Avec la série 70 des tracteurs NEW HOLLAND (p. 225), le pouvoir humain ne semble avoir d'autres limites que le bon vouloir de l'agriculteur : « Exploitez sa puissance comme bon vous semble ». Une autre publicité pour les tracteurs CASE IH[180] (p. 226) est encore plus explicite :

> « Recherchez-vous un tracteur doté d'une technologie conçue pour vous obéir au doigt et à l'œil ? Oui ! CS 110/120/130/150® : ces tracteurs sont donc pour vous. »

Le désir de se rendre maître et possesseur de la nature (Descartes, 1637, 168) s'étend à la machine qui doit obéir sans réticences à la volonté humaine. Alain Gras et Sophie Poirot-Delpech parlent à ce propos d'« *obéissance totale, immédiate, sans murmures* » (1989, 9). Afin d'abolir toute forme de résistance à la rationalisation, il faut donc recourir à la force. C'est pourquoi l'éloge du pouvoir peut prendre une forme guerrière. Une publicité pour les insecticides Texas® et Jumper® (AVENTIS) met ainsi en scène un viseur dirigé vers des larves. La puissance est ici celle du feu. Elle réside dans la capacité à éliminer les ennemis des plantes. De même, la publicité pour l'herbicide Baghera®[181] (AGREVO) recourt à la métaphore de la guerre. Bénéficiant du nom de la célèbre panthère du *Livre de la jungle* (Kipling), l'efficacité du produit est présentée à l'aide d'un radar de sous-marin sur l'écran duquel apparaissent des adventices à éradiquer. Il est permis de douter de l'efficacité de ces publicités qui sont numériquement marginales au sein de l'échantillon. Sans doute la proximité entre le mode d'action réel et la symbolique guerrière est-elle trop grande pour créer un véritable foyer d'imaginaire.

La vitesse étant une autre variante de la puissance moderne, la publicité pour Touchdown Plus®[182] (SOPRA-ZENECA) insiste sur la rapidité de l'herbicide :

> « Une nouvelle force encore plus rapide contre annuelles et vivaces. Touchdown Plus® pénètre encore plus rapidement dans les adventices. Touchdown Plus® : la puissance, le bon choix. »

Le produit est représenté sous la forme d'un éclair pénétrant la plante jusqu'aux plus petites racines. Quant à la réclame pour Gratil®[183] (AGREVO), elle utilise un procédé original : la « puissance en marche » est représentée par les gros souliers d'un homme marchant dans un champ. Avec ses chaussures gargantuesques, il parvient à écraser les gaillets tout en préservant le blé. Ce tour de force en dit long sur la toute-puissance imaginaire associée à l'herbicide. Anthropomorphisé, ce dernier supporte la volonté de puissance de l'agriculteur qui, dans ce cas, n'a même pas besoin de tracteur pour tasser ses sols.

---

180 *La France Agricole*, 30 avril 1999, p. 8 et 9.
181 *Cultivar le mensuel*, supplément au n°479, 18 janvier 2000, p. 83.
182 *Cultivar le mensuel*, supplément au n°488, 1er juin 2000, p. 25.
183 *Cultivar le mensuel*, supplément au n°455, 4 janvier 1999, p. 47.

L'argent

Pour les agriculteurs, l'argent n'a pas seulement une valeur économique. C'est aussi un symbole important. La sacralisation de l'argent reflète sans aucun doute la valorisation absolue du travail à l'œuvre dans le monde agricole. Elle confirme l'attachement viscéral au labeur considéré comme l'activité autorisant la recherche du profit et légitimant l'accumulation des gains. Le « bon argent » doit ainsi être gagné par l'ascèse, la souffrance et la privation (Boiseau, 1970 ; Bourdieu *et al.*, 1963). Hormis la famille, quoi de plus sacré à la campagne que le travail ? La symbolique de l'effort est sans doute largement tributaire d'un inconscient culturel catholique. L'offrande d'une vie entièrement dévouée au labeur résonne comme une compensation symbolique à la passion du christ et un moyen d'accéder au salut :

> « La sensibilité chrétienne insiste à nouveau sur une dette écrasante qui pousse l'homme à la démonstration éclatante de la foi à travers l'usage ritualisé d'une douleur toujours rédemptrice » (Le Breton, 1995, 179).

Le fait que le travail est vécu comme une lourde charge que l'on est toutefois fier de porter montre qu'un enracinement profond dans le catholicisme subsiste même si la croyance à l'existence de l'ancienne trinité composée de l'enfer, du purgatoire et du paradis semble avoir quasiment disparu. Comme toute valeur incorporée chez les agriculteurs, l'argent est un gisement de sens offert à l'exploitation des publicitaires dans la mesure où il résulte de l'exercice de la passion laborieuse. La publicité pour Karaté®[184] (SOPRA-ZENECA) met ainsi en scène une liasse de billets de cent francs assaillie par des insectes qui ont entrepris de la dévorer. Cette image saisissante touche les agriculteurs comme si les insectes allaient réellement venir dévorer la poche intérieure de leur veste. La proximité réelle entre le portefeuille et le cœur traduit en effet dans le langage de la symbolique corporelle l'attachement à l'argent. La sollicitation de l'affectivité est utilisée pour conditionner la décision de « traiter » et pour évacuer toute réflexion critique qui pourrait remettre en question le bien-fondé du recours au pesticide. Il faut en effet imposer avec la force de l'évidence l'idée que le rendement équivaut au profit. D'après la publicité qui réduit la récolte à sa valeur monétaire, la conduite économiquement la plus raisonnable résiderait dans l'utilisation de l'insecticide : « avez-vous les moyens de vous passer du meilleur de l'insecticide ? ». Il n'est pourtant pas certain que le surcoût produit par l'achat et l'application de l'insecticide soit nécessairement moins élevé que le gain éventuellement obtenu par l'augmentation de la quantité produite. Par ailleurs, le registre de la force est mobilisé pour vanter les qualités du produit.

---

[184] *Cultivar le mensuel*, supplément au n°488, 1er juin 2000, p. 55.

Ce n'est pas un hasard si ses concepteurs l'ont baptisé Karaté®. Habileté technique, esprit de compétition, puissance et capacité à vaincre les ravageurs sur la scène imaginaire où se situe l'affrontement : la capacité à administrer la mort est clairement attribuée au pesticide qui aide l'agriculteur à accroître sa production de « 20,2 quintaux par hectare ». De plus, le slogan (« Le rendement par Karaté® » et non avec « Karaté® ») signale l'humanisation du produit. Faillible et vulnérable, l'homme est enfin remplacé par la technique, décidément plus digne de confiance.

Dans le même registre, le fongicide Gardian®[185] (NOVARTIS) est « l'anti-oïdium qui ne vous mettra pas sur la paille ». L'efficacité de ce vigile est de plus symbolisée de manière originale. La publicité met en scène une photographie retouchée de manière très habile. En effet, au premier plan de ce paysage de plaine trônent trois balles de paille dans un champ fraîchement moissonné. Sur le côté de ces balles rondes ont été ajoutées des reproductions de la célèbre semeuse qui figurait sur de nombreuses pièces en francs. Le symbole est clair : la paille étant assimilée à l'argent, il faut la prémunir des champignons parasites. L'équation selon laquelle l'utilisation des pesticides produit des bénéfices est assenée sous le couvert d'une formulation qui transforme la firme en association philanthropique venant au secours de l'agriculteur : « comprendre le monde pour servir le vôtre ». Les rapports de force sont effacés grâce à cette formule énigmatique et vaguement humaniste. Comme lorsque le Maréchal Pétain créa la Corporation paysanne qui était censée fondre les différents statuts sociaux des agriculteurs dans une même famille, la lutte des classes disparaît opportunément et l'asservissement aux sociétés multinationales est effacé par l'efficacité des mots.

La métaphore assimilant le blé à l'argent, qui est perceptible dans le langage argotique – avoir du blé –, est filée par une autre publicité[186]. Elle met en scène une pièce de un franc modifiée pour servir la cause de la société agrochimique. Côté face, la semeuse s'est transformée en moissonneuse : elle porte une grosse gerbe de blé aux épis surdimensionnés. Derrière elle se lève un soleil radieux. Le slogan (« donnez le meilleur à vos céréales, elles vous le rendront ») confirme qu'il s'agit bien d'un franc symbolique. Les espoirs de prospérité que la semeuse portait se sont réalisés : la récolte est magnifique et l'avenir s'annonce sous le signe du bonheur symbolisé par le soleil. La rhétorique du publicitaire mobilise adroitement la dynamique de l'échange réciproque. Arroser son champ de pesticides destinés à éradiquer les champignons des céréales est symboliquement associé à un acte de générosité, comme le bon père de famille qui nourrit sa femme et sa progéniture. Les céréales sont anthropomorphisées car elles sont dotées de la capacité à apprécier l'attitude de l'agriculteur et à

[185] *Cultivar le mensuel*, supplément au n°480, 1er février 2000, p. 29.
[186] Amistar® et Amistar Pro® (SOPRA-ZENECA), *Cultivar le mensuel*, supplément au n°487, 17 mai 2000, p. 2.

manifester de la reconnaissance envers la bonté de l'homme qui les « soigne ». Le fantasme de maîtrise de la nature (« excellent contrôle des principales maladies ») chemine à l'ombre de l'inconscient culturel catholique. L'amour de l'argent et les joies procurées par la possession technoscientifique du monde ne sont légitimes que si la générosité et le désir de nourrir l'humanité n'ont pas entièrement disparu. De plus, le nom des produits dispense une aura symbolique visant à persuader les agriculteurs qu'ils sont de véritables « professionnels ». Avoir l'impression d'être au « top » de la technique est une croyance largement répandue qui dispense une image de soi particulièrement flatteuse. C'est à la propension à octroyer ces gratifications narcissiques, qui coûtent peu mais qui peuvent rapporter gros, que l'on reconnaît le savoir-faire des publicitaires.

Une dernière publicité[187] montre de façon particulièrement explicite la mobilisation de la symbolique monétaire du blé au profit des vendeurs de pesticides. Le slogan annonce la couleur : « en croyant faire des économies, vous perdez de l'argent ». Un petit schéma illustre le propos. Avec Ogam® utilisé à demi-dose, on obtient six pièces tandis que si on l'utilise à pleine dose (un litre par hectare), on gagne dix-huit pièces, soit trois fois plus ! La société BASF[188] se hasarde même à chiffrer à cent cinquante francs par hectare les gains réalisés selon elle « avec Ogam® à un litre par hectare ». Un dessin explicite de façon magistrale la démonstration. Sous le titre « rentabilité », il présente en gros plan les mains d'un agriculteur en jean et chemise à carreaux. Il tient dans chacune de ses mains une poignée de grains de blé. Du côté où le pesticide est utilisé à pleine dose, le tas lui tient bien dans la main. Du côté de la demi-dose, les grains tombent par terre car il écarte nonchalamment les doigts. La symbolique est claire : l'agriculteur qui refuse d'épandre la dose recommandée par BASF s'expose à voir l'argent lui glisser entre les mains. Le titre de la publicité, « en 1999 prenez votre rentabilité en main » insiste sur l'imaginaire de la maîtrise et de l'autonomie en reprenant la partie du dessin où l'on peut voir le petit tas de grains qui lui tient docilement dans la main. En réalité, les agriculteurs qui se prennent réellement en main sont sans doute plutôt ceux qui travaillent à demi-dose. L'abandon absolu à la logique de la firme est ici paré, par la magie de l'imaginaire, des vertus de l'autonomie alors qu'il relève bien entendu de l'hétéronomie. A la manière d'un retour du refoulé, la vérité transparaît derrière la rhétorique du publicitaire.

---

[187] Ogam® (BASF), *La France agricole.*

[188] En France, BASF est présent à travers une dizaine de sociétés qui emploient près de 1800 collaborateurs et réalisent un chiffre d'affaires de 1,9 milliard d'euros.

Le divin

Les représentations religieuses constituent un fonds imaginaire parfois exploré par les publicitaires. Une réclame pour Caramba®[189] (BASF) utilise l'idéal consistant à vouloir « nourrir le monde ». Elle met en scène un enfant mangeant du pain. Cet aliment, nourriture spirituelle pour le catholicisme, a une forte valeur symbolique. Le rituel qui consistait à faire le signe de croix avec un couteau sur le pain avant de le découper est encore présent dans les souvenirs des Français. Comme l'indique le slogan, le productivisme a aussi son idéologie humaniste et sa justification morale : « protéger le blé, c'est protéger la vie ». Bien que cet humanisme chrétien se soit effacé devant le « froid intérêt »[190] du chef d'entreprise agricole, il est encore présent dans l'inconscient culturel ou dans les motivations explicites de certains agriculteurs. C'est peut-être en raison de la valorisation chrétienne du blé assimilé au corps du Christ que de nombreux exploitants agricoles ont longtemps résisté aux agents du développement qui souhaitaient intégrer cette céréale dans l'alimentation des animaux d'élevage[191].

De même, une publicité pour le fongicide Koara®[192] (NOVARTIS AGRO) s'appuie sur une fresque religieuse. Un champ de céréales, dépourvu d'adventices, est surplombé par une scène picturale de style renaissance dominée par une divinité drapée de blanc. L'un des personnages masculins tient une gerbe de blé, symbole de fécondité et de puissance, dans l'une de ses mains. Le slogan (« blés et orges délivrés du Mal[193] au premier traitement »), assimile les champignons parasites à une souillure dont l'éradication constitue une nécessité morale. Le jugement de valeur est sans appel : l'élimination des organismes indésirables constitue une bonne action. La puissante configuration qui évalue les actions humaines selon les critères du Bien et du Mal est ici mobilisée pour valoriser la « propreté » du champ. Quiconque oserait contester le onzième commandement (tu arroseras ton champ de pesticides) encourt les foudres divines. Comme lorsqu'il fallait préserver la virginité des jeunes filles jusqu'au mariage, les céréales doivent conserver leur pureté imaginaire jusqu'à la moisson.

---

[189] *La France Agricole* n°2866, 15 décembre 2000, p. 2.

[190] « Tous les liens complexes et variés qui unissent l'homme féodal à ses supérieurs naturels, elle [la bourgeoisie] les a brisés sans pitié pour ne laisser subsister d'autre lien, entre l'homme et l'homme, que le froid intérêt, les dures exigences du paiement au comptant. » (Marx, 1848, 33) La métaphore de la froideur est reprise par Mauss qui parle de la « froide raison du marchand, du banquier et du capitaliste. » (Mauss, 1923-1924, 270)

[191] Information provenant d'un technicien agricole.

[192] *Cultivar le mensuel*, supplément au n°455, 4 janvier 1999, p. 2.

[193] On remarquera la référence à la prière du « Notre Père ».

Une autre publicité[194] enveloppe la technologie agrochimique d'un halo surnaturel. Elle est basée sur la photographie d'un champ parfaitement plat, uniforme, standardisé, rationalisé, et bien entendu dépourvu de toute plante adventice. En arrière-plan, un ciel d'orage uniformément grisâtre fait planer une menace sur la scène. En lévitation au-dessus du champ : un bidon muni d'une étiquette violette sur laquelle apparaît un éclair. Deux mains entourent le bidon, évoquant un étrange rituel qui dilue une atmosphère magique. Elles sont soignées, les ongles coupés courts, sans doute masculines. L'homme porte une alliance à l'annulaire de la main gauche. De la lumière jaillit du bidon et illumine les paumes des mains. Le registre qu'exploite la publicité est celui de la puissance. Cette dernière, illustrée par la foudre, semble d'origine cosmique ou divine. Le nom choisi (Energy Puma®) insiste sur la puissance du félin. De plus, un jeu de mot transforme le pesticide en force véhiculant de l'énergie. En effet, le « champ d'Energy » fait référence au champ magnétique et renvoie aux forces découvertes par la physique moderne. Comme le confirme le slogan, le registre mobilisé est celui de la puissance et de l'affrontement : « la nouvelle puissance contre vulpin et folle-avoine ». Le paysan aux mains calleuses a disparu ; il a laissé la place à l'entrepreneur technoscientifique qui joue à se prendre pour Dieu en maniant des énergies considérables. Cette tentation démiurgique le met en résonance avec de nombreux courants de l'extrême contemporain :

> « Des milliers de griots, de conteurs, d'écrivains, d'artistes, etc., ont créé des univers, aucun ne s'est pris pour un dieu. A l'inverse, il est saisissant de voir comment cette autoproclamation se banalise aujourd'hui dans la biologie, la médecine ou la cyberculture. » (Le Breton, 1999, 155)

Une publicité[195] (p. 227) pour des semences de tournesol présente une configuration similaire. Au dessus d'un champ se tient une énorme main humaine, paume tournée vers le ciel, supportant une gigantesque fleur de tournesol. En gros caractères, le nom commercial des semences est lui aussi porté par la main dont la couleur bleue produit un effet surréaliste. Les semences Prodisol® semblent prodigieuses car, si l'on en croit la publicité, elles résistent à tous les mildious et ont des rendements élevés. Le néologisme Prodisol® est manifestement un hybride du prodige et du tournesol. Mais outre qu'il faut y voir un éloge des performances imaginaires du produit – le mot « prodige » apparaît en toutes lettres dans la publicité –, l'assonance avec le tournesol constitue un clin d'œil au soleil. L'emballage des semences est en effet orné de la reproduction d'une fleur dont la position (en haut à droite) symbolise l'astre solaire. La scène, par sa grandiloquence, inscrit la référence au soleil dans une symbolique divine et mythologique. Tel Prométhée ravissant le feu aux dieux pour le donner aux hommes, les chercheurs de la société semencière DEKALB (rachetée par la firme MONSANTO), en jouant à se prendre pour dieu, ont créé Prodisol® pour

---

[194] Energy Puma® (AGREVO), *Cultivar le mensuel*, supp. au n°479, 18 janv. 2000, p. 105.
[195] Prodisol® (DEKALB-MONSANTO), *Cultivar*, suppl. au n°480, 1er fév. 2000, p. 31.

l'apporter aux agriculteurs. Bel exemple du fantasme démiurgique qui parcourt les imaginaires technoscientifiques.

La technique et la science comme « idéologie »

Comme l'ont montré Marcuse (1966) et Habermas (1968), le discours de la science ne se cantonne pas dans un espace abstrait dépourvu de toute humanité. Pris dans le jeu du social ordinaire, certains scientifiques légitiment le pouvoir, suscitent des croyances, des idéologies, des fantasmes, des espoirs, des processus d'identification, etc. La croyance en la toute-puissance de la science ou la représentation qui assimile le scientifique à un homme intelligent, apolitique et travaillant toujours au bonheur de l'humanité sont des composantes de l'idéologie technoscientifique. Même si la figure du docteur *Jekyll* semble parfois susceptible de se transformer en celle de *Mister Hyde* (Stevenson, 1886), le scientifique est en effet souvent perçu par les agriculteurs comme un homme supérieur dont les travaux méritent le respect. Le prestige social de la médecine notamment, l'immense aura suscitée par l'entreprise de lutte contre la maladie et la fascination produite par l'espoir d'une éradication de la mort, concourent à faire pencher la balance de l'imaginaire en faveur des scientifiques dont l'activité est implicitement déclarée d'intérêt public par le sens commun. Déjà évoquée pour son érotisation, la publicité[196] (p. 221) pour quatre solutions commerciales contenant du tébuconazole met ainsi en scène un docteur dont les intentions bienveillantes sont symbolisées par un large sourire. Le discours qui élève les pesticides au statut de produits « phytosanitaires » – adjectif signifiant littéralement « qui soignent les plantes » – mobilise adroitement le foyer d'imaginaire émanant du monde médical. Cette métaphore transformant les agriculteurs en médecins des plantes permet de mobiliser au profit de BAYER AGRO l'idée que le devoir moral de tout agriculteur consiste à prendre soin de son colza comme le généraliste prend soin de sa famille. Tel Pasteur vaccinant contre la rage, le cultivateur aspergeant ses champs de tébuconazole administre un remède pour lutter contre les champignons qui propagent la « maladie ». Dans cette optique, il est impossible de contester l'usage du biocide sans passer pour un « archaïque » s'opposant aux progrès de la science médicale.

Une autre publicité[197] faisant apparaître Albert Einstein manifeste la volonté d'exploiter l'idéologie technoscientifique. L'identification au savant est autorisée par le nom du produit (Nimbus®). Le sens commun considérant que les savants ont toujours la tête dans les nuages, ce choix montre la volonté du publicitaire de jouer sur l'image stéréotypée du scientifique afin de mettre la

[196] Libéro®, Horizon ew®, Cartoon® et Triade® (BAYER AGRO), *Cultivar le mensuel*, supplément au n° 480, 1er février 2000, p. 27.
[197] Nimbus® (BASF), *Cultivar* n°490, p. 84.

décision de « traiter » à l'abri d'une analyse critique qui pourrait remettre en cause son bien-fondé. L'agriculteur peut donc s'identifier au célèbre savant en ayant l'idée lumineuse d'utiliser ce désherbant. Sa décision est en quelque sorte promue au niveau de dignité de l'intuition scientifique d'Einstein qui, par sa posture – mains jointes devant son visage, regard tourné vers le ciel –, manifeste symboliquement son amour de la théorie et sa propension imaginaire à chercher dans la vie contemplative l'équation qui l'a rendu célèbre. Du point de vue de l'efficacité symbolique, il importe peu que ce cliché soit peut-être éloigné de la réalité historique. En vantant les capacités supposées du produit à s'attaquer à deux cibles (« Nimbus®, un désherbage au carré, antidicots et antigraminées, il fallait y penser ! »), le slogan renforce l'analogie avec la formule $E=MC^2$. La soumission à la recommandation dispensée par la publicité est donc valorisée par l'identification au travail du scientifique. De plus, la « propreté » associée implicitement à l'idée du travail soigné est décrite comme la condition *sine qua non* de la rentabilité : « Une enquête récente de la SOFRES rapporte que 80% des colzaïculteurs considèrent qu'un colza rentable est d'abord un colza propre et bien implanté ». Si les agriculteurs pensent que l'utilisation des pesticides est nécessairement rentable, il ne faut pas les détromper[198]. De plus, l'utilisation du pesticide est érigée en signe de distinction par le discours publicitaire : « Nimbus®, il fallait y penser ». Un plouc ne pourrait avoir « spontanément » une idée aussi lumineuse. Seuls les agriculteurs technoscientifiques ont l'étoffe et le savoir-faire nécessaire à l'utilisation du désherbant associé à Albert Einstein par le dispositif publicitaire : « $(\text{désherbage colza en pré-levée})^2$ = Nimbus® ».

La compétition

Autre grand imaginaire de la modernité, l'esprit de compétition est lui aussi mobilisé par les publicitaires pour toucher les agriculteurs. Le « culte de la performance » analysé par Alain Ehrenberg (1991) apparaît dans de très nombreuses réclames. Les publicités consacrées à l'éloge de la compétition font souvent référence au sport qui est comme l'entreprise habité par la « passion agonistique » (Ehrenberg) caractérisant la sociabilité moderne. Le franchissement des montagnes par les cyclistes, notamment, symbolise bien le succès. Le vainqueur, occupant la position la plus haute sur l'échelle de prestige, se tient imaginairement au sommet de la montagne du haut de laquelle il domine ses concurrents. Ainsi une publicité[199] (p. 228) pour une semence utilise le maillot à

---

[198] Pourtant, à lire entre les lignes, il n'est pas évident que l'utilisation des pesticides engendre des bénéfices : « Avec Nimbus® et une bonne connaissance de vos parcelles, désherber rentable c'est plus simple ». Sous-entendu, ça ne l'est pas toujours...
[199] Athos® (GIE POIS NICKERSON/UCS), *La France Agricole*.

pois rouges du meilleur grimpeur du tour de France tout en faisant référence à l'un des trois mousquetaires d'Alexandre Dumas. Athos® est « le pois qui vous fera gravir tous les sommets ». La réussite est bien entendu liée à l'obtention du rendement maximum. Hors du productivisme, il n'y a pas de salut : « Athos® prouve depuis quatre ans sa productivité élevée et sa régularité ». L'agriculteur transformé en coureur cycliste affublé d'un maillot à pois vert lève les bras en serrant les poings en signe de victoire. D'autres sports sont mobilisés pour écrire la nouvelle épopée de la compétition universelle : course automobile, régate, lancer du javelot, course de relais, course de fond, tennis. Aujourd'hui plus que jamais, la réussite est liée à l'imaginaire productiviste de la performance.

La maîtrise et l'artificialisation de la nature

> « La coupure homme/nature est une caractéristique idéologique de l'Occident ; elle est à mettre en relation avec le principe de l'agriculture intensive et, *via* le mode de production capitaliste, avec la volonté d'un contrôle direct et intégral des cycles de l'écosystème. »
>
> Gilles Tétart, *Le Sang des fleurs. Une anthropologie du miel et de l'abeille*

La volonté de maîtrise, de contrôle de la nature et du hasard est une dimension essentielle de la modernité. Le progrès et la sécurité sont recherchés de manière systématique. La rationalisation du monde est l'objectif poursuivi par les logiques sociales dominantes issues d'Europe occidentale. Dans cette optique, la nature est l'entité adverse qu'il faut maîtriser. Si l'on en croit la publicité[200], « Karaté® contrôle les ravageurs avec un profond respect de la nature ». En étroite association avec la représentation des « mauvaises herbes » comme souillure imaginaire, la « propreté » a aussi une justification esthétique. Ainsi une réclame pour un herbicide[201] (p. 229) insiste sur la « beauté » attachée à l'éradication totale des adventices. Sous la photo d'un paysage champêtre, le slogan annonce la thématique : « C'est beau une région sans broussailles ! » Dans un registre proche, une publicité[202] présente un herbicide comme le « chef d'orchestre qui vous conduit toute l'année sans fausse note ». C'est bien l'imaginaire de la maîtrise qui vante les mérites de Charleston® comme s'il permettait de se prémunir totalement du hasard. Le fantasme de contrôle n'admet la présence d'aucun adventice dans les cultures. Si l'homme est toujours susceptible de faire des erreurs, la technique doit subvenir à ses

---

[200] Karaté Vert® et Karaté Xpress® (SOPRA-ZENECA), *Cultivar le mensuel*, supplément au n° 455, 4 janvier 1999, p. 19.
[201] Garlon® 2000 (DOW AGROSCIENCES), *La France Agricole*.
[202] Charleston® (CHEMINOVA), *Cultivar le mensuel*, supp. au n° 487, 17 mai 2000, p. 19.

défaillances afin qu'il atteigne la perfection. Une réclame[203] (p. 230) pour une moissonneuse-batteuse centre également son argumentaire sur l'imaginaire du contrôle : « Maîtrisez la récolte en conditions difficiles ». La rhétorique insiste sur les capacités supposées de la machine à assurer la moisson même si les céréales sont couchées sur le sol, s'il pleut ou si la terre est humide. Curieusement une photographie montre la moissonneuse en action en conditions optimales : le blé n'est pas « versé », le temps est magnifique et le sol parfaitement sec. Peut-être vaut-il mieux éviter de montrer la machine travailler en situation difficile. Le réel pourrait infliger un démenti cinglant à l'imaginaire. A moins que la machine n'ait le pouvoir magique de transformer la nature au point de contrôler les aléas du climat : « la nouvelle moissonneuse-batteuse Cts® peut vous aider à maîtriser vos conditions les plus rudes ».

L'artificialisation de la nature est une technicisation du monde. Dans cette optique, l'univers n'a d'autre valeur que celle de terrain ouvert à l'action de l'homme. Pour cet imaginaire, le monde est une construction humaine et la nature une entité désymbolisée qu'il est urgent de façonner pour lui ôter son « inquiétante étrangeté » (Freud, 1919). Il semble en effet nécessaire de combler le vide de sens en lui donnant un visage humain. Ainsi une publicité[204] pour un régulateur de croissance[205] présente-t-elle une céréale sous les traits d'une femme noire. Photographiée de profil, elle porte sur sa tête un récipient rempli de grains. Son cou est pris dans sept colliers courts et épais dont le métal doré renvoie la lumière. L'action du produit, qui limite les risques de verse en ralentissant la croissance de la plante, est ainsi parfaitement symbolisée. Moddus® n'est plus un produit chimique, c'est un joyau exotique qui a le pouvoir de transformer une céréale en femme portant une abondante récolte. L'Afrique est mobilisée afin de renouveler le charme d'une représentation typiquement occidentale. Manière de nier l'altérité et de maintenir l'évidence de la légitimité du processus d'occidentalisation du monde (Latouche, 1992), tout en palliant partiellement l'incapacité des imaginaires technoscientifiques à donner du sens à l'existence.

Outre l'anthropomorphisation des plantes, la mécanisation imaginaire des végétaux est couramment utilisée par les partisans d'une technicisation du monde. Ainsi, une publicité[206] pour un autre régulateur de croissance présente-t-elle des plants de blé sous la forme d'énormes épis jaunes fixés à un socle bleu parfaitement semi-sphérique. Cette étonnant objet technique vante les mérites du produit en transformant la plante en artefact. Pour un agriculteur productiviste, le végétal n'est qu'une création humaine comme les autres. Le pouvoir de réalisation inédit porté par le complexe économique et technoscientifique tend

---

[203] Cts® (JOHN DEERE), *La France agricole*.

[204] Moddus® (NOVARTIS), *Cultivar le mensuel*, supplément au n° 478, 28 déc. 1999, p. 15.

[205] Ces produits aussi appelés « raccourcisseurs » ralentissent la croissance des plantes dans le but de limiter leur chute sur le sol (la verse).

[206] Cycocel® C5 (BASF), *Cultivar le mensuel*.

asymptotiquement à transformer le monde entier en production humaine. Cette tendance est encore plus flagrante dans une autre publicité[207]. Terpal® semble en effet capable de changer l'orge en une énorme vis en acier. L'éloge du produit montre sans fard l'« anthropomorphisme technologique » (Gras, 1989, 215) lié au processus d'artificialisation de la nature. Grâce à la technique moderne qui apporte aux plantes la force de l'acier inoxydable, les céréales se conduisent conformément à la volonté de l'agriculteur car elles ne tombent plus sur le sol avant la récolte : « Avec Terpal®, vos céréales tiennent debout jusqu'à la fin de leur cycle ». Mais le régulateur de croissance n'est pas le seul à favoriser une augmentation mécanique du rendement. Fortress®[208] (DOW AGROSCIENCES, p. 231) permet aussi de satisfaire la volonté de sécurité et de maîtrise : « Jusqu'à huit semaines de protection en un seul passage : jamais la lutte oïdium n'avait été aussi bien maîtrisée ». Conséquence de l'artificialisation de la nature, le fongicide est censé favoriser un « rendement supérieur de 10 à 20% à la récolte » habituelle, soit 5 à 15 quintaux supplémentaires par hectare. Dans cette publicité, la promesse d'un perfectionnement de l'exploitation des ressources naturelles provoque une surenchère imaginaire. La juxtaposition des deux photos tend en effet à montrer que Fortress® est susceptible de quadrupler les moissonneuses-batteuses de l'agriculteur, sa puissance et sa productivité au travail. Magnifique illustration de la symbolique de l'abondance qui préside à l'industrialisation de l'agriculture...

Illustrations

Ces publicités sont reproduites avec l'aimable autorisation des sociétés AMAZONE S.A., ARGO FRANCE, BAYER CROPSCIENCE FRANCE, CNH FRANCE S.A., DOW AGROSCIENCES, JOHN DEERE FRANCE, LIMAGRAIN VERNEUIL HOLDING et MONSANTO AGRICULTURE FRANCE S.A.S.

[207] Terpal® (BASF), *Cultivar le mensuel*, supplément au n°482, 29 février 2000, p. 25.
[208] *Cultivar le mensuel*, supplément au n°455, 4 janvier 1999, p. 31.

Heureusement,
le monde évolue!
LEADER / FOO - Fortunately
Certains sont fiers de ne jamais changer.
Pas New Holland, qui n'a de cesse de s'améliorer pour vous.
Evoluer, cela veut dire grandir, s'adapter aux besoins des clients, actualiser sa technologie et élargir ses services. Evoluer, c'est un engagement qui nécessite de la connaissance, de l'expérience et la compréhension du passé. C'est aussi la capacité, qui se traduit chez New Holland par une gamme unique et complète de produits et de services, d'être une référence forte, solide et globale sur le plan de l'évolution toujours tournée vers la recherche de perfection.
NEW HOLLAND
Des Hommes de Confiance

Changez d'ère...!
Landini
l'autre planète bleue
Coupon à retourner à LANDINI Tracteurs, Z.A. du Pré de la Dame Jeanne - 60128 PLAILLY — Tél : 03 44 54 87 00 - Fax : 03 44 54 87 10
our recevoir une documentation sur : Legend Delta Six Mythos Rex Vignes Rex Fruits Rex Vergers Discovery Globus Ghibli Mistral Atlas
Nom : Prénom : Agriculteur Etudiant
dresse : Code Postal : Ville :

PRESSES KRONE ROLLER GRIP
Nouvelle gamme
DÉJÀ N°1 EN ALLEMAGNE
LOIN DEVANT...
UNE TECHNOLOGIE D'AVANT GARDE
LOIN DEVANT POUR LA PAILLE
LOIN DEVANT POUR LE LAIT... ET LA VIANDE
LOIN DEVANT POUR LE PRIX
RoundPack, VarioPack
UNE GAMME DE 21 MODÈLES
DE PRESSES POLYVALENTES
À CHAMBRE FIXE OU VARIABLE
Appel gratuit 0800 23 45 76
KRONE est distribué par AMAZONE S.A
BP 67 Montfort l'Amaury 78490
KRONE
TOUTE LA FENAISON, RIEN QUE LA FENAISON

Une étoile
pour chacun de nos voeux
de Bonne Année 1999
Bayer agro
Plus loin avec vous
Une gamme phytosanitaire au service de l'Agriculture
Bayer S.A. - Division Agro - 49/51, quai de Dion Bouton - 92815 Puteaux Cedex
BD Strata - 01 53 34 10 20 - 12/98

Tout est bien qui finit bien.
EPIAISON et Qualité
FONGICIDE Aujourd'hui, réussir ses cultures de céréales, c'est assurer rendement et qualité. Un bon programme fongicide doit répondre à cette double exigence. Pour cela, le traitement épiaison est incontournable : il vient relayer la lutte fongicide contre les maladies foliaires et assurer la qualité de la récolte. Epopée, fongicide haut de gamme, est particulièrement efficace contre l'ensemble des maladies de l'épiaison.
Epopée®
L'union de la qualité et du rendement
Epopée
Bayer agro
Plus loin avec Vous

NEW HOLLAND
SERIE TM
Qui a dit qu'on ne pouvait pas tout avoir?
LEADER / FOO - TM Tractor
La Série TM est née pour vous offrir de nouveaux standards exceptionnels en termes de qualité, de performance et de productivité.
Le pont avant à suspension Terraglide™ et la cabine Comfort Ride™ vous procurent une force de traction supérieure et une sécurité renforcée: la Série TM répond à toutes vos exigences.
Pour plus d'informations sur nos produits, nos services et nos offres de financement, merci de contacter votre concessionnaire New Holland le plus proche.
Venez visiter notre site internet: www.newholland.com/fr
NEW HOLLAND choisit les lubrifiants Ambra
NEW HOLLAND
Des Hommes de Confiance

BALTIMORE
Je t'adore...
Pour ton rendement exceptionnel, pour ta souplesse d'utilisation, pour ta résistance aux verses...
BALTIMORE
Semence de Maïs
NICKERSON
Un très fort potentiel grain et ensilage
Une grande souplesse d'utilisation
Des performances multi-sites remarquables
Un très bon comportement sanitaire
Une excellente résistance aux verses
NICKERSON fait fructifier vos récoltes
Rue des Vieilles Vignes BP2 Croissy Beaubourg 77313 Marne-la-Vallée cedex 2 - Tél : 01 64 62 58 00 - Fax : 01 64 62 58 01
NICKERSON

Les Aventures de Doc. Tébuco
Double Effet
Sur Le Colza
Efficacité Fongicide
Limitation du risque de verse
grâce au
TEBUCONAZOLE
Appliqué à la reprise de végétation, le tébuconazole associe un haut niveau d'efficacité sur les maladies et la propriété de limiter la hauteur de végétation du colza. Les colzas plus sains et plus petits résistent mieux à la verse. La protection fongicide à la floraison est ainsi optimisée, la récolte facilitée et le rendement préservé. Tébuconazole : le partenaire indispensable pour une production simplifiée.
Bayer agro
Plus loin avec vous
Pour votre Colza, deux effets, un seul produit, un seul traitement

Plus forts que jamais
Depuis plus de 150 ans, Case IH n'a cessé de gagner en puissance, vous apportant en permanence un choix, une qualité et une innovation sans équivalents. Mais au-delà de cette histoire prestigieuse, nous aimerions partager l'avenir avec vous.
C'est un fait : notre position est aujourd'hui plus forte que jamais. Elle nous permet d'affirmer que Case IH restera au
rang de la technologie agricole, vous apportant des solutions encore meilleures. Avec cette position, Case IH dispose d'un réseau mondial encore plus efficace, vous donnant accès à tout le service et le support dont vous aurez toujours besoin.
Avec cette position, vous pouvez continuer à compter sur Case IH pour vous fournir un vrai choix de materiels, avec une valeur préservée.
Sachant tout cela, les raisons de choisir Case IH n'ont jamais été aussi fortes.
CASE IH
2388
1030

Plus forts que jamais
Depuis plus de 150 ans, Case IH n'a cessé de gagner en puissance, vous apportant en permanence un choix, une qualité et une innovation sans équivalents. Mais au-delà de cette histoire prestigieuse, nous aimerions partager l'avenir avec vous. C'est un fait : notre position est aujourd'hui plus forte que jamais. Elle nous permet d'affirmer que Case IH restera au premier rang de la technologie agricole, vous apportant des solutions encore meilleures. Avec cette position, Case IH dispose d'un réseau mondial encore plus efficace, vous donnant accès à tout le service et le support dont vous aurez toujours besoin. Avec cette position, vous pouvez continuer à compter sur Case IH pour vous fournir un vrai choix de matériels, avec une valeur préservée.
Sachant tout cela, les raisons de choisir Case IH n'ont jamais été aussi fortes.
CASE IH

Puissance,
fiabilité,
rentabilité...
Peut-on imaginer
qu'il n'y ait pas
de limites???
CASE IH
MX270
Oui!
MX Magnum
http://www.casecorp.com

NEW HOLLAND
SERIE 70
Exploitez sa puissance
comme bon vous semble
LEADER / FOO - Serie 70
NEW HOLLAND 8970
Jamais alliance n'a été aussi parfaite entre puissance,
maniabilité, traction et sobriété.
Grâce à la transmission Powershift, les moteurs
Constant Power Plus expriment toute leur
puissance en toutes situations. Avec le
Supersteer™, vous manœuvrez plus facilement
et plus rapidement: c'est l'assurance d'une
performance et d'une productivité supérieures.
Pour plus d'informations sur nos produits, nos services et nos
offres de financement, merci de contacter votre concessionnaire
New Holland le plus proche.
Venez visiter notre site internet: www.newholland.com/fr
NEW HOLLAND choisit les lubrifiants Ambra
NEW HOLLAND
Des Hommes de Confiance

Recherchez-vous un tracteur doté d'une technologie conçue pour vous obéir au doigt et à l'œil ?
Oui! CS 110/120/130/150
Ces tracteurs sont donc pour vous.
• Levier Multicontroller qui regroupe toutes les fonctions et permet de commander du bout des doigts les vitesses PowerShift, le relevage, les distributeurs auxiliaires et le PowerShuttle,
• 4 régimes de prise de force dont 2 économiques et 2 normaux pour vos travaux variés,
• circuit hydraulique PFC (pression et débit à la demande) pour commander plusieurs verins en même temps,
• excellent étagement des vitesses pour avoir toujours la bonne vitesse de travail.
CASE
PLUS FORTS QUE JAMAIS
www.caseih.com

Résistant à tous les mildious,
rendements élevés
Prodige
Force 3
PRODISOL
Résistant à tous les mildious,
très peu sensible au phomopsis
et aux sclérotinias
Très productif et régulier, adapté
à toutes les zones de culture
Une productivité huile/ha élevée
Prodisol
PRÉCOCE
DEKALB
SEMENCES CARGILL DEVIENT DEKALB

ATHOS
Le pois qui vous fera gravir tous les sommets
● Athos prouve depuis 4 ans sa productivité élevée et sa régularité. "Valeur sûre" dans les recommandations ITCF-UNIP, ATHOS est le meilleur témoin de rendement.
● Reconnu pour sa bonne tenue de tige, ATHOS est un pois facile à récolter.
● ATHOS est la meilleure variété du marché pour la teneur en protéines.
OBTENTEUR : GIE POIS NICKERSON/UCS
NICKERSON SA
Rue des Vieilles Vignes BP2 Croissy Beaubourg
77313 Marne-la-Vallée cedex 2
Tél : 01 64 62 58 00 - Fax : 01 64 62 58 01
SOFRASEM
Place de la Gare - Méré
78490 Montfort-L'Amaury
Tél : 01 34 86 91 47 - Fax : 01 34 86 95 14

C'est beau une région sans broussaille !
GARLON* 2000 est un débroussaillant spécifique : il a été conçu spécialement pour le débroussaillage. Tous les débroussaillants de la gamme GARLON respectent les graminées et sont biodégradables. Aujourd'hui, la nouvelle formulation non volatile de GARLON 2000 en permet l'utilisation près des cultures sensibles.
GARLON 2000
NOUVEL USAGE • NOUVELLE DOSE 2 L/HL
VERT PAYSAGE
GARLON
RESPECTE LES GRAMINÉES
Dow AgroSciences
Dow AgroSciences S.A. - BP 229 - 06904 Sophia Antipolis Cedex

Moissonneuse-batteuse CTS de John Deere
MAITRISEZ LA RECOLTE EN CONDITIONS DIFFICILES
La moissonneuse-batteuse CTS de John Deere a établi de nouveaux records de performance en conditions difficiles. Le concept de séparateurs rotatifs à doigts a élevé le niveau de performance en pailles vertes et conditions humides.
Et maintenant, les nouvelles caractéristiques de la cabine vont établir de nouveaux standards pour le confort et la facilité de commande de la machine. Des dispositifs de commande et de surveillance innovateurs vous permettent de commander facilement et aisément chaque instant de la moisson. Une nouvelle console sur accoudoir avec "touches sensitives" met sous la main les principales commandes. Un nouveau levier multifonction place sous votre pouce toutes les commandes de l'équipement de récolte – y compris du rabatteur – ainsi que celles de la trémie. Vous pouvez ainsi vous concentrer tout à loisir sur la conduite de la moissonneuse-batteuse. Une récolte plus rapide et plus précise même en conditions versées est un jeu d'enfant grâce au dispositif ContourMaster et ses trois différents réglages de hauteur de coupe. En outre, une nouvelle console d'angle à trois écrans VisionTrack aide l'opérateur à maintenir la moissonneuse-batteuse à un rendement maximum. Demandez sans tarder à votre concessionnaire John Deere comment la nouvelle moissonneuse-batteuse CTS peut vous aider à maîtriser vos conditions les plus rudes.
JOHN DEERE
LA FIABILITÉ EST NOTRE FORCE

Faiblesse
FORTRESS
JUSQU'À 8 SEMAINES DE PROTECTION EN UN SEUL PASSAGE :
JAMAIS LA LUTTE OÏDIUM N'AVAIT ÉTÉ AUSSI BIEN MAÎTRISÉE.
Anticiper l'oïdium,
c'est gagner
5 à 15 quintaux/Ha*.
Issu de la nouvelle génération des fongicides, Fortress*, spécialité à base de Quinoxyfen, permet d'anticiper la lutte contre l'oïdium des blés et des orges dès le tallage. Pour les céréaliers, les bénéfices de la lutte contre l'oïdium permettent d'assurer :
• Une céréale plus verte, plus tôt, pour un meilleur développement de la céréale.
• Une plante plus saine afin de limiter l'installation d'autres maladies telles que la septoriose.
• Une assurance de rendement supérieur de *10 à 20% à la récolte.
FORTRESS
FORTRESS, l'anticipation oïdium des céréales.
Composition : Quinoxyfen 500 g/l. Usages : oïdium du blé et de l'orge. Dose d'homologation : 0,3 l/ha soit 150g m.a/ha. xi : irritant, respectez les précautions d'emploi.
AV n° 9600018 - *Marque déposée Dow AgroSciences.
Dow AgroSciences
Dow AgroSciences S.A.
BP 229 - 06904 Sophia Antipolis Cedex

TROISIEME PARTIE

UN FAIT SOCIAL TOTAL

> « Fort de son sentiment de toute-puissance, armé de la certitude qu'il peut maîtriser la nature, l'homme que dessine Léonard [de Vinci], la tête haute, le regard lumineux est le centre convergent de toutes les lignes du cosmos. Emblème euphorique d'un homme nouveau, centré sur l'efficacité, la productivité, un homme pour qui la valeur essentielle est celle du travail. Le regard qu'il porte sur le monde est froid, détaché, utilitaire. La nature n'est plus dorénavant le refuge des dieux ou la preuve heureuse de la majesté divine, elle doit être soumise, réduite à un simple instrument modelé par les mains et l'intelligence de l'homme. Dénuée de toute métaphysique, la nature est ravalée au rang de force productive. Nous ne sommes plus dès lors au temps où l'impossible venait sans cesse se mêler au quotidien : voici que s'annonce le temps du rationnel. »
>
> David Le Breton, *Corps et sociétés. Essai de sociologie et d'anthropologie du corps*

Après avoir analysé le productivisme agricole à partir d'une approche compréhensive, puis avec une démarche explicative, nous allons maintenant montrer comment l'agriculture productiviste est adoptée à la fois par contrainte et par culture. Il s'agit de mettre à l'épreuve du terrain l'hypothèse selon laquelle le productivisme agricole est un fait social total caractérisé par la démesure économique, la vulnérabilité symbolique, l'hétéronomie politique et le progressisme imaginaire. Du point de vue empirique, cette partie mobilisera deux entretiens réalisés avec trois agriculteurs normands. Afin de contraster au maximum cet échantillon qualitatif du point de vue de la position de classe, nous avons choisi deux fermes opposées par leur taille et leur nombre d'exploitants. Installés en couple sur 51 hectares dans le bocage saint-lois, la famille Enouf[209] produit du lait (quota annuel de 115 000 litres), de la viande (six taurillons) et des volailles industrielles. Douze à treize hectares sont cultivés en maïs, trois à quatre en orge et le reste de la surface agricole utile est occupé par des prairies permanentes. Après une carrière de chauffeur routier qu'il interrompt parce qu'il en avait « marre de rouler », Monsieur Enouf suit une formation de 800 heures en 1990 dans un lycée agricole public et obtient son Brevet d'Enseignement Professionnel Agricole (BEPA). Sa femme abandonne le travail qu'elle effectuait auparavant « dans la construction ». Puis ils reprennent la ferme de la mère de Monsieur lorsque cette dernière part à la retraite en 1991. Tous les deux sont issus du milieu agricole. Ils ont une quarantaine d'années et deux garçons qui souhaiteraient reprendre la ferme. L'un fréquente le collège, l'autre le lycée agricole. La famille habite un petit pavillon défraîchi édifié à proximité de l'ancien corps de ferme. Au cours de l'entretien qui se déroule dans la salle à manger, Madame Enouf nous propose un café puis prend une part active à la conversation commencée avec son mari. Les garçons font une apparition timide à la fin de l'échange.

---

[209] Entretien enregistré le 8 février 2001.

Quant à Monsieur Rault[210] il exploite avec un salarié cent hectares de céréales dans la plaine de Caen. A l'occasion du départ à la retraite de son père, il s'apprête à reprendre les quatre-vingts hectares que ce dernier cultivait. Par ailleurs, il exerce une activité complémentaire d'entrepreneur en travaux agricoles. Il habite avec sa femme et leurs deux enfants dans un pavillon neuf jouxtant l'ancien corps de ferme. Même si le terrassement n'est pas encore fini, la maison est déjà aménagée. Le bureau où se déroule l'entretien est décoré d'animaux empaillés et d'affiches « Chasse, Pêche, Nature, Traditions ». Monsieur Rault a trente-huit ans et une carrure de rugbyman. Il est titulaire de plusieurs diplômes : un Brevet d'Enseignement Professionnel Agricole (BEPA), un Brevet de Technicien Agricole (BTA) et un Brevet de Technicien Supérieur (BTS) en Comptabilité-gestion. Sa femme est invisible, on l'entend préparer la cuisine en fin de matinée. Lors de l'entretien, une fillette apparaît brièvement puis est renvoyée à ses occupations. Au milieu de la pièce, trône un bureau métallique des années soixante-dix orné d'un téléphone et d'une calculatrice à ruban. Monsieur Rault n'hésite pas à regarder le guide d'entretien ou à arrêter le magnétophone pour critiquer Dominique Voynet qui était alors ministre de l'environnement.

[210] Entretien enregistré le 2 février 2002.

Chapitre septième

LA DEMESURE ECONOMIQUE

> « L'héritage culturel productiviste véhicule l'idée que la performance se mesurerait à la dimension économique de l'exploitation. C'est aussi l'idée selon laquelle il faut obtenir le rendement maximum pour s'assurer un revenu. On confond rendement technique et performance économique. »
>
> Cahiers techniques de l'agriculture durable

L'idéal-type de l'agriculteur productiviste est caractérisé par la recherche systématique des récoltes maximales. Augmenter la vitesse du processus de production et surtout les quantités produites constituent donc les caractéristiques essentielles du processus d'industrialisation de l'agriculture. Dans cette optique, nous avons fait l'hypothèse qu'il est possible de recueillir *in situ* des confidences portant sur la recherche du rendement maximum associée à une valorisation excessive du travail caractéristique de l'agriculture productiviste. Le labeur fonctionnerait en effet comme une valeur absolue ou une fin en soi. Si l'on vit pour travailler plutôt que l'inverse, le plaisir résultant de l'exercice d'un métier qui s'apparente encore souvent à une vocation côtoierait ainsi la souffrance liée à l'impératif condamnant l'agriculteur aux « travaux forcés ». Compensation symbolique à la passion du christ émanant d'un inconscient culturel chrétien, symptôme de l'insignifiance de l'existence, remède à l'ennui, recherche du prestige lié au surtravail ou goût pour la compétition du rendement, le travail se modulerait selon différentes logiques socioculturelles mais fonctionnerait bien comme le fondement de la démesure économique caractéristique de l'agriculture industrielle. La valorisation absolue de l'activité professionnelle impliquerait une rationalisation systématique du temps et un amour de l'argent conformes à l'esprit du capitalisme (Weber, 1905). Les logiques dominantes imposant de consacrer sa vie au labeur, les agriculteurs productivistes chercheraient à utiliser chaque instant sous peine de ressentir la culpabilité d'avoir dérogé à l'obligation du travail. L'homme machinal (Forget et Polycarpe, 1990) semblant condamné à accroître encore et toujours sa production, les exploitants agricoles chercheraient à compenser l'inhumanité d'un monde désenchanté, infini et abandonné par les dieux. Insensibles au mouvement écologiste qui prend de l'importance au sein de la société globale, indifférents à la désertification des campagnes ou partisans de l'exode rural qui leur offre une possibilité d'agrandir leur structure de travail, les agriculteurs intensifs refuseraient *a priori* toute mesure susceptible de limiter leur production. L'exploitation agricole fonctionnerait sur le modèle de l'usine engendrée par la révolution industrielle. Par sa consommation massive d'intrants nécessaires à l'obtention du rendement maximum, elle chercherait ainsi à singer le taylorisme et le fordisme propres à l'industrie contemporaine. En somme, les agriculteurs productivistes auraient abandonné la condition de paysan pour celle d'entrepreneur capitaliste, d'ingénieur, de contremaître ou d'ouvrier spécialisé définitivement aliéné au processus de production.

La famille Enouf

Conformément à la tradition productiviste, la famille Enouf estime que l'obtention de la production maximale est une bonne chose. Monsieur Enouf cherche ainsi à « avoir les meilleurs rendements ». Quant à sa femme, elle pense que la démesure productiviste se caractérise par l'augmentation de la quantité et de la vitesse de la production. De son point de vue, ces caractéristiques sont imputables aux contraintes de la modernité et à l'augmentation du coût des fournitures apparemment nécessaires à l'agriculture :

> « Elle : Tout coûte de plus en plus cher, il faut produire plus, en moins de temps possible, on n'a pas trop le choix, en fin de compte. C'est un petit peu l'agriculture moderne qui veut ça. Le problème, c'est que tout coûte cher, donc il faut toujours produire vite et plus. »

Puisque les intrants sont onéreux et qu'il semble impossible de s'en passer, il faut se plier à l'impératif productiviste en fournissant aux plantes et aux animaux les consommables qui leur permettront d'exprimer pleinement leur potentiel de rendement. Aliments pour le bétail, engrais et pesticides sont les principaux postes qui influent directement sur le niveau et la vitesse de la production au sein de l'exploitation agricole. Comme il est impensable de priver les cultures ou les animaux d'une partie ou de la totalité de leurs intrants, l'approvisionnement maximum de l'usine fermière est considéré comme une nécessité naturelle. Selon cet impératif catégorique, les besoins agrochimiques de l'exploitation doivent être satisfaits pour que les rendements soient à la hauteur des espérances des agriculteurs. Mais la famille Enouf ne vit pas dans un monde idéal où l'homme pourrait jouir sans entraves de son productivisme. Le principe de réalité impose en effet la prise en compte du contexte économique de l'activité agricole :

« (*Vous cherchez à faire le rendement maximum mais faites-vous attention à un seuil au-delà duquel il n'est pas forcément plus intéressant de mettre plus d'engrais ?*) Lui : Oh moi je ne mets pas plus d'engrais pour ça. Je mets juste ce qu'il faut [et puis c'est] terminé. Mais nous, on n'en achète pas beaucoup parce qu'avec le poulailler, on n'en a pas tellement besoin. (*En mettez-vous sur les prairies ?*) Lui : J'en mets sur les prairies, mais pour les maïs et tout ça, je n'en mets pas beaucoup. Il y a deux ans que j'en n'ai pas acheté pour les maïs. [Cette année], il va peut-être en falloir un petit peu [parce que] je pense que ça ne va pas suffire. (*Cherchez-vous à économiser les pesticides ?*) Lui : Oui, toujours, tout le temps. On est obligé de faire attention [parce qu'] on a un petit quota alors on est obligé de faire attention à ne pas trop dépenser. Il ne faut pas dépenser des sommes phénoménales en produits, et puis en fin de compte, ça ne va servir à rien. Donc on met juste le nécessaire, c'est tout. »

Pour Monsieur Enouf, il faut distinguer l'indispensable du superflu. Une certaine quantité d'intrants est nécessaire à l'obtention du rendement maximum ; au-delà, tout apport supplémentaire est inutile car il échoue à augmenter encore la production. De plus, cet excès constituerait un gaspillage qui pèserait lourdement sur le budget de l'exploitation. Mais pour la famille Enouf, cette logique économique s'arrête lorsqu'elle menace l'objectif productiviste. Il est manifestement impensable de diminuer les intrants en deçà de la dose considérée comme indispensable à l'obtention de la production maximale. Outre les engrais et les pesticides, le couple achète aussi des aliments pour les vaches laitières, les taurillons et les volailles. Mais là encore, Madame Enouf précise qu'ils doivent éviter de faire des achats excessifs qui menaceraient leur équilibre financier :

« Elle : Il y a certainement de meilleures choses que d'autres, mais tout le monde ne peut pas se permettre de prendre ce qu'il y a de meilleur. S'ils nous donnent cent mille litres de lait de [quota en] plus, on veut bien écouter davantage [notre entourage commercial] et faire encore mieux. Bon, ce n'est peut-être pas toujours avec ce qu'il y a de plus cher qu'on a les meilleurs résultats. »

Comme sa femme, Monsieur Enouf souhaiterait augmenter ses investissements productifs si leurs droits à produire du lait étaient revus à la hausse. Mais en attendant de pouvoir donner libre cours à sa passion productiviste, il semble supporter difficilement les contraintes engendrées par la réalité économique :

« (*Pensez-vous que les agriculteurs qui ont un plus gros quota peuvent se permettre d'être plus dépensiers ?*) Lui : Un agriculteur, s'il a deux milles litres-hectare et l'autre cinq mille litres-hectares, il y en a un qui peut acheter plus d'engrais ou de conneries comme ça que l'autre. (*Plus intensifier ?*) Lui : Ben oui. C'est logique hein. (*Bien sûr.*) Lui : Ça se comprend. Il y en a un qui aura plus de revenus donc il pourra plus investir aussi. (*Et vous, vous souhaiteriez investir plus ?*) Lui : Si je pouvais, oui. Dans le matériel, dans les bêtes, tout ça. J'aimerais bien racheter des bovins maigres et puis les graisser et puis... (Silence). C'est comme ça. »

Du point de vue productiviste, l'activité agricole est une industrie lourde qui nécessite des investissements massifs en machines, bâtiments, animaux, etc.

Pour que la production atteigne des sommets, les infrastructures matérielles de l'exploitation doivent être suffisamment développées. Le raisonnement de Monsieur Enouf implique que la production atteigne toujours le maximum des droits qui lui ont été attribués. Si l'administration l'autorisait à produire deux fois plus de lait, il investirait massivement pour réaliser ce nouvel objectif. Dans la représentation productiviste, un quota est donc considéré *a priori* comme un revenu puisqu'il est impensable qu'il ne soit pas réalisé intégralement. Produire en deçà du maximum est vécu comme le signe d'une incapacité technique qui engendre la honte chez l'agriculteur coupable d'avoir failli à l'impératif productiviste. De plus, Monsieur Enouf semble considérer comme sa femme que le revenu agricole doit servir à investir dans les fournitures plutôt qu'à rémunérer le travail des agriculteurs. Dans cette optique qui laisse percevoir une logique sacrificielle, l'agriculteur est au service de l'entreprise productiviste. A peine gagné, l'argent doit aussitôt être réinvesti dans le système commercial qui se nourrit de l'agriculture intensive. Notre exploitant préfère d'ailleurs le maïs à l'herbe bien que cette dernière soit souvent cultivée avec moins d'intrants :

> « (*Pourriez-vous adopter un système tout herbe ?*) Lui : Non, ça ne me tente pas, ça. (*Et même si ça vous tentait, pourriez-vous abandonner le maïs ?*) Lui : Oui, ça ne coûte peut-être pas plus cher de faire de l'herbe que du maïs mais ça ne me dit rien. (*Vous êtes donc content de votre système ?*) Lui : Oui, tel que je suis là, ça va. »

La culture de la plante hybride mise au point par l'INRA après-guerre (Bonneuil et Thomas, 2002) satisfait pleinement Monsieur Enouf qui l'a introduite dans l'assolement dès son installation en 1991, rompant à cette occasion avec les façons culturales pratiquées jusqu'alors par sa mère. Comme souvent dans l'ouest de la France, l'intensification de l'élevage bovin passe ici par la culture du maïs et l'achat d'aliments riches en protéines à l'instar des tourteaux de soja. Cette association alimentaire est valorisée par la culture productiviste car elle permet d'accroître la production de lait et de viande bovine. Le jugement de valeur apparaît clairement dans la bouche de l'exploitant agricole :

> « Lui : Les gens qui font beaucoup de viande, des taurillons, ils font plus de maïs. C'est quand même une bonne nourriture. »

Il y a aussi une autre raison qui explique que la culture du maïs soit prisée par les agriculteurs productivistes. Cette plante permet d'assurer un revenu minimum car elle bénéficie d'un soutien important contrairement à l'herbe qui est beaucoup moins subventionnée. De plus, si les animaux ne peuvent consommer entièrement la récolte de maïs du fait de son abondance, la vente du surplus peut fournir un revenu complémentaire :

> « Lui : La terre quand elle est primable, il ne faut pas la laisser partir. Nous, on vient d'en reprendre quatre hectares. C'est toutes terres labourables-primables. (*Donc vous pouvez faire du maïs dessus.*) Lui : Voilà. (*La prime est quand même conséquente.*) Lui : Celui qui a trop [de maïs pour nourrir ses animaux], de toute façon, il touche la prime.

Et puis s'il arrive à trouver à vendre le maïs [en excédent, ça lui fait] un peu de sous quand même. »

Même s'il estime que le contexte économique impose de veiller à ne pas dépenser trop d'intrants, monsieur Enouf semble croire que l'obtention du rendement maximum est synonyme d'optimum économique. Confondant le bénéfice avec le chiffre d'affaires, il part manifestement du principe que le premier est proportionnel au second. La logique productiviste, qui suppose que les charges de production sont par nature incompressibles, est prompte à recourir à des arguments économiques pour légitimer son objectif et ses pratiques. Pourtant, si le productivisme a permis aux agriculteurs d'augmenter leurs revenus durant les trente glorieuses (Groussard, Marsal, 1998, 225-226), il n'est pas sûr qu'il soit aussi rentable dans un contexte marqué par la chute des cours des produits agricoles. L'imaginaire subsiste dans l'inconscient culturel productiviste même si la réalité économique s'est profondément modifiée. Mais la satisfaction de l'éleveur productiviste fier de ses performances techniques n'est pas dénuée d'inquiétude face aux éléments naturels qui menacent son rendement. Le maïs est en effet assailli par les adventices, les champignons, les insectes ou les sangliers qui en sont friands :

« (*Etes-vous obligés de mettre de l'insecticide sur le maïs ?*) Lui : Je n'en ai pas mis pour la limace l'année dernière ; je me demande si cette année il ne va pas falloir le faire. On va voir ça [parce qu'ils m'en ont] un peu bouffé. C'est le chantier, [quand ils] bouffent par le pied, c'est chiant. Ils bouffent les racines [alors] c'est baisé. C'est comme le taupin, c'est pareil. Ça bouffe la racine [et puis] terminé. (*Avez-vous moins de soucis avec les prairies ?*) Lui : Oui, à partir du moment où ce sont des prairies non retournées[211]. »

Afin d'éviter ce sentiment d'impuissance face aux nuisances occasionnées par les prédateurs naturels, la solution productiviste consiste à utiliser des semences « traitées » ou à épandre un insecticide sur le maïs. Tout en éliminant les ravageurs, le « traitement »[212] tranquillise l'agriculteur convaincu d'avoir protégé sa culture. Comme un médecin satisfait car il a tout fait pour vaincre la maladie ou la mort, l'exploitant productiviste se doit en effet de « soigner » au mieux ses plantes afin de créer artificiellement les conditions qui lui permettront de réaliser son potentiel de rendement. Mais pour bénéficier de cette tranquillité d'esprit constituant pour Monsieur Mathieu[213] un effet psychologique du recours à l'insecticide, Monsieur Enouf doit apporter les pesticides « nécessaires » à la satisfaction des « besoins agrochimiques » de ces cultures, quitte à incommoder son voisin :

---

[211] Prairies permanentes.
[212] Le mot a été prononcé une fois par Monsieur Enouf et une autre par sa femme.
[213] Cf. chapitre cinq.

> « Lui : C'est vrai que celui qui traite le maïs et puis s'il pleut après sur la terre en pente, celui qui est en dessous, il en ramasse. (*Ce n'est pas toujours facile.*) Lui : Ce n'est pas toujours facile à faire. Ce n'est pas une région où on peut dire "on fera ça demain". Quand il fait beau, il faut y aller. »

Pour Monsieur Enouf comme pour sa femme, l'utilisation de la chimie agricole constitue bien un impératif catégorique auquel il est impossible de déroger. Si on ne peut être agriculteur sans recourir aux pesticides, il faut accepter la pollution qui constitue une conséquence inévitable de l'activité agricole. Comme il est impensable de concevoir des itinéraires techniques étrangers au productivisme, il est inutile de critiquer les pratiques polluantes qui sont impossibles à éradiquer. La pollution agricole serait donc une *loi de la nature* que les citadins doivent accepter s'ils souhaitent acquérir une maison à la campagne. Bien qu'ils soient dominés par les habitants des villes, les ruraux refusent d'accepter l'idéologie urbaine valorisant la protection de l'environnement. Les « bouseux » se révoltent et réclament le droit de produire sans avoir de compte à rendre aux bourgeois :

> « (*Les citadins ont parfois tendance à dire que les agriculteurs polluent.*) Lui : Je me dis que quelqu'un de la ville qui vient à la campagne, c'est à lui de se mettre aux règles de la campagne. Ce n'est pas la campagne qui va se mettre aux règles de la ville. S'il vient de la ville à la campagne, il faut qu'il accepte les lois de la campagne. Sinon, ce n'est pas la peine, il n'a qu'à retourner en ville, il reste chez lui. Il faut qu'il choisisse s'il préfère avoir la pollution des voitures ou avoir de temps en temps une brouette de fumier sous son nez. Les gens de la ville qui viennent en campagne, ils n'y connaissent rien du tout : "on ne peut pas mettre ça plus loin ?". Faut mettre ça là, faut mettre ça là. Elle : La campagne, c'est ça. Lui : S'il loue ou achète une maison, il voit très bien comment c'est. Elle : Celui qui a une maison en face d'une usine qui pollue, s'il n'est pas content d'être là, il ne fallait pas venir habiter là. Ce n'est pas l'usine qui va déménager. En campagne, on a un champ là, il faut bien l'exploiter. »

En comparant l'exploitation agricole à une industrie polluante, Madame Enouf montre que l'usine constitue effectivement le modèle de l'agriculture productiviste. Comme dans le monde industriel, l'exploitation agricole cherche à atteindre le rendement maximum sans se soucier des conséquences sanitaires, sociales ou environnementales que peuvent engendrer la production outrancière. Il importe seulement que l'économie soit déchaînée et que le processus de production tourne à plein régime. La machine n'ayant pas encore totalement remplacé l'agriculteur, les corps des exploitants sont éprouvés par la violence de l'effort nécessaire à la performance technique de l'usine agricole :

> « Elle : Sur une exploitation, quand il y a des coups de bourre, il y a des moments où on en bave. Ça ne coûterait pas si cher, on n'hésiterait peut-être pas à prendre quelqu'un de temps en temps. On ne peut pas se permettre, ce n'est pas possible. Lui : Il y a trop de charges à payer. Elle : Il y a trop de charges. »

Pour diminuer la pénibilité du travail, la famille Enouf a envisagé d'embaucher un salarié. D'autres solutions existent mais elles ont l'inconvénient majeur de rompre avec la valorisation absolue du travail. Même si le labeur fait parfois souffrir, il n'est pas question d'abandonner la culture du maïs, l'élevage des taurillons ou des volailles industrielles au profit d'un système moins exigeant en travail qui pourrait faire passer nos agriculteurs pour des « fainéants ». Monsieur et Madame Enouf considèrent d'ailleurs que les chômeurs manquent de courage car ils rechignent à supporter le joug du labeur :

> « Lui : Je pense qu'il y a du boulot de toute façon. Celui qui veut bosser, tout de suite, il y a moyen. Elle : Suite à la tempête, ça a quand même donné du boulot. Quand on voit les chantiers qu'il y avait... Nous, on a attendu je ne sais pas combien de temps. Il y a des gens aussi qui ne veulent pas travailler. Il faut le dire aussi. Lui : Celui qui veut travailler, même s'il n'est pas dans sa branche, il peut travailler six mois un an quelque part et puis il cherche ailleurs. Elle : Nous, on a eu le maçon et puis le couvreur, ils cherchaient à embaucher parce qu'ils étaient débordés, ils ne suivaient pas. Eh bien ils ne trouvaient pas : les gens ne voulaient pas s'embêter. »

Pour la famille Enouf, le travail avec son cortège de joies et de douleurs constitue bien une valeur absolue conformément à la culture productiviste. Dans cette optique, il est impensable de refuser un emploi quelles que soient les conditions proposées. Quand on aime se dévouer corps et âme au labeur, seule importe la satisfaction de cette passion stakhanoviste. A défaut d'avoir une signification, l'addiction laborieuse a donc un but : augmenter encore et toujours la production. La famille souhaite ainsi acquérir de nouveaux animaux afin de développer les capacités productives de l'exploitation :

> « (*Vous avez combien d'Unité Gros Bétail par hectare ?*) Lui : Oh pas beaucoup. (*Pas beaucoup ?*) Lui : Non. Faudrait qu'on augmente. Elle : Maintenant que les travaux sont faits, il va y avoir moyen d'essayer de faire quelque chose de mieux. Lui : [petite voix] Avant, on n'était pas équipé pour. On a encore un UGB-hectare, à peu près. Elle : Ce n'est pas beaucoup, non, justement. (Se racle la gorge). Si on veut s'en sortir avec tout ce qu'on a fait de travaux, il va falloir qu'on augmente. L'année dernière, tu as vendu des génisses qui n'étaient pas pleines, tu avais des vaches de réforme qui sont parties sans avoir fait de veaux, enfin... (Soupir). Ça a été une année de galère. On n'avait plus de bâtiments ! Toutes les bêtes étaient dehors ! Là, normalement, on va commencer à voir le bout du tunnel mais pour remonter, ça ne se fait pas du jour au lendemain. On ne va pas dire "on va augmenter de vingt ou vingt-cinq animaux d'emblée", c'est impossible, mais disons que ça va être plus facile maintenant qu'on est mieux équipé. »

Monsieur Enouf considère que son devoir consiste à augmenter son potentiel de production. Il rêve donc d'acquérir de nouveaux animaux avec lesquels il pourrait produire plus. Quant à sa femme, elle pense que l'augmentation de la production est évidemment souhaitable conformément au jugement de valeur productiviste. S'il n'était pas contraint par des raisons économiques, le couple achèterait une vingtaine d'animaux supplémentaires dans le but d'augmenter le rendement de l'exploitation agricole. Ils semblent d'ailleurs se sentir coupables de ne pas produire assez comme en témoigne l'altération de leurs voix lorsque ce sujet est abordé. Ils font donc une affaire personnelle de la réalisation de l'impératif productiviste. Leur honneur étant en jeu, ils s'engagent à augmenter leur production afin d'éradiquer la culpabilité et la honte ressenties à cause des difficultés liées à la tempête. Maintenant qu'ils ont résolu le problème des bâtiments, la production de l'usine agricole va s'accélérer pour atteindre des sommets auparavant inégalés. Puisqu'il est impensable de ne pas la remplir au maximum, la nouvelle stabulation, parfois comparée à une « cathédrale de béton »[214], connaîtra bientôt une augmentation de sa production. Même si Monsieur et Madame Enouf semblent peu sensibles à l'inconscient culturel catholique qui légitime parfois l'industrialisation de l'agriculture, l'analyse de leurs propos montre qu'ils sont habités par la démesure économique. Ils considèrent en effet que leur devoir consiste à porter leurs productions animales et végétales à leur maximum de rendement.

Monsieur Rault

Lorsqu'on lui demande s'il pratique l'agriculture raisonnée, l'agriculture paysanne, l'agriculture durable ou l'agriculture biologique, Monsieur Rault répond sans hésiter qu'il s'agit d'agriculture raisonnée. Animé par des motivations économiques et écologiques, il limite en effet ses intrants sans renoncer à l'objectif productiviste qui consiste à tenter d'obtenir la récolte maximale :

> « Je ne veux pas essayer d'économiser en intrants, essayer d'avoir le maximum de quintaux, essayer de respecter l'environnement [marmonne] si c'est pour donner tout aux zozios ou aux Pékinois qui foutent rien autour de Paris ou autour de Caen. »

Outre le mépris pour l'oisiveté et la valorisation absolue du travail, le propos à connotation raciste laisse apparaître une distinction entre ce qui semble nécessaire et ce qui paraît superflu. Comme Monsieur Enouf, notre agriculteur considère donc que le surdosage est inutile mais qu'il faut apporter aux plantes la quantité d'intrants indispensable à l'obtention du rendement maximum. Pourtant, tout en affirmant qu'il cherche à atteindre l'objectif productiviste, Monsieur Rault précise qu'il pourrait produire plus s'il était moins économe :

> « On sait très bien qu'[on pourrait] peut-être gagner un ou deux quintaux encore en rendement, mais à quel prix : dépenser mille francs de charge pour récolter 220 francs de quintaux. (*Cherchez-vous à faire le meilleur rendement ?*) Bien sûr, bien sûr, [bien] sûr, mais je ne vais pas acheter mes derniers quintaux. »

---

[214] Expression prononcée devant nous par un ouvrier agricole.

Il semble donc que là encore, il faille distinguer l'idéal productiviste de la réalité des pratiques influencées par les contraintes économiques. Dans un monde parfait régi uniquement par le principe de plaisir, il serait possible de repousser toujours plus loin les performances des plantes cultivées. D'ores et déjà, les expériences menées par les firmes ou d'autres organisations éveillent la curiosité de notre exploitant productiviste :

> « Aller chercher les derniers quintaux, si c'est en laboratoire, pourquoi pas. C'est toujours intéressant d'aller voir jusqu'où un grain de blé peut aller. On sait que de toute façon, il est capable d'aller au moins jusqu'à 160 quintaux parce que ça a été fait à Longues-sur-mer[215]. Jusqu'où est capable d'aller un blé ? Il paraît jusqu'à 220 [quintaux par hectare]. »

Mais en attendant que l'utopie technoscientifique éradique les contraintes agronomiques et économiques, Monsieur Rault doit se contenter des soixante-dix à quatre-vingts quintaux de blé à l'hectare qu'il obtient habituellement. Il pourrait évidemment produire encore moins, mais cette perspective lui semble incompatible avec l'esprit du productivisme qui se propose de « nourrir la population ». De plus, il est convaincu que son revenu chuterait vertigineusement s'il restreignait encore ses investissements en intrants :

> « Si demain il n'y a plus de raisons alimentaires, si on me dit "tu revends ton pulvérisateur, on te diminue tes charges" et au lieu d'avoir un coût de revient de 50 francs du quintal, 20 francs de bénéfices et de faire 80 quintaux, on te dit "tu ne feras que 40 quintaux, tu auras toujours la même marge, mais bien moins de pognon à brasser entre deux", pourquoi pas mais c'est impossible. Avant de semer un pied de blé, on a déjà un total de charges à [payer]. Donc il n'y a rien à faire, on est emmanché dans un système, on n'a pas le choix. »

Bien qu'il ait conforté son bénéfice depuis qu'il utilise les pesticides à faibles doses, il ne souhaite pas poursuivre les économies de produits agrochimiques. Continuant en dépit de son expérience personnelle à adhérer à l'idéologie productiviste selon laquelle le rendement maximum est synonyme d'optimum économique, il craint manifestement que le volume de sa production ne soit affecté par de nouvelles restrictions en intrants :

> « "Serrez-vous la ceinture, serrez-vous la ceinture, serrez-vous la ceinture", je veux bien mais le jour où il n'y aura plus de cran… Descendre comme je descends au niveau intrants, c'est fini, moi je suis à ras des pâquerettes. Au niveau phytosanitaire, je n'ai plus d'argent à gagner. Si je commence à dire "je ne mets plus tel produit", je peux avoir des risques de manque de quintaux. Les économies d'intrants sont faites. Hormis l'engrais, mais l'engrais de toute façon, on n'a pas le choix. »

En fait, si notre agriculteur raisonné accepte de renoncer à atteindre le rendement maximum, le sacrifice consenti ne peut concerner qu'une infime

[215] Commune située sur le littoral du département du Calvados.

partie du potentiel de production. Il ne saurait être question de réduire la récolte du tiers ou de la moitié. En revanche il est possible de sacrifier une partie négligeable du rendement si cela permet d'améliorer le bénéfice :

> « Si c'est désherbé à 100%, c'est qu'on a mangé de la [marge]. 99%, c'est très bien. Ça coûte très cher d'aller chercher le 100% parce que là, il n'y a plus le choix, c'est obligé d'aller un maximum, soit monter dans les doses, soit au passage. Alors que quand on fait une tolérance, ce n'est pas ça qui diminue un rendement pour autant. Parce que ce n'est pas un pied de véronique dans un hectare de blé qui est méchant et ça permet de rester avec des doses huit fois moins élevées. »

Finalement, sacrifier un pour cent du potentiel de production est acceptable car cela lui permet de continuer à affirmer qu'il obtient toujours le rendement maximum. L'agriculture raisonnée est donc manifestement profondément liée à la culture productiviste. Monsieur Rault n'est pas prêt à renoncer à la satisfaction procurée par une récolte abondante. S'il accepte de ne plus exploiter la nature au maximum des possibilités offertes par la technique moderne, la concession doit rester symbolique. Comme lorsque les pays riches donnent un pourcentage minime de leur Produit Intérieur Brut (PIB) aux pays pauvres, Monsieur Rault consent à céder un pour cent de son potentiel de production sous la pression du mouvement social écologiste. Ce sacrifice constitue sans doute le prix à payer pour que l'agriculture productiviste ait un avenir malgré l'hostilité que lui témoigne une partie importante de la population. Les entreprises agrochimiques ont d'ailleurs compris qu'elles doivent placer l'agriculture raisonnée ou le « développement durable » au cœur de leurs campagnes de communication si elles souhaitent continuer à tirer profit de la commercialisation de la chimie agricole. Il faut à tout prix cacher qu'il est possible de supprimer les intrants et que la réalisation de cette perspective jugée funeste n'est pas compatible avec la recherche de la production maximale dans la mesure où elle entraînerait d'importantes baisses de rendements. Quant à Monsieur Rault, les motivations économiques qui l'ont conduit à pratiquer l'agriculture raisonnée viennent buter contre sa passion productiviste car il pourrait augmenter encore son revenu s'il ne confondait pas l'abondance avec la richesse. Même si cela lui semble impossible, *les chiffres montrent en effet qu'il doublerait son bénéfice en se convertissant à l'agriculture biologique*. Mais examinons tout d'abord la situation financière d'un exploitant productiviste traditionnel d'après le témoignage de Monsieur Rault :

> « Pour implanter une céréale, on sait bien que engrais, semences et produits de traitement, ça tourne à 2600 francs par hectare en moyenne sur la plaine de Caen. On a 2800 francs de primes PAC. Si on met 80 quintaux – parce que c'est bien joli aussi de faire couvrir cent quintaux. Cent quintaux, certains les font très couramment sur le bord de mer mais si on s'emmanche dans les terres, c'est loin d'être ça. Moi je fais mettons un 70/80 quintaux. J'aimerais mieux faire 70/80 quintaux tous les ans que faire une année à 100 quintaux [et] une année à 60. Une année à 100, c'est vrai que c'est bien au niveau du portefeuille mais une année à 60, ce n'est pas bien. On a eu ça entre 1999 et 2000. De 100 on est passé à 59. La marche est dure : c'est plus facile de grimper que de diminuer.

Donc mettons 80 quintaux à 62/63 francs [tape sur une calculatrice à ruban] ça fait 4960 francs. Attention, il y a ce qu'on appelle les charges fixes : il faut compter 4400 francs. Ça fait 7000 francs de charges réelles. Et quatre et deux six, [de recettes], c'est juste. »

Résumons les chiffres avancés par Monsieur Rault dans un tableau :

Dépenses	Intrants : 2600	Charges fixes : 4400	7000
Recettes	Primes : 2800	Récolte : 80x62=4960	7760
Bénéfices			760

Tableau 1 : la récolte de blé pour un agriculteur productiviste dans la plaine de Caen (francs par hectare)

Mais Monsieur Rault n'incarne pas la tradition productiviste puisqu'il limite ses intrants conformément aux pratiques préconisées par l'agriculture raisonnée. Au lieu des 2600 francs par hectare qui constituent selon lui la moyenne de la plaine de Caen, il a dépensé mille francs en 2000 et 1500 francs en 2001, le prix de l'engrais ayant quasiment doublé dans l'année. Son bénéfice est donc plus élevé que celui de ses homologues traditionnels car il obtient le même rendement avec des pratiques plus économes :

Dépenses	Intrants : 1500	Charges fixes : 4400	5900
Recettes	Primes : 2800	Récolte : 80x62=4960	7760
Bénéfices			1860

Tableau 2 : la récolte de blé pour Monsieur Rault en 2001 (francs par hectare)

Simulons maintenant le résultat financier qu'aurait pu obtenir Monsieur Rault s'il avait bénéficié de la plus-value liée aux conditions de commercialisation des productions biologiques. Imaginons qu'il obtienne comme Monsieur Roger (cf. chapitre trois) trente quintaux à l'hectare qu'il aurait vendus deux cent francs le quintal :

Dépenses	Intrants : 0	Charges fixes : 4400	4400
Recettes	Primes : 2800	Récolte : 30x200=6000	8800
Bénéfices			4400

Tableau 3 : la récolte de blé qu'aurait pu obtenir Monsieur Rault en production biologique en 2001 (francs par hectare)

Dans ce cas[216], Monsieur Rault aurait plus que doublé son bénéfice. Pourquoi ne s'est-il pas converti à l'agriculture biologique ? La période de transition[217] durant laquelle les engrais et les pesticides sont interdits sans qu'il soit possible de commercialiser les produits de la ferme sous label biologique (AB) est sans doute dissuasive à cet égard. Toutefois, il aurait pu percevoir deux mille quatre cent francs[218] d'aides publiques au titre des Contrats Territoriaux d'Exploitation (CTE) en vigueur en 2001[219]. Nous pouvons donc obtenir une nouvelle simulation correspondant à la période de conversion :

Dépenses	Intrants : 0	Charges fixes : 4400	4400
Recettes	Primes : 2800+2400=5200	Récolte : 30x62=1860	7060
Bénéfices			2660

Tableau 4 : la récolte de blé qu'aurait pu obtenir Monsieur Rault en période de conversion à l'agriculture biologique en 2001 (francs par hectare)

Dans l'hypothèse d'une transition à l'agrobiologie, le résultat obtenu par Monsieur Rault reste nettement supérieur à celui qu'il a obtenu en réalité. Pourquoi n'a-t-il pas saisi cette occasion de maximiser son profit[220] ? Est-il tellement désintéressé que la perspective d'accumuler de l'argent le laisse parfaitement indifférent ? Il est permis d'en douter au regard de ses propos qui montrent l'existence d'un profond attachement à la monnaie :

> « Une semence de pois [faite à la ferme], ça me coûte 105 francs de travail à façon plus le prix du quintal de pois que j'ai gardé à la moisson qui vaut 95 francs. (Tape sur une calculatrice à ruban). Le quintal me coûte deux cent francs. A l'hectare maintenant (Tape sur une calculatrice à ruban), je vais avoir [besoin de] 250 kilos [de semence], c'est-à-dire deux quintaux et demi (Tape sur une calculatrice à ruban), ça me fait 500 francs de l'hectare. Le prix du quintal de pois acheté coûte entre 375 et 400 francs le quintal. 375 francs (Tape sur une calculatrice à ruban) [fois] deux et demie (Tape sur une calculatrice à ruban), on est à 940 francs. »

---

[216] Les entretiens de messieurs Roger et Rault ayant été réalisés au début de l'année 2002, les conditions de commercialisation du blé citées correspondent à la récolte 2001 (200 francs pour un quintal de blé biologique et 62 francs pour un quintal de blé conventionnel).

[217] Deux ans pour toutes les productions agricoles sauf en arboriculture (trois ans).

[218] Source Groupement Régional d'Agriculture Biologique (GRAB) de Basse-Normandie. Chiffre à l'hectare, à majorer de vingt pour cent si Monsieur Rault avait engagé l'ensemble de sa ferme dans le processus de conversion.

[219] Suspendu en août 2002, ce dispositif a été remplacé en octobre 2003 (sous le gouvernement Raffarin) par le Contrat Agriculture Durable (CAD).

[220] L'un des freins pourrait être l'inconfort, pour les agriculteurs, de cette situation dans laquelle les primes représentent 74% des recettes, l'argent public devançant nettement le produit financier de la récolte (Droz, 2001).

En utilisant des semences fermières, Monsieur Rault économise donc 440 francs par hectare. La rationalisation de la recherche du profit qui constitue pour Weber (1905) l'esprit du capitalisme est perceptible dans l'usage intensif de la machine à calculer. La démonstration est scandée par le bruit de l'impression du ruban de papier qui matérialise l'argent s'accumulant dans les caisses de l'exploitation et dans les poches de l'agriculteur. De plus, l'insistance sur la métaphore des douleurs abdominales montre que Monsieur Rault est habité par une passion viscérale pour la finance :

> « Et attention, les 95 francs de pois qui auraient pu [être] vendus, je n'en ai pas mal au ventre parce qu'en réalité, budgétairement, ils ne me coûtent que 105 francs. (*C'est-à-dire ?*) Les 95 francs de camelote que j'ai fait traiter, je n'en ai pas mal au ventre budgétairement, [au niveau] trésorerie, puisque je ne l'ai pas vendue, c'est vrai, donc je n'ai pas touché d'argent ; mais je ne l'achète pas non plus pour faire mon travail à façon pour refaire de la semence, ce qui fait que je n'en ai pas mal au ventre. »

Conformément à l'*ethos* paysan qui valorise l'économie, Monsieur Rault se félicite de ne pas avoir déboursé la somme nécessaire à l'achat de la semence de pois. Dans un moment d'abandon, il confie même qu'il vit pour gagner de l'argent :

> « (*Préférez-vous avoir le compte en banque bien rempli ?*) Ah... (*Ou vous faire de petits plaisirs ?*) Réponse de professionnel à son compte : avoir beaucoup de plaisir et le compte en banque bien garni. (Rires). C'est vrai que l'argent, ce n'est pas la santé, mais quand on a les deux c'est quand même mieux. (Rires). Moi je vis pour gagner de l'argent, je travaille du moins pour gagner de l'argent. »

Le propos laisse percevoir le renversement de la fin et des moyens analysé par Karl Marx[221], Max Weber[222] et leurs successeurs[223]. Plutôt que gagner sa vie

---

[221] Cf. l'analyse de la transformation de l'argent en capital : « La forme immédiate de la circulation des marchandises est M-A-M, transformation de la marchandise en argent et retransformation de l'argent en marchandise, vendre pour acheter. Mais à côté de cette forme nous en trouvons une autre, tout-à-fait distincte, la forme A-M-A (argent-marchandise-argent) transformation de l'argent en marchandise et retransformation de la marchandise en argent, acheter pour vendre. Tout argent qui dans son mouvement décrit ce dernier cercle, se transforme en capital, devient capital et est déjà par destination capital. » (Marx, 1867, 115) Le thème central de l'ouvrage consiste à montrer que la seconde forme (écrite A-M-A') permet la création de la plus-value (1867, 118 *sqq.*).

[222] Avec toutefois une disparition de l'ascétisme calviniste perceptible chez Benjamin Franklin : « Cette éthique est entièrement dépouillée de tout caractère eudémoniste, voire hédoniste. Ici, le *summum bonum* peut s'exprimer ainsi : gagner de l'argent, toujours plus d'argent, tout en se gardant strictement des jouissances spontanées de la vie. L'argent est à ce point considéré comme une fin en soi qu'il apparaît entièrement transcendant et absolument irrationnel sous le rapport du "bonheur" de l'individu ou de l'"avantage" que celui-ci peut éprouver à en posséder. Le gain est devenu la fin que l'homme se propose ; il ne lui est plus subordonné comme moyen de satisfaire ses besoins matériels. Ce renversement de ce que nous appellerions l'état de choses naturels, si absurde d'un point de vue naïf, est manifes-

en travaillant, Monsieur Rault semble vivre pour faire fructifier ses capitaux. Il est d'ailleurs particulièrement fier d'avoir maintenu ses rendements tout en réalisant une substantielle économie de cent mille francs :

> « C'est payant. Cent hectares avec mille francs d'intrants de moins à payer – parce que ce n'est pas cent mille francs de plus en argent, mais c'est à payer, à faire sortir –, ce n'est quand même pas rien du tout. »

Cette logique économique peut même restreindre le plaisir qu'il tire de l'exercice du pouvoir agricole sur la nature. Il est ainsi exclu qu'il gaspille les intrants dont l'acquisition lui coûte de l'argent en les utilisant à des fins non productives :

> « Faire des expériences typiques, passer deux coups avec le pulvérisateur sur un lièvre pour voir s'il va crever... (Esquisse un rire). Non, on ne joue pas avec ça. Pour moi, de toute façon, moins j'en utilise mieux je me porte financièrement donc la première des choses, c'est financier. »

Même si l'appât du gain constitue sa motivation principale, Monsieur Rault n'est pas prêt à abandonner les produits agrochimiques bien qu'il ait envisagé cette possibilité avec quelques collègues. En fait, supposant implicitement que l'agriculture est née avec la chimie agricole, il n'imagine pas que l'on puisse produire des céréales sans pesticides :

> « A l'heure actuelle, il est impossible de produire des céréales en bio, c'est impossible. Le peu qu'on connaisse dans le coin, le problème c'est l'infestation en chardons, en vesces[224] et en chiendent. C'est une invasion. Il y n'a même plus moyen de produire. »

Monsieur Rault craint manifestement de perdre le contrôle de la situation. S'il ne pouvait plus recourir à la chimie agricole pour combattre les adventices qui viennent menacer sa récolte, il se sentirait impuissant à défendre ses cultures face à cette agression capable d'anéantir le fruit de son travail. Conformément à la tradition productiviste, son rapport à la nature est marqué par la volonté de domination et le souci de maîtrise. Il considère que les facteurs de production constituent des entités hostiles à l'agriculteur qui doit imposer sa volonté par la force. Et si certains collègues ne se reconnaissent pas dans cette relation

---

tement l'un des *leitmotive* caractéristiques du capitalisme et il reste entièrement étranger à tous les peuples qui n'ont pas respiré son souffle » (Weber, 1905, 49-50).

[223] Löwith (1932) et l'Ecole de Francfort. Adorno écrit par exemple que « le rapport entre la vie et la production matérielle, qui dans les faits ravale la première au rang d'épiphénomène de la seconde, est un non-sens complet. La fin et les moyens sont pris l'un pour l'autre » (Adorno, 1951, 9).

[224] « Plante herbacée très commune, à feuilles pennées, à vrilles fleuries rappelant celles du pois de senteur. » (Rey, Rey-Debove, 1987)

agonistique à la nature, c'est parce qu'ils manquent de courage et d'ardeur au travail :

> « 99% des gens qui sont bios, ou c'est des ratés, ou c'est des fainéants ; c'est tous les maux de l'agriculture qu'on trouve à faire du bio[225]. Pour bouffer leur souète[226], ils sont [forts]. Soit parce que c'est des fainéants, soit parce qu'ils ont des impossibilités techniques ou morales. Souvent c'est comme ça que ça finit : quand la boutique marche plus, la bonne femme part et tout est à vendre. C'est comme ça qu'on se retrouve sous un pont. Et souvent, c'est tous ces gens-là qu'on retrouve à faire du bio. Faut pas être voisin en face de ces gens-là, c'est catastrophique. »

Outre une valorisation absolue du travail, le propos assimile les agrobiologistes à des cochons qui dévorent le toit qui les abrite. Dans ces conditions, il est compréhensible que de nombreuses catastrophes guettent ces « ploucs » qui finiraient toujours par « manger la ferme » : faillite, divorce, marginalisation, etc. Pour Monsieur Rault, l'agriculteur biologique n'a pas figure humaine car il se confond avec ses animaux les plus répugnants[227]. Mais la stigmatisation de l'autre, caractéristique du discours ethnocentrique, ne s'arrête pas à son animalisation. L'agrobiologiste est aussi considéré comme un idiot congénital incapable d'intensifier sa production afin d'éradiquer la faim dans le monde. Ses champs sont envahis de « mauvaises herbes » car il n'est pas suffisamment compétent pour recourir à la chimie agricole. De même, il porte la barbe car il ne connaît pas l'usage du rasoir. Si l'on examine la façon dont il s'occupe de sa ferme et de son corps, il n'est pas étonnant qu'il ne parvienne pas à empêcher sa femme de le quitter. Pour Monsieur Rault, l'incapacité à éradiquer les poils ou les adventices témoigne à l'évidence d'un manque de virilité. Un homme civilisé combattrait avec vigueur ces éléments naturels pour qu'on ne puisse pas le comparer à un paysan traditionnel soumis aux forces de la nature ou à une femme subissant le cycle des menstrues. Mais les agrobiologistes sont des « sauvages » incapables de se raser, de désherber leurs champs, de faire jouir leur femme et de produire suffisamment pour alimenter leurs animaux. Par conséquent, il ne faut pas compter sur eux pour nourrir le monde :

---

[225] Sauf quelques agriculteurs « pointus » qui sont « capables de tenir en bio » (cf. infra).
[226] Une soue est un bâtiment traditionnel destiné à loger des cochons.
[227] Réputé pour sa saleté et sa capacité à assimiler avec profit des aliments d'une grande diversité, le cochon est un omnivore qui a la faculté de fouiller le sol (ou sa litière) avec son groin. A l'opposé de l'agriculture « hors-sol » impliquant de regarder les étoiles, l'expression « bouffer leur souète » appliquée aux agrobiologistes pourrait donc également signifier enfouir son visage dans la terre (ou dans des débris végétaux souillés d'excréments porcins).

> « Il y a un [agriculteur] bio [à] Saint-Jean du Perron, il a la barbe[228], la bonne femme est barrée, il a un veau, une vache, un cochon, un poulet, un dindon. J'ai fait le tour des appartements[229], je n'ai pas trouvé une balle de foin : tout le monde crève la faim. C'est ça le bio ? On retourne comme en 1902, une famine ? Non mais faut arrêter. Alors c'est ça qu'ils veulent sous la pression écolo, c'est ça qu'ils veulent [en] 2001 ? C'est beau hein : le désherbage, c'est que des rumex et des chardons, les clôtures ça n'existe plus. Et puis je ne sais pas, jusqu'au premier choc pétrolier en 1973, il y avait une demande pour nourrir la population locale ou mondiale. A l'heure actuelle, bon c'est vrai qu'il y a des excédents pour les pays industrialisés, mais au niveau mondial, on est loin d'avoir des excédents. Alors qu'est-ce qu'on fait ? Si on fait tous comme ça, demain il y a une famine en France. »

Convaincu que la modernisation de l'agriculture a permis de mieux nourrir les populations, Monsieur Rault estime qu'il faut maintenir le niveau de la production agricole à son maximum afin de conquérir de nouveaux marchés. Comme n'importe quelle autre branche de l'industrie, l'agriculture française doit exporter ses produits afin d'équilibrer la balance nationale. Du point de vue de notre agriculteur raisonné, il est impensable de renoncer au productivisme car la valeur de l'agriculture hexagonale réside toujours dans sa capacité à nourrir la France et le monde.

---

[228] Dans un lycée agricole, nous avons été témoins de la réaction d'élèves agacés par la venue de membres de la Confédération paysanne : « le directeur veut que nous déplacions notre voiture pour laisser la place à ces vilains barbus, mais il n'en est pas question ». Une autre confirmation de l'équivalence imaginaire entre la barbe et les adventices nous a été fournie par l'étiquette d'un désherbant mettant en scène un visage inégalement « entretenu ». D'un côté, l'homme est rasé de près et a des végétaux coupés courts à la place des cheveux ; de l'autre, une végétation longue et désordonnée lui envahit le bas et le haut du visage.

[229] Désigne les différents bâtiments de l'exploitation.

Chapitre huitième

LA VULNERABILITE SYMBOLIQUE

Outre la démesure économique, nous avons émis l'hypothèse que le profil socio-anthropologique des agriculteurs productivistes serait aussi caractérisé par leur vulnérabilité symbolique. Ce concept regroupe en fait des phénomènes qui semblent menacer à différents titres l'existence des exploitants agricoles. Dans un contexte marqué par un agrandissement continuel des fermes, la peur de la faillite concernerait toujours plus les agriculteurs qui observeraient avec inquiétude l'hémorragie démographique subie par leur profession depuis plusieurs décennies. Puisque la machine remplace toujours plus les agriculteurs, ils craindraient de rejoindre les rangs de ceux qui ont dû abandonner le métier. Dès lors, cette incertitude génèrerait un stress chronique plus ou moins durement ressenti selon le profil psychologique des individus et la situation financière de leur ferme. Le niveau d'endettement, les charges résultant des investissements dans le foncier, le matériel ou les bâtiments d'élevage, l'achat d'intrants coûteux (semences, engrais, pesticides, fioul) installeraient les agriculteurs dans une *vulnérabilité chronique*. Le bétonnage des exploitations impliquant le remboursement de lourdes traites à la banque, les agriculteurs auraient fréquemment le sentiment d'avoir un couteau sous la gorge ou une épée de Damoclès sur la tête. Alors que les conditions de commercialisation des productions agricoles sont instables, comment en effet échapper à l'angoisse de connaître un jour les affres de la marginalisation sociale ? Par ailleurs, l'utilisation de produits et de matériel dangereux alimenterait la peur de la maladie ou de l'accident qui viendrait augmenter la vulnérabilité symbolique. Outre le risque mécanique constitué par un cardan[230] démuni de protection, une ensileuse ou une moissonneuse-batteuse, l'utilisation de produits chimiques (pesticides, produits vétérinaires) provoquerait une inquiétude plus ou moins diffuse favorisée par l'étiquetage exposant l'évaluation officielle du risque sanitaire. La crainte de la maladie se

---

[230] Pièce mécanique articulée effectuant une rotation.

nourrirait ainsi de la conviction que ces produits peuvent provoquer un empoisonnement immédiat et surtout un cancer après plusieurs années d'utilisation. Dans le premier cas, le risque serait acceptable car l'intoxication sanctionnerait une erreur de manipulation comparable à une faute professionnelle. Dans le second cas, la pathologie maligne qui pourrait se déclarer sans raison apparente serait inacceptable car impossible à imputer à une cause identifiable par l'agriculteur. De plus, le sens commun considérant que les produits chimiques sont cancérigènes, l'angoisse serait d'autant plus importante que le cancer est réputé infliger de longues souffrances suivies d'une mort inéluctable. Finalement, les exploitants agricoles vivraient dans une vulnérabilité symbolique chronique car l'idéal productiviste implique le recours à la chimie, au matériel lourd, à l'endettement et au marché sans autre alternative. Leur vie se transformerait en survie au fur et à mesure que l'obsession du gîte et du couvert et la peur de mourir gagnent du terrain dans la société globale. Ainsi, les agriculteurs productivistes expérimenteraient toujours plus la « lutte pour la vie » chère aux économistes libéraux et aux biologistes darwiniens du fait de l'augmentation conjointe de la désymbolisation de la mort (Ariès, 1977) et de la dégradation des conditions matérielles de l'existence humaine.

La famille Enouf

La principale préoccupation de la famille Enouf consiste à maintenir la viabilité économique de l'exploitation. Leur statut social étant directement lié aux revenus qu'ils tirent du travail agricole, ils doivent surveiller constamment le niveau de leurs dépenses afin d'éviter la perspective de la faillite :

> « (*Faites-vous attention à ne pas trop dépenser ?*) Lui : On a un petit quota alors on est obligé de faire attention à tout ça. On n'a que 115 000 [litres de lait par an], ce n'est pas beaucoup. (*Il ne faut pas faire de folies sur le matériel.*) Lui : Non non non non non. On avait la mise aux normes à faire... (Soupir). (*Ça représente un gros investissement en bâtiments ?*) Lui : Oui, il y a des aides m'enfin ça fait pas tout. »

Bien qu'il n'ait manifestement pas l'habitude de laisser transparaître ses sentiments, Monsieur Enouf laisse échapper un soupir lorsque l'on évoque les difficultés économiques de l'entreprise familiale. La difficulté à « joindre les deux bouts » est sans doute d'autant plus vive que le contexte social est marqué par une diminution constante du nombre des exploitations liée à l'agrandissement des structures. Cette tendance à la concentration n'est pas sans produire chez les agriculteurs les plus modestes le sentiment que leur existence est menacée par l'exode rural. Leur vie se transforme en survie lorsqu'ils ont l'impression qu'ils doivent constamment lutter pour pérenniser les conditions matérielles de leur existence. En effet, la « loi de la jungle » régnant dans les campagnes depuis que l'agriculture a été absorbée dans le mode de production capitaliste (Servolin, 1972), ils doivent se défendre contre les autres agriculteurs qui cherchent à les ruiner afin d'agrandir leurs exploitations :

« Lui : Les grosses fermes sont au courant de tout, ils bouffent tous [leurs voisins et] ils sont toujours là. Ces gars-là font plus de mal que de bien. Ils sont à la tête de grosses exploitations et ils se croient tout permis mais ils font plus de mal que de bien. Ceux-là, quand ils voient un petit dans la merde, ils ne tendent pas la main, ils l'enfoncent, c'est garanti. (*Ils vont plutôt chercher à l'écraser pour récupérer sa ferme.*) Lui : Exactement. (*Quitte à s'entendre avec un copain.*) Lui : Oui, "tu prends ça, moi je prends ça". Terminé, l'affaire est bouclée. (*Et ensuite, ils vont faire de grands discours sur l'installation des jeunes agriculteurs.*) Lui : Qu'ils commencent par balayer devant leur porte. »

Dans ce monde inhumain apparemment dépouillé de toute forme de solidarité, les agriculteurs les plus puissants n'hésitent pas à tirer profit de la faillite de leurs confrères afin d'agrandir leur structure de production. La concurrence acharnée pour la maîtrise de la terre impose de posséder des informations fiables sur un prochain départ à la retraite ou sur l'existence de difficultés financières rencontrées par tel ou tel collègue. Si l'appartenance au syndicat majoritaire (FNSEA) est une condition nécessaire à l'élaboration de stratégies efficaces, elle n'est pas toujours suffisante car la course à l'agrandissement bénéficie souvent à l'élite syndicale qui siège dans les conseils d'administration des organismes agricoles. Mais pour la famille Enouf, il n'est pas question de chercher à phagocyter la ferme du voisin. Il s'agit plutôt de faire face aux emprunts consentis pour la construction du poulailler industriel et pour la réalisation de la mise aux normes des bâtiments d'élevage intervenue plus tôt que prévu du fait des dégâts occasionnés par la tempête de décembre 1999 :

« (*La mise aux normes vous a-t-elle beaucoup endetté ?*) Lui : Oui, pas mal. Ça fait gros à faire. On s'est retrouvé sans rien, sans machine à traire, sans rien. Sans aucun logement [pour les animaux], rien. (*Il a fallu tout refaire de zéro ?*) Lui : Oui. On a été parti deux mois de la ferme suite à la tempête : plus de machine à traire, plus de logement, plus rien. On a trouvé une autre ferme où les gens venaient de prendre leur retraite. Il fallait une salle de traite, il fallait une stabulation, il fallait tout. On a emmené nos vaches pendant deux mois le temps de remettre ça à peu près comme il faut et puis après, il y a eu les travaux. La mise aux normes était prévue mais pas si vite. On a fait stabulation, fosse, fumière, machine à traire, tout. Alors ça commence à faire. »

La menace de la faillite constitue le sentiment qui domine la vie affective de la famille Enouf. D'une manière générale, il leur est difficile d'imaginer une existence insouciante puisque l'incertitude chronique est omniprésente. Les motifs d'inquiétude surgissant les uns après les autres, ces conditions de vie imposent une lutte sans répit destinée à défendre coûte que coûte l'outil de production contre les coups du sort :

« (*Avez-vous de gros soucis professionnels ?*) Elle : On en a quand même. Lui : Il y en a toujours. Elle : On a eu la tempête qui nous est tombée dessus. Lui : Il y en a tout le temps. Elle : Oui, on a toujours des soucis. Lui : Quand ça va d'un côté, ça ne va pas de l'autre. Elle : Il y a toujours quelque chose qui ne va pas. Tout de suite, le poulailler, la volaille, ça marche bien mais on vient de faire la mise aux normes plus vite que prévu suite à la tempête. Honnêtement, ça fait gros d'investissement d'un coup. Le poulailler n'a que trois ans alors c'est dur, on ne peut pas se permettre de faire des extras. (Silence). On est un petit peu pris à la gorge. »

Avec la transformation de la vie en survie, le sentiment d'étouffement domine comme le montre la métaphore corporelle employée par Madame Enouf. Si la réalité économique est semblable à une corde qui lui enserre le cou et l'empêche de respirer à son aise, notre agricultrice doit absolument éviter les dépenses inutiles qui pourraient provoquer sa mort par strangulation. Dans les mois consécutifs à la tempête, la souffrance et les insomnies produites par cette situation invivable plongent d'ailleurs Madame Enouf dans une profonde dépression :

« Elle : Pour nous, la tempête ça a vraiment été le coup dur. On a été obligé d'emmener les vaches chez un oncle qui avait pris sa retraite. On n'avait plus rien pour traire. (Du bout des lèvres). Ça a été du noir. (Soupir). L'année 2000, ça a été une année de galère. Heureusement qu'il y avait les gars qui étaient là pour nous soutenir parce que le moral n'y était pas du tout. On faisait "on a plus qu'à tout vendre et puis tout bazarder". Ce n'est pas évident de trouver une solution comme ça. On a trait chez le voisin mais pour passer les deux troupeaux l'un après l'autre, on finissait à minuit le soir et on recommençait à quatre heures le lendemain matin. De minuit à quatre heures on ne dormait pas parce qu'on se tracassait. C'est vrai que ça a été dur. »

Dans l'obscurité du tunnel dépressif, la solidarité familiale constitue la seule lueur d'espoir qui permet à Monsieur et Madame Enouf de surmonter cette épreuve. Pourtant, même avec le soutien des enfants et l'opportunité fournie par le départ à la retraite d'un oncle agriculteur qui leur prête ses bâtiments, le retour à la normale n'est pas une sinécure. Tout d'abord, la charge de travail s'accroît considérablement pendant les deux mois durant lesquels les vaches sont transférées en dehors de l'exploitation familiale :

« Elle : C'était compliqué parce c'était à quatre kilomètres. Donc il fallait tout charrier. Pour dessiler[231] le maïs, la paille, le foin, mon mari faisait tous les jours la navette en tracteur du matin au soir. Et moi je ramenais le lait en voiture pour nourrir les veaux. »

De plus, une coupure d'électricité contraint nos agriculteurs à nourrir les volailles à la main pendant une semaine sans qu'ils soient informés de la durée de l'interruption par le fournisseur d'énergie (EDF). L'aggravation de la situation allonge encore la journée de travail qui compte maintenant dix-sept heures. Dans ce contexte pesant dominé par la fatigue et l'incertitude, l'activité agricole semble devoir se transformer définitivement en labeur et en souffrance :

---

[231] Néologisme agricole signifiant puiser dans un site de stockage (le silo).

> « Elle : Huit jours sans électricité avec des poussins dans le poulailler : il fallait mettre deux tonnes d'aliments à la main. C'était génial le début après la tempête. S'il fallait recommencer, je ne sais pas si j'y arriverais. Les gars, ils en avaient marre. La semaine où on était sans électricité, ils étaient là. Le lundi, Nicolas ne voulait pas repartir. David ne voulait pas repartir non plus au collège parce qu'il disait "vous vous rendez compte ?". On attaquait le matin à cinq heures et demie / six heures moins le quart, on n'arrêtait pas avant dix heures / dix heures et demie / onze heures le soir et ils étaient là à nous aider ! Alors "bon sang de bonsoir mais quand vous allez être tous les deux, vous allez faire comment ?" Ça n'a pas été simple. »

L'accumulation du malheur dessine une série catastrophique qui aurait pu être interprétée en termes de sorcellerie si les sociétés paysannes avaient conservé une certaine autonomie par rapport à la société globale. Mais avec la disparition des cadres sociaux traditionnels qui interdisaient l'enrichissement aux agriculteurs (Mallet, 1980), seule subsiste l'incompréhension devant la dégradation des conditions de travail qui semble devoir se poursuivre à l'infini :

> « Elle : Nous, (soupir) on a été servis. A la suite de ça, on a perdu des veaux, [on a eu] des problèmes au village, on a perdu une vache. Enfin c'était la série. Ça n'arrêtait pas. (*Les animaux étaient perturbés.*) Elle : Oh oui. Même encore maintenant. Dès qu'ils entendent du bruit, on a l'impression qu'ils sont tout de suite sur le qui-vive. Un peu comme nous parce que moi dès qu'il vient du vent, j'ai la trouille. »

Depuis la tempête, Madame Enouf craint le déclenchement d'une nouvelle série catastrophique car elle se sent profondément vulnérable au contexte climatique. Même si l'épreuve a été surmontée, le traumatisme continue en effet à nourrir le sentiment de la menace qui pèse sur l'existence de notre agricultrice. Pourtant, elle ne s'inquiète pas pour sa santé, considérant sans doute qu'il vaut mieux faire l'économie d'une préoccupation supplémentaire. Le souci de soi qui constitue le rapport au corps dominant au sein des sociétés occidentales ne convenant pas aux conditions de travail régnant sur la ferme familiale, Madame Enouf recourt rarement aux techniques de protection corporelle. Toutefois, elle porte des gants en caoutchouc pour nettoyer le poulailler industriel depuis qu'elle s'est brûlée avec de l'acide lors de cette opération :

> « Elle : Je n'ai pas trop de force dans les bras, j'ai de la tendinite dans les épaules, enfin bref, j'ai des fois du mal à dévisser les bouchons, à porter les bidons qui sont lourds. Une fois, il y a un bidon qui m'a échappé des mains : je me suis brûlée. C'est à base d'acide donc ce n'était pas brûlé au troisième degré m'enfin je l'ai quand même senti pendant au moins une semaine. Quand on l'utilise dans le bac, il faut mettre 250 millilitres pour mille litres alors imaginez ce que ça donne pur sur la peau. »

De même, elle utilise parfois un masque à poussières depuis qu'elle est asthmatique. Pourtant, sans doute du fait de l'endurance au mal caractéristique des milieux populaires, l'apparition de la maladie respiratoire ne lui pose pas réellement problème. Ce qui importe en effet, c'est que le travail soit fait quelles qu'en soient les conséquences pour la santé des agriculteurs. Tant qu'ils ne contraignent pas à l'alitement, les problèmes sanitaires sont considérés comme négligeables :

> « Elle : J'ai des petits soucis depuis l'année dernière donc maintenant je mets un masque. Je ne sais pas si c'est suite à la tempête, [j'ai eu] des petits problèmes, de l'asthme qui s'est développé. »

Lorsque les difficultés respiratoires se sont déclarées, Madame Enouf a eu peur qu'il ne s'agisse d'une allergie à la poussière de volaille. Son mari souffrant précisément de cette maladie, elle aurait été contrainte d'interrompre son travail au poulailler sans qu'il puisse la remplacer :

> « Elle : Mon mari est asthmatique aussi. (Rires). Moi, ça me gêne, mais pas de la même façon. J'avais peur des tests mais je ne suis pas allergique à la poussière de volaille. Au début, il ne mettait pas de masque du tout et puis une fois qu'il vidait le poulailler, David me dit "maman, je ne sais pas ce qu'a papa, il peut...". Il ne pouvait plus parler tellement il était pris. C'était vraiment (*Prenez-vous un médicament contre l'asthme ?*) Lui : Non. »

Bien qu'il soit asthmatique, Monsieur Enouf ne semble pas s'inquiéter outre mesure pour sa santé. Depuis cet épisode, il évite de travailler dans le poulailler et porte un masque à poussières lorsque sa femme lui demande de l'aide. Même s'il estime qu'il est « embêtant » de respirer de la chaux vive, c'est lui qui se charge du travail de désinfection du poulailler que son épouse a du mal à supporter. Quant aux pesticides, il s'en méfie sans les craindre véritablement :

> « (*Y a-t-il certains produits qui vous font peur ?*) Lui : (Long silence). (*Par rapport à votre santé.*) Lui : Par rapport à la santé, à la limite si on veut. On sait bien que respirer toutes ces conneries-là, ce n'est pas toujours bon. Disons qu'avant, je traitais avec un tracteur qui n'avait pas de cabine mais maintenant il y en a une. Quand c'est bien fermé, on craint moins. »

Si Monsieur Enouf se méfie un peu des pesticides, c'est sans doute parce qu'au même titre que la bouche, le nez est souvent considéré comme un orifice corporel pouvant laisser passer les produits toxiques. Les produits chimiques peuvent faire peur lorsqu'on estime qu'ils ont le pouvoir de causer un empoisonnement par inhalation ou par ingestion. La crainte modérée dont fait preuve notre agriculteur est sans doute liée à cette représentation du corps car il considère manifestement sa peau comme une barrière infranchissable aux produits chimiques. En effet, s'il utilise des gants avec certains pesticides, ce n'est pas pour se prémunir de l'incorporation par contact cutané mais pour éviter d'avoir les mains tachées :

> « (*Mettez-vous des gants ?*) Lui : Oui parce que le produit qu'on met sur le maïs, c'est un machin qui tache. Si on n'en met pas, on a les mains jaunes pendant quinze jours. (*Ce sont des gants spéciaux ?*) Lui : Non, du moment que ça protège les mains, c'est tout ce qu'il faut. C'est juste parce que ça tache parce qu'autrement, question santé, je sais que

là, il n'y a pas de problèmes. Mais c'est juste parce que ça tache et puis c'est dur à faire partir. Après vous venez manger, vous avez les mains... (*Bizarres.*) Lui : Oui. Une journée encore, ça passerait, mais ça dure longtemps. (*Et avec les autres produits, en mettez-vous ?*) Lui : Oh non. »

En l'absence d'une représentation qui aurait pu valoriser cette coloration artificielle, la teinture des mains fonctionne plutôt comme un stigmate dans la mesure où elle n'est dotée d'aucune signification. Dès lors, la couleur est assimilée à une impureté qui transgresse la norme selon laquelle on doit avoir les mains propres pour se mettre à table. Pour Monsieur Enouf, l'utilisation des gants correspond bien à cette logique symbolique plutôt qu'à une peur de la maladie qui pourrait résulter du contact cutané avec les produits agrochimiques :

« (*Vous méfiez-vous des pesticides que vous manipulez ?*) Lui : Pas spécialement parce que ce n'est pas comme si on manipulait de l'acide. L'acide, il faut y faire attention, ça, non. Même si on a une petite tache, ce n'est pas ça qui va faire un trou. »

A la différence de l'acide, les pesticides ne peuvent pas perforer la peau. Monsieur Enouf considère donc qu'ils sont incapables d'emprunter la voie épidermique pour contaminer son organisme. Même s'il estime que le symbole de la tête de mort signifie que « le produit ne doit pas être bon pour l'intérieur » de son corps, il ne s'inquiète pas car il a toujours réussi à éviter un empoisonnement consécutif à l'incorporation d'une dose massive. Quant à l'intoxication qui pourrait résulter de l'accumulation de faibles doses, elle est manifestement éloignée de ses préoccupations quotidiennes. De plus, sa culture corporelle valorisant l'absence de protection comme signe de virilité, de force et d'ardeur au travail, Monsieur Enouf préfère que ses mains portent les marques de sa passion pour le labeur :

« (*Connaissez-vous le discours de la MSA : "protégez-vous, mettez des bottes, une combinaison, des gants et un masque" ?*) Lui : On entend ça tout le temps. Celui qui a pondu ça, je ne sais pas s'il le fait. (*Un tel luxe de précautions n'est-il pas une offense à la virilité et à la force des agriculteurs ?*) Lui : Peut-être un petit peu. Moi, je ne sais [pas] travailler avec des gants. Non, on est empêtré, on ne manipule pas les choses de la même façon. Quand on a des gros gants, ce n'est pas évident. Et puis quand on voit des mains [impeccables], on se dit "merde, il ne doit pas faire grand-chose, il n'en fout pas lourd". »

Finalement, Monsieur Enouf ne s'inquiète pas plus que sa femme pour sa santé même si leurs conditions de travail ne sont pas sans conséquences sanitaires. Nous avons également montré que la peur de la faillite marque profondément la famille Enouf. La permanence des difficultés économiques inscrit leur existence dans le registre de la survie car ils sont constamment préoccupés par l'obsession du gîte et du couvert. Dominé par la crainte de la marginalisation sociale, le quotidien de ces agriculteurs est indissociable de la souffrance générée par l'incertitude fondamentale qui pèse sur leur avenir.

L'angoisse est devenue l'horizon indépassable d'une vie mutilée par cette violence symbolique majeure.

Monsieur Rault

Malgré son activité d'entrepreneur en travaux agricoles et la taille de son exploitation – cent hectares pour l'instant et bientôt cent quatre-vingts avec la reprise prochaine de l'exploitation paternelle –, Monsieur Rault n'échappe pas à la vulnérabilité. Son existence semble en effet recéler de multiples formes d'incertitude comme le montre sa réponse à une question anodine :

> « (*Parlez-moi des risques du métier.*) C'est le risque accidentel, c'est le risque [de] maladies professionnelles, c'est le risque financier, c'est le risque social, c'est le risque de quoi ? »

Tout d'abord, pour Monsieur Rault, les accidents du travail sont fréquents et font manifestement partie du métier. Dans cette catégorie, le risque est constitué par la mécanisation qui fait planer l'ombre de la mort sur les travaux confrontant l'agriculteur à des machines utilisant la force des moteurs à explosion :

> « [Le] risque accidentel, bien sûr, il y [en] a énormément puisqu'on a les engins agricoles. Tout ce qui est rotatif, c'est combien d'accidents par an, je n'en sais rien mais il y en a un paquet. Il y a des accidents mais il y a du matériel qui est impardonnable au niveau manque de précautions. Prenez une ensileuse à maïs, si par malheur vous mettez le pied ou le doigt dedans, tout y passe. Ça ne pardonne pas, ça ne fait qu'un pli. »

Avec un cardan, une ensileuse ou une moissonneuse-batteuse, la menace d'une mort violente et insensée[232] pèse sur le travail quotidien. En tant que représentation moderne, l'accident est en effet perçu comme la manifestation d'un hasard qui ne possède aucune signification. Dans ces conditions de pauvreté symbolique, le risque accidentel majeur contribue à nourrir le sentiment de fragilité ressenti par Monsieur Rault. En outre, hormis le déchiquetage par diverses sortes de machines agricoles, la mort peut aussi survenir par étouffement dans un silo à céréales :

> « Descendre dans une cellule s'il y a du grain dedans... pendant qu'on ne tire pas de grain, ce n'est pas un problème ; le jour où on prend du grain, il n'y a pas intérêt à descendre dedans. »

Le risque d'un décès accidentel fait donc partie du quotidien de Monsieur Rault qui prend toutefois soin de ne pas l'évoquer directement comme pour

---

[232] Sauf si elle constituait un sacrifice en faveur du productivisme agricole.

mieux conjurer cette perspective funeste. Mais les accidents du travail ne produisent pas toujours la mort de l'exploitant agricole. D'autres blessures peuvent être provoquées par toutes sortes d'incidents : explosion d'un tuyau hydraulique, agression d'animaux, effondrement d'une « colonne de boules de paille », etc. L'agriculteur remarque à ce propos que l'utilisation de matériel de plus en plus imposant peut provoquer des accidents :

> « Les tracteurs comme les moissonneuses sont de plus en plus conséquentes en volume. C'est bien joli d'avoir des vues panoramiques et de commander d'assez haut mais on peut avoir des chevilles ou des pattes cassées. »

Bien qu'il estime que l'accident constitue une dimension incontournable du métier d'agriculteur, Monsieur Rault remarque qu'il est directement lié au type de matériel utilisé. Dans ce cas, l'imaginaire de la domination et la volonté de contrôle ont pour contrepartie réelle une augmentation du risque d'accident du travail. Mais ce danger ne constitue pas la seule forme de menace qui pèse sur l'existence de notre exploitant agricole. En effet, Monsieur Rault craint aussi de contracter des maladies professionnelles qu'il juge nombreuses dans le métier et surtout des pathologies pulmonaires ou cutanées qui seraient liées à l'utilisation des pesticides :

> « Il y a énormément de maladies professionnelles même si elles sont peut-être moins visibles que dans l'industrie. Les problèmes, dans le métier, ce sont les pesticides, les maladies broncho-pulmonaires, puis les maladies de peau. On les verra dans dix ou quinze ans parce que les générations d'avant n'ont pas eu à employer autant de pesticides comme on peut en utiliser à l'heure actuelle. »

Pour Monsieur Rault, l'usage des produits agrochimiques entraîne un risque d'intoxication chronique. En d'autres termes, l'incorporation de multiples doses de pesticides, même si elles peuvent être considérées comme faibles, fait planer la menace d'une maladie qui pourrait apparaître à l'avenir. D'ailleurs, cette incertitude est tellement pesante qu'elle se transforme aisément en certitude. La conviction que le pire va survenir est préférable à l'angoisse produite par le doute :

> « De toute façon, celui qui touchera à ces produits-là, à mon avis il aura obligatoirement un problème dans le temps. Soit un problème de peau, soit un problème pulmonaire. Il n'y a pas le choix. Je suis beaucoup plus susceptible, moi qui les tripote, d'avoir des problèmes avec, que vous qui les tripotez jamais. Est-ce qu'on fera des centenaires ? On se reverra dans cinquante ans, ça m'en fera quatre-vingts. »

Même s'il n'a pas encore de maladie pulmonaire, Monsieur Rault a déjà des problèmes dermatologiques qu'il n'arrive pas à résoudre. En effet, il ne supporte plus certains produits qui lui donnent de l'eczéma. Après consultation chez le spécialiste, il en a conclu que sa peau « est à saturation de tous les produits ».

Ces manifestations épidermiques l'inquiètent et nourrissent sa peur de contracter une maladie à déclenchement différé :

> « [L'eczéma], ça s'en va mais le problème c'est que ça revient. Je n'ai que trente-huit ans alors je ne suis pas arrivé à cinquante-huit. Dans vingt ans, je ne sais pas ce que ça va donner. Il n'y a pas de risque d'empoisonnement direct, mais indirectement, il y en a certainement. C'est l'incertitude dans le temps. »

Monsieur Rault craint réellement de mourir dans les vingt ans à venir d'une intoxication chronique produite par le contact avec les pesticides. Convaincu que les produits chimiques sont indispensables à l'agriculture, il se sent condamné à subir les risques sanitaires qu'il leur attribue notamment à long terme. De son point de vue en effet, il est certain que tous les pesticides sans exception ont la faculté de causer des cancers :

> « On sait que tous les produits sont cancérigènes. Ce sont des produits de synthèse donc on a plus de chances d'avoir des problèmes avec ça qu'avec des produits naturels. »

La représentation qui alimente la peur du « crabe »[233] est constituée par l'idée que le synthétique serait plus dangereux que le naturel. La classification officielle des risques sanitaires ne résiste pas à la puissance imaginaire de la maladie dévorante qui conduit à attribuer le même pouvoir de nuisance à tous les produits agrochimiques. Le cancer constituant à son avis la principale menace sanitaire, Monsieur Rault ne craint pas particulièrement l'intoxication aiguë. Il estime même que la disparition des colorants nitrés[234] a restreint le risque d'empoisonnement pour l'utilisateur et que la pression des écologistes a conduit les pouvoirs publics à interdire certains produits dangereux. Selon notre exploitant agricole, le risque d'intoxication lié à l'incorporation d'une dose ponctuelle est donc moins important qu'il ne l'était auparavant. A condition toutefois de prendre un minimum de précautions :

> « Il ne faut pas jouer au barbare[235] avec les phytos. Avaler un litre de machin, non, je ne suis pas fou. »

Monsieur Rault cherche aussi à protéger sa peau en portant des gants[236] mais il lui arrive de souffler dans les buses de son pulvérisateur pour les déboucher. Finalement, il considère que le risque d'intoxication chronique est une fatalité liée à l'utilisation des produits agrochimiques. Dans ces conditions, il vaut mieux accepter le danger tout en espérant que la maladie apparaîtra le plus tard possible ou qu'elle ne le concernera jamais :

---

[233] Métaphore populaire du cancer.

[234] Il considère donc le pouvoir de coloration de ces pesticides comme un signe de toxicité.

[235] On notera la stigmatisation de l'autre caractéristique du discours ethnocentrique.

[236] Contrairement à Monsieur Enouf, il semble ainsi estimer que sa peau est perméable aux produits chimiques.

> « (*Avez-vous peur de la maladie ou de l'avenir ?*) Je sais bien que ma génération aura certainement de gros problèmes pulmonaires avec l'application des produits. Pour moi c'est une fatalité ; si je tombe malade un jour, j'espère que ce ne sera pas avant ma quatre-vingt-dix-neuvième année, [pour] que je puisse aller à la chasse et aux sports d'hiver. (*Etes-vous préoccupé par la tête de mort qui apparaît sur certains emballages ?*) Non ça ne m'empêche pas de vivre. »

Si la menace de la maladie reste supportable, elle semble néanmoins lui imposer un mode de vie particulier. Puisque la mort constitue le terme inévitable et incompréhensible de l'existence, il importe surtout de jouir de chaque instant de répit avant le désastre. Possédant du temps (il n'a pas d'animaux) et une certaine aisance financière, Monsieur Rault s'adonne à ses loisirs préférés comme s'il tentait à tout prix de refouler la conscience de cette perspective funeste. De plus, il adhère à un imaginaire de la catastrophe puisqu'il affirme que l'humanité est condamnée à disparaître : « les insectes étaient certainement à mon avis les premiers, ils seront certainement les derniers ». L'angoisse produite par la désymbolisation de la mort semble ainsi profondément liée à l'apparition de la « mythologie du désastre » (Le Breton, 1991, 65) propre à la modernité.

Hormis les risques d'accident et de maladie professionnelle, Monsieur Rault craint aussi la faillite qui le conduirait à l'exclusion. Il subit en effet cette forme de vulnérabilité symbolique qui consiste à avoir peur de ne plus pouvoir nourrir et loger sa famille. Avec la crainte de perdre l'accès au gîte et au couvert, sa vie se transforme imperceptiblement en survie car elle est profondément gangrenée par la peur du lendemain :

> « Je suis agriculteur non pas parce que papa y est mais parce que je gagne ma vie. Si je ne gagne pas ma vie demain, je fais autre chose. Si je ne peux pas nourrir mes gamins, ça ne m'intéresse pas. On est une catégorie de gens, comme les artisans, on n'a pas le droit au chômage. A l'heure actuelle, n'importe qui peut se retrouver sous un pont. N'importe qui, que ce soit en agriculture ou ailleurs. »

Mais quelles sont les circonstances qui pourraient amener Monsieur Rault à vivre l'humiliation de se voir priver l'accès aux conditions matérielles indispensables à l'existence ? La faiblesse des prix de vente des produits agricoles fragilise la pérennité économique des exploitations qui sont de plus en plus grandes et de moins en moins nombreuses. Il est d'ailleurs persuadé que les nouvelles exigences portant sur la culture du blé – taux protéique ou traçabilité – constituent un prétexte pour légitimer une nouvelle baisse des prix. De même, il craint qu'une diminution du nombre d'animaux élevés en Bretagne ne restreigne les débouchés de ses productions végétales. Par ailleurs, il a peur que certains hommes politiques ne fassent voter une diminution ou une suppression des aides publiques dont il bénéficie du fait de la « compétence légitime » (Bourdieu, 1982) accordée aux agriculteurs « professionnels » (Rémy, 1990, 264) par l'instance politique :

> « J'ai 240 000 francs de primes PAC et je sors 150 000 francs de revenu par an. Pour [Noël] Mamère, [en] 2006 on supprime les primes. Il dit que "80% des primes vont à 20% d'agriculteurs". Mais oui, il a tout compris cet indien-là, seulement il y a 20% d'agriculteurs qui sont professionnels. Donc s'ils suppriment les primes aux vingt pour cent de professionnels, je décapitalise de 90 000 [francs] tous les jours. »

Pour Monsieur Rault, la décapitalisation constitue le principal risque économique dont la répétition peut conduire les agriculteurs à la faillite. Il estime en effet qu'il est dramatique que certains exploitants prélèvent de l'argent sur le capital qu'ils ont investi dans la ferme pour compenser une année difficile. Avec l'absorption de l'agriculture dans le mode de production capitaliste (Servolin, 1972), le risque d'obtenir une récolte peu abondante s'est transformé en vulnérabilité financière. En fait, comme au champ de course, au casino ou à la bourse, le productivisme agricole peut coûter cher mais il peut aussi rapporter gros :

> « C'est une loterie, notre histoire, c'est comme une course. C'est-à-dire qu'on mise tant pour essayer d'avoir tant ; si on a plus, c'est super, si on a ce qu'on a espéré, c'est très bien, si on a beaucoup moins, on recommence la course. »

Conformément à l'idéologie libérale, les agriculteurs productivistes prennent le risque d'investir beaucoup dans le but d'engranger des récoltes abondantes théoriquement synonymes de bénéfices importants. Si ces investissements massifs ont effectivement le pouvoir de faire croire aux exploitants qu'ils vont devenir riches, ils ont aussi la capacité de renforcer la menace économique qui plane sur leurs existences. Dans ces conditions, la peur de l'exclusion semble constituer la principale forme de vulnérabilité symbolique vécue par Monsieur Rault qui se sent dépendant des aléas politiques, climatiques ou des erreurs qu'il pourrait faire dans la conduite de son exploitation. Malgré ses ressources financières qui constituent une assurance contre les coups du sort, notre exploitant craint la faillite qui aurait pour conséquence une perte de son statut social et des avantages qui y sont liés :

> « (*Vivez-vous dans l'incertitude du lendemain ?*) Oh ben ça, je la connais, hein. Ce seront les choix politiques où on n'a aucune opportunité de pouvoir réagir [qui détermineront notre avenir]. (*Etes-vous préoccupé par la perspective de la faillite ?*) Oui, bien sûr. Disons que… non, ce n'est pas une préoccupation parce que je suis loin d'être dans la faillite mais c'est ce qu'on disait : on peut se retrouver sous un pont. Une affaire peut capoter parce que c'était une mauvaise année ou parce qu'on s'est planté sur un truc. On sait bien que quand c'est comme ça, s'il n'y a plus de boulot, tout est vendu, la maison est vendue, souvent la bonne femme, ça finit mal, [elle va] autre part. »

Finalement, Monsieur Rault a peur de vivre la misère matérielle, affective et sexuelle vécue selon lui par les agrobiologistes. Comme le montre l'insistance de son discours sur la perspective de « se retrouver sous un pont », il craint manifestement de devenir un homme sans qualité dont le visage serait sans doute envahi par la barbe…

Chapitre neuvième

L'HETERONOMIE POLITIQUE

> « Les petits paysans propriétaires de Champagne ou de Lorraine se présenteront aux marchands de grains, non plus, comme les anciens tisserands indépendants aux marchands drapiers, avec la tranquille assurance d'un producteur sûr de bien vendre un produit d'une valeur certaine, mais, comme les tailleurs à domicile aux agents de magasins de confection, résignés d'avance à accepter la rétribution que ceux-ci ont fixée. »
>
> Maurice Halbwachs, *La Classe ouvrière et les niveaux de vie*

Après la démesure économique et la vulnérabilité symbolique, l'hétéronomie politique constitue la troisième composante principale de notre hypothèse. Les classes dominantes enfermeraient en effet les agriculteurs dans une cage d'acier formée par l'économie capitaliste et la politique bureaucratique. Toujours plus dépendants du soutien public à l'agriculture et de la parole de leur entourage commercial, ils subiraient de plus en plus la domination du pouvoir bourgeois et perdraient ainsi le contrôle de leur exploitation. Un agriculteur étonné par notre visite nous a ainsi déclaré : « Vous venez me voir pour savoir comment je conduis mon élevage ? Allez plutôt voir mon technicien à la coopérative, il vous dira ce que je fais chez moi ». Si dans ce cas la soumission aux recommandations du pouvoir semble totale, il subsisterait des bribes d'autonomie pour certains exploitants décidés à résister aux marchands et aux bureaucrates. Toutefois, ces traces d'un inconscient culturel paysan ne suffiraient pas à enrayer le développement de l'hétéronomie que subiraient les agriculteurs productivistes. Leur liberté devenant plus formelle que réelle, ils seraient toujours plus dépendants des entreprises multinationales qui dominent le marché des semences et des pesticides. Ces sociétés cherchent en effet à imposer des brevets sur le vivant et à interdire la pratique des semences fermières pour accroître les revenus qu'elles tirent du commerce agricole. D'ores et déjà, elles vendent des engrais, des pesticides et des semences certifiées dont certaines comme le maïs ne peuvent être replantées avec profit par les agriculteurs. Elles cherchent aussi à commercialiser des céréales hybrides[237] qui contraindraient les producteurs à acheter chaque année les semences produites par les firmes. Face à ces pratiques, les agriculteurs verraient leur hétéronomie s'accroître par touches successives. Si la plupart refuseraient pour l'instant d'adopter les blés hybrides et les OGM, ils seraient déjà dépendants des conseils que leur prodiguent leur entourage bureaucratique et commercial. Dans la représentation commune, un bon agriculteur devant « soigner » ses plantes et ses animaux, il serait difficile de refuser l'utilisation des pesticides qui permettent de « traiter » les « maladies » qui s'abattent sur les cultures. La présence de « mauvaises herbes » dans les champs exposerait ainsi l'agriculteur à ressentir la honte face à cette faute professionnelle. Par ailleurs, le savoir incorporé dans les créations technoscientifiques commercialisées à la campagne (machines, semences, pesticides, engrais) favoriserait l'hétéronomie des agriculteurs dans la mesure où ils n'auraient pas les moyens de confronter la parole des vendeurs à un savoir-faire paysan issu d'une longue tradition. Même si de nouvelles connaissances empiriques s'élaborent à l'usage, les agriculteurs ne pourraient savoir *a priori* si les commerciaux mentent lorsqu'ils vantent les mérites d'un nouveau produit. Quant aux techniques traditionnelles, elles ne pourraient plus être aisément mobilisées dès lors qu'elles seraient oubliées.

La famille Enouf

La dépendance de Monsieur Enouf aux marchands qui incarnent les principes de l'économie politique est perceptible dans le fait qu'il applique rigoureusement les doses recommandées par les fabricants de pesticides. Bien qu'il n'ait apparemment jamais essayé, il est en effet convaincu que l'application d'une quantité moins importante ferait baisser l'efficacité du « traitement » :

> « Lui : De toute façon, s'ils nous disent "l'Arizona® ,c'est sept litres-hectare", bon, c'est sept litres-hectare. Si on en met cinq, le produit ne va pas faire d'effet ; mais si on en met neuf ou huit, il [ne va] pas faire plus d'effet pour ça non plus. Donc là, c'est bouffer de l'argent. (*Donc il faut respecter les conseils.*) Lui : Bien sûr. »

Monsieur Enouf suit à la lettre les recommandations techniques figurant sur les emballages des produits agrochimiques qu'il se procure à la coopérative ou chez un marchand privé. De son point de vue, il ne fait aucun doute que les doses homologuées par l'administration constituent un juste milieu entre le gaspillage et l'inefficacité partielle ou totale. Il en est d'autant plus convaincu

[237] Cf. l'observation de l'activité commerciale de Monsieur Mathieu (chapitre cinq).

que son opinion est corroborée par les discussions qu'il peut avoir avec des exploitants utilisant les mêmes pesticides :

> « Lui : Les doses sont marquées sur tous les produits que vous achetez. Et puis on en entend parler tout le temps. (*Dans l'entourage professionnel ?*) Lui : Oui, ne serait-ce que dans les corvées d'ensilage de maïs. (*C'est l'occasion de discuter avec d'autres agriculteurs.*) Lui : Oui. »

Dans les régions d'élevage, ces réunions constituent un espace de transmission de la culture productiviste. Les hommes comparent à cette occasion leur ardeur au travail, la puissance de leur tracteur, la taille de leur remorque ou les rendements obtenus à la dernière récolte. En revanche, la dépendance à l'entourage bureaucratique et marchand n'est jamais abordée car elle constituerait plutôt un motif de souffrance que de satisfaction. A cet égard, la manière la plus simple de refouler la soumission consiste à nier qu'il puisse subsister certaines marges de liberté. Ainsi, Monsieur Enouf estime que les agriculteurs n'ont d'autres choix que de respecter parfaitement les recommandations des marchands de pesticides :

> « Lui : On retrouve toujours un peu les mêmes produits dans n'importe quel commerce (*C'est toujours à peu près les mêmes doses qui sont appliquées ?*) Lui : Ah oui oui, oui oui. Oui oui, s'il y a le même produit, c'est toujours les mêmes doses. »

Monsieur Enouf ne peut imaginer de limiter partiellement ou totalement le recours aux pesticides sans doute parce que la formation reçue au lycée agricole ne lui a pas appris à résister à la pression commerciale et à la théorie des « besoins agrochimiques ». Dans ces conditions, les commerciaux n'ont pas de mal à convaincre ce client idéal d'acheter leurs produits et de les utiliser aux doses homologuées :

> « (*Où avez-vous appris à vous servir des pesticides ?*) Lui : Sur le tas. Ce n'est pas dur, on va chez le marchand, on dit "je veux ça pour faire ça" et puis terminé, du moment qu'on respecte les doses, c'est tout ce qu'il y a à faire. Il n'y a pas besoin d'être sorti de Saint-Cyr pour faire ça. »

S'il n'est pas nécessaire d'avoir fréquenté les grandes écoles pour utiliser des pesticides, leur élaboration requiert une formation scientifique et technique que possèdent les ingénieurs qui travaillent pour les firmes. Monsieur Enouf se heurte d'autant plus aux secrets de fabrication des entreprises agrochimiques qu'il ne semble pas mener les expérimentations personnelles qui pourraient lui permettre de vérifier l'inefficacité supposée de l'application d'une quantité d'herbicide inférieure à la dose homologuée. Le savoir incorporé dans les créations technoscientifiques commercialisées à la campagne contribue donc à façonner son hétéronomie dans la mesure où il n'a pas les moyens de confronter la parole des vendeurs à une expérience acquise ou à un savoir-faire traditionnel. Monsieur Enouf apprécie ainsi la sécurité prodiguée par la culture du maïs car il semble avoir du mal à maîtriser des techniques comme la transformation de l'herbe en foin ou en ensilage :

> « Lui : En montagne ils arrivent mieux que nous à faire du très bon foin. (*On peut aussi rater l'ensilage de l'herbe.*) Lui : Tout pareil (*Alors que le maïs est plus sécurisant.*) Lui : oui c'est emmerdant à récolter quand il pleut mais c'est tout. (*Il n'y a pas de risques de perdre les qualités nutritives de la plante.*) Lui : Ah là non. Non non. »

Pourtant, plus que l'herbe qui est peu subventionnée, le maïs entraîne une importante dépendance aux primes distribuées dans le cadre de la Politique Agricole Commune (PAC). Dans ces conditions, mieux vaut respecter les délais imposés par l'administration sous peine de perdre le bénéfice de l'argent public. Ce travail de bureau engendre une souffrance « infernale » chez Monsieur Enouf qui ne peut se permettre le luxe d'échouer à engranger la manne sans laquelle la culture du maïs serait déficitaire :

> « Lui : Maintenant, un cultivateur est plus rentable à faire ses papiers comme il faut qu'à aller faire une pièce[238], c'est sûr et certain. On est dans les papiers : tout le temps, tout le temps, tout le temps, tout le temps, tout le temps, tout le temps... tout le temps. Il faut bientôt compter une demi-journée par semaine pour le travail de bureau. C'est infernal. Mais si on ne fait rien, si on ne suit pas, on est baisé. Il y a tellement de dossiers, c'est infernal. On est tout le temps en train d'en remplir. »

Monsieur Enouf subit douloureusement le pouvoir de la bureaucratie comme si son identité professionnelle était ébranlée par la dépendance à la puissance publique. La métaphore de la possession sexuelle – se faire « baiser » – montre l'humiliation qui résulte de l'hétéronomie. A la campagne comme dans les classes populaires, un homme ne saurait s'abaisser à se soumettre aux puissants sans résister aux volontés hégémoniques du pouvoir. La servitude volontaire est en effet interprétée comme un manque de virilité caractéristique d'une « nature féminine » profondément déplacée chez un homme. Ainsi, bien qu'il subisse sans broncher le pouvoir des marchands de pesticides, Monsieur Enouf affirme lutter contre la pression commerciale exercée par les vendeurs d'aliments du bétail :

> « (*Appliquez-vous systématiquement les conseils qui vous sont donnés par vos différents interlocuteurs professionnels ?*) Lui : Sur les pesticides, oui, à peu près. Elle : Tu respectes les doses qu'ils te disent d'appliquer. Lui : Ces trucs-là, il faut respecter, c'est tout. Ce serait plus le technicien alimentation, des conneries comme ça, que là on peut faire la part des choses (*Ils doivent essayer de vous vendre les aliments les plus chers.*) Lui : Bien sûr. (Hausse la voix). On peut écouter, mais c'est nous qui décidons. »

Cette dernière affirmation ressemble plus à une protestation symbolique contre l'asservissement qu'à la réalité sociologique. En effet, comment juger de

---

[238] Travailler un champ.

la qualité des aliments proposés par les commerciaux dans l'ignorance de la composition du mélange ? Même si Monsieur Enouf affirme avec force que le choix leur appartient, sa femme remarque qu'il est réellement difficile de prendre la bonne décision :

> « Elle : C'est bien d'écouter tout le monde mais je crois qu'il faut savoir faire la part des choses après. (*Et puis prendre une décision.*) Elle : Oui, essayer de prendre la bonne. (Rires). (*Essayer de prendre la bonne ? Ce n'est pas toujours facile.*) Elle : Ce n'est pas toujours facile, non. »

Puisqu'il semble impossible d'évaluer le bien-fondé des décisions prises sur l'exploitation, il importe surtout de prendre des risques économiques afin de bénéficier du prestige véhiculé par l'idéologie libérale. Par conséquent, toute innovation est *a priori* jugée positivement même si elle augmente l'hétéronomie de nos exploitants agricoles :

> « Lui : Il faut oser se lancer. Ça marche ou ça ne marche pas. Elle : Nous on s'est lancé à faire un poulailler, on n'y connaissait rien du tout. Lui : Dans une production, dans n'importe quoi, mais de toute façon, [il faut oser se lancer]. Elle : Moi je travaillais à l'extérieur de la ferme et puis on est allé voir une journée "portes ouvertes" ; on a démarré comme ça. On a suivi des journées de formation pour se mettre dans le bain. (*Etes-vous contents de l'avoir fait ?*) Elle : On ne regrette pas. (*C'était un bon investissement ?*) Lui : Oui quand même, oui. (*Travaillez-vous avec une seule société ?*) Lui : C'est de l'intégration. Elle : C'est de l'intégration. Ils nous fournissent le poussin et ils le reprennent à la sortie. Lui : C'est de l'intégration. (*Vous fournissent-ils l'aliment ?*) Elle : On travaille avec une boîte d'aliments mais c'est eux. (*C'est la même entreprise ?*) Ensemble : Oui. (*Et donc ils vous les reprennent à tel âge.*) Elle : Oui oui. (*Et puis ils vous apportent les jeunes.*) Elle : Voilà, oui. »

Cette organisation du travail imposée par la firme paraît illustrer à merveille le concept d'aliénation que Marx (1844, 60)[239] a proposé pour rendre compte de la condition des ouvriers de la révolution industrielle. Même si leur intégration à la firme agro-alimentaire ne semble pas les rendre malheureux, nos exploitants savent qu'ils ont perdu leur autonomie en signant le contrat qui les lie à l'industriel du poulet. Madame Enouf utilise à cet égard une formule révélatrice : « on travaille avec-chez DOUX[240] pour le poulailler ». La double préposition révèle avec concision l'hétéronomie qui résulte du contrat d'intégration. Sous l'égalité formelle entre contractants se dissimule en effet la subordination extrême imaginée par l'industriel désireux de s'approvisionner au moindre coût. Bien qu'ils se soient lourdement endettés pour construire le bâtiment, nos exploitants tirent apparemment peu de bénéfices de l'élevage des volailles. En outre, ils

---

[239] Cf. chapitre premier.

[240] Négociant à Nantes depuis 1933, Pierre DOUX construit un abattoir à Port-Launay dans le Finistère en 1955. Dans les années 70, DOUX se spécialise dans le poulet congelé puis prend des participations dans des entreprises concurrentes en France et au Brésil. Le groupe DOUX est devenu le premier producteur européen et le premier exportateur mondial de volailles.

n'ont pas la maîtrise technique du système géré par les employés de la firme. Même si elle s'inquiète pour ses poussins, Madame Enouf doit ainsi leur faire boire de l'acide :

> « Elle : Je disais au technicien : "mais il n'y a pas de danger de faire boire ça aux poussins ?". Il me fait "Mais non non non, parce que c'est tellement dilué – 750 millilitres pour 1000 litres – donc ça nettoie l'eau et puis ça fait du bien à la flore intestinale". »

La dépendance à la parole du technicien atteint des sommets car notre exploitante exécute ses recommandations même lorsqu'elles lui paraissent absurdes. Si c'est un « scientifique » qui le dit, ça doit être vrai. La biologie légitimant à son insu les consignes données par l'employé de la firme, il n'y a pas à discuter le bien-fondé des pratiques imposées pour faire fonctionner le poulailler :

> « Elle : Quand il y a le vide sanitaire on passe d'abord un produit qui va décoller ce qu'ils appellent le biofilm, ça fait une pellicule sur les tuyaux. Ça ne se voit pas à l'œil nu mais quand on passe la main, on le sent. C'est un produit très actif parce qu'il faut le laisser une demi-heure ou une heure et puis rincer tout le circuit. Après on remet un deuxième produit qu'on laisse là dix à douze heures. Après on purge encore une troisième fois et on remet du désinfectant jusqu'à la fin du vide sanitaire. Et autrement, on traite pour les ténébrions, au poulailler. Ce sont des petites bêtes alors il faut le faire. Donc je le fais systématiquement la veille de chaque enlèvement de volailles. Je fais ça avec un pulvérisateur à dos, donc ce n'est pas dangereux. Si on me téléphone pour me dire que les poulets partent demain, je vais le faire ce soir. C'est-à-dire que je vais passer le bas des murs et puis on fait un mètre sur la litière tout autour du bâtiment. »

Le témoignage de Madame Enouf montre que les contraintes sanitaires imposées par l'industriel de la volaille, outre qu'elles l'exposent à des produits chimiques, impliquent une flexibilité et une disponibilité totales dans la réalisation du labeur. Elle s'attend en effet à recevoir à chaque instant les consignes téléphoniques qu'elle doit réaliser sans discuter. Pour notre agricultrice, le travail est donc un impératif catégorique que l'on ne peut différer longtemps. Bien que l'entretien se soit achevé à l'heure du déjeuner, la famille Enouf attendra ainsi pour manger que « l'exploitante exploitée » soit revenue du poulailler où l'attend une tâche urgente qu'elle doit accomplir sans tarder.

Monsieur Rault

Monsieur Rault ne semble pas excessivement obsédé par le désir de sécuriser les récoltes qui résulte de la soumission au risque technique. Ainsi, bien qu'il ne pratique pas l'élevage, il perpétue en partie la prudence paysanne en diversifiant ses productions végétales dans le but de limiter le danger résultant d'une trop grande spécialisation (cf. encadré page suivante) :

Une étude récente (Bisault, Pointereau, 2006) a montré qu'entre 1970 et 2000, les exploitations mixtes (culture et élevage) ont cédé du terrain au profit de systèmes céréaliers pratiquant des rotations courtes pouvant aller jusqu'à la monoculture. Dans le même temps, la surface occupée en prairies a chuté de 29% tandis que le maïs a gagné 1 400 000 hectares (+82%). Cherchant à identifier l'impact de cette évolution structurelle sur les rendements, nous avons réalisé une analyse secondaire afin de mettre à l'épreuve l'hypothèse selon laquelle *la spécialisation des exploitations provoque une intensification de la production.* La consommation totale en intrants n'étant pas disponible dans cette enquête[241], nous avons évalué le productivisme à partir de la quantité de pesticides utilisée en 1993-1994 par les agriculteurs ayant déclaré y recourir. Un indicateur de niveau d'utilisation (UPESTI) a été obtenu en multipliant la somme des surfaces aspergées pendant cette période à la somme des passages réalisés au champ. Par ailleurs, les activités agricoles des enquêtés ayant été classées en deux grands groupes (culture et élevage) divisés chacun en 6 catégories[242], un indicateur de spécialisation (SPECEX) a été créé en classant les enquêtés dans une grille allant de la polyculture associée au poly-élevage jusqu'à l'absence d'élevage ou de culture.

Pour les systèmes sans élevage (SPECEX 7 et 9), l'utilisation de pesticides est importante alors qu'elle est faible en exploitations entièrement herbagères (SPECEX 6 et 8). Elle est forte dans les fermes associant le mono-élevage à la polyculture (SPECEX 3) et faible dans celles qui associent le poly-élevage à la monoculture (SPECEX 4). Le recours aux biocides est important dans les exploitations pratiquant la monoculture et le mono-élevage (SPECEX 5) alors qu'il est moyen dans celles qui ont deux catégories d'élevage et de culture (SPECEX 2). L'élevage est donc associé à une faible utilisation de pesticides alors que la culture est corrélée à une utilisation importante. *En outre, la comparaison des catégories 2 et 5 démontre que la spécialisation favorise l'utilisation d'une plus grande quantité de pesticides.* La différence entre ces deux lignes est sans doute imputable au maïs qui reçoit moins[243] de pulvérisations que les autres cultures. Quant à l'hypothèse selon laquelle le niveau d'intensification est proportionnel au manque de diversité agronomique, il est impossible de la valider complètement car nous ne disposons pas dans cette enquête de la quantité d'engrais épandue qui est nécessaire pour évaluer correctement le productivisme des exploitations.

---

241 « Epibio 95 » (GRECAN, Caen). Sur environ 27 000 salariés, retraités ou chefs d'exploitation sollicités (fichier MSA du Calvados), 6071 dont 1694 utilisateurs de pesticides ayant déclaré au moins un type de culture ou d'élevage ont retourné le questionnaire.

242 La production laitière, l'élevage de bovins, de chevaux, de porcs, de petits animaux (volailles, lapins, etc.), de moutons ou de chèvres constituent les six catégories d'élevage. Les grandes cultures (blé, pois, lin, betteraves, colza, etc.), les cultures fourragères (maïs, betteraves, etc.), l'arboriculture, le maraîchage en pleins champs, les cultures sous serres et le paysagisme constituent les six catégories de cultures.

243 Rappelons que l'utilisation de pesticides est évaluée en nombre de pulvérisations. Une approche calculant les quantités de matière active aurait peut être donné un résultat différent.

	UPESTI	faible								élevée
SPECEX										
1. Au moins 3 catégories d'élevage et 3 catégories de culture		-1	-1	0	0	+1	+1	-1	0	0	-1
2. Deux catégories d'élevage et deux catégories de culture		-36	-21	-20	-2	+14	+37	+33	+14	+4	-24
3. Une catégorie d'élevage et plusieurs catégories de culture		-22	-13	-16	-11	-10	+5	+10	+18	+15	+26
4. Plusieurs catégories d'élevage et une catégorie de culture		+5	+8	+32	+23	+10	-4	-14	-16	-20	-23
5. Une catégorie d'élevage et une catégorie de culture		-9	-5	-4	-5	-2	-6	0	+15	+5	+12
6. Plusieurs catégories d'élevage sans culture		+36	+30	+15	+8	0	-12	-18	-17	-21	-21
7. Plusieurs catégories de culture sans élevage		-4	-5	-6	-7	-2	-5	+6	0	+8	+15
8. Une catégorie d'élevage sans culture		+29	+8	+5	+6	0	-7	-8	-11	-10	-10
9. Une catégorie de culture sans élevage		+2	-1	-6	-11	-11	-10	-7	-2	+19	+26

Tableau 5 : Spécialisation des fermes et utilisation de pesticides (écart entre les effectifs réels et les effectifs théoriques)

Histogramme : Spécialisation des fermes et utilisation de pesticides (en abscisse, croissante de gauche à droite)

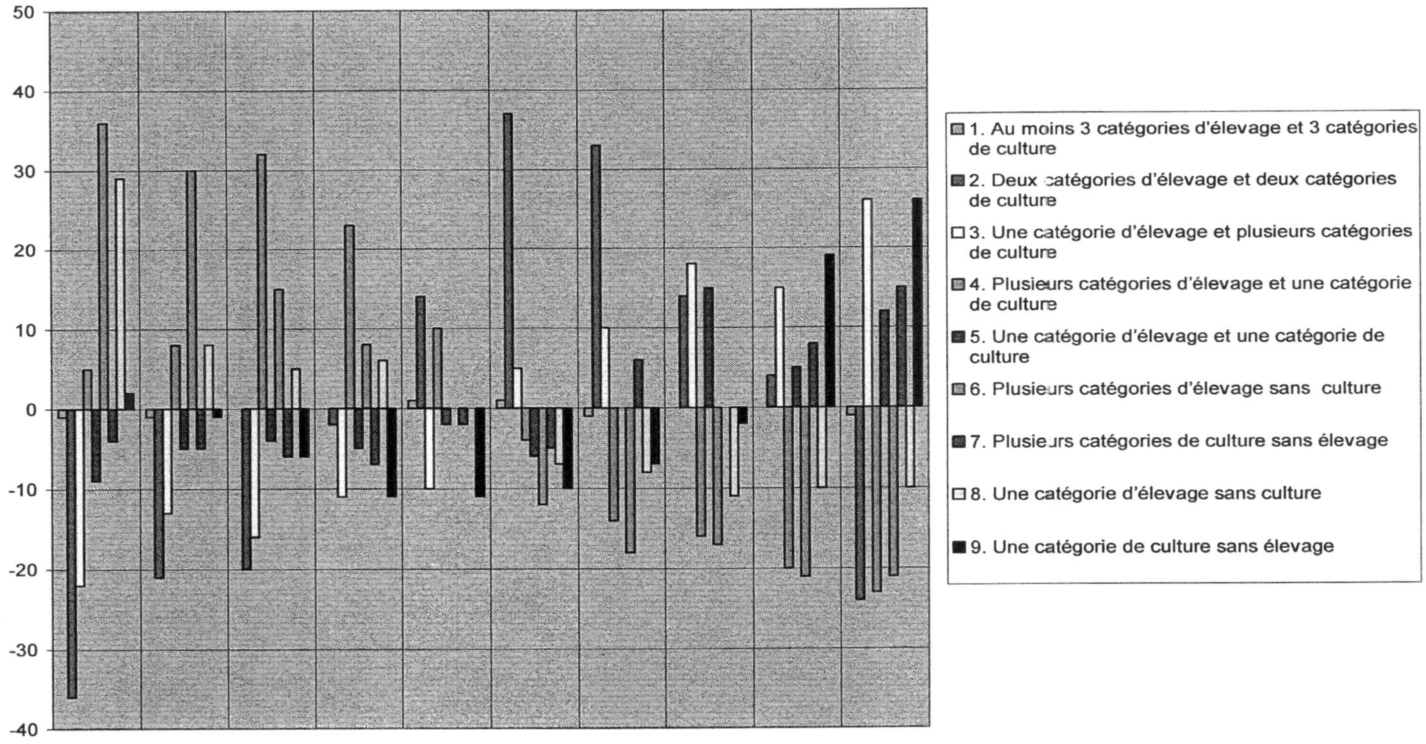

« Moi je pars du principe que je ne mets pas tous mes œufs dans le même panier (*C'est un principe paysan qui reste toujours d'actualité*) Tout à fait (*C'est la prudence*) oui, tout à fait. »

Fier de ses racines paysannes, d'exercer un métier « concret » et de ne pas « causer dans l'abstrait », Monsieur Rault est aussi attaché aux libertés conquises lors de la Révolution française (cf. note p. 46) et à l'autonomie dont il entend faire preuve dans la gestion de son exploitation :

« (*Qu'évoque pour vous la notion d'autonomie ?*) Liberté. Liberté de choisir, liberté d'écrire, liberté de pouvoir vendre (*Y êtes-vous attachés ?*) Oh oui, autrement je ne serais pas là. »

Mais comment notre exploitant tente-t-il d'appliquer les droits de l'homme et la liberté du commerce ? Pour pallier l'hétéronomie résultant de l'innovation technique menée par les firmes, il réalise ses propres expériences afin d'évaluer l'efficacité des pesticides qu'il utilise en dessous des doses homologuées. Il recommande ainsi aux agriculteurs d'acquérir le savoir-faire qui leur permettra de contrôler la valeur des essais réalisés par les organismes para agricoles :

« On laisse faire les coopératives ou l'INRA, mais chaque agriculteur ne prend pas le temps de faire ses propres essais. Si tout le monde en faisait... Moi, j'en fais. »

Mais même déchargé des tâches liées à l'élevage, il ne peut tester tous les nouveaux produits agrochimiques qui apparaissent sur le marché. Pour pallier cette difficulté, il active ses réseaux afin de prendre connaissance des essais menés par ses collègues, quitte à profiter de leur travail sans prendre les mêmes risques :

« La première chose à faire, c'est rechercher si ça a déjà été fait auparavant. C'est pour ça que les nouveaux produits qui sortent, je ne les prends pas. Je sais que TWIST® par exemple va certainement être très bien sur l'orge par rapport à l'AMISTAR® qui était déjà très bien mais il ne faisait pas les racots alors on était obligé de renforcer [avec] une autre molécule. Mais il est hors de prix et on ne sait pas jusqu'où on va pouvoir le descendre au niveau dose comme c'est un produit qui vient de sortir. On sait de toute façon que n'importe quel agriculteur peut prendre tous les produits et dire "je pars à 80%, 70% ou même 50% de la dose homologuée", il ne craint rien. Alors il faut bien que certains se jettent à l'eau pour que les autres puissent en gagner. »

De même, Monsieur Rault n'utilise plus d'engrais « phosphopotassique » depuis 1991. Et à sa grande surprise, il constate que les rendements se maintiennent comme les taux de phosphates et de nitrates présents dans le sol. Ces connaissances empiriques favorisent la résistance à la pression commerciale des vendeurs de produits agrochimiques et l'acquisition d'une autonomie qui lui procure fierté et estime de soi. Fort de cette expérience, Monsieur Rault affirme ainsi *ne jamais suivre les recommandations des vendeurs de pesticides* :

> « (*Appliquez-vous exactement les quantités de pesticides recommandées par votre vendeur ? La réponse est négative parce que vous travaillez toujours avec des doses inférieures*) Ah ah ah ah ah ah. (*D'une manière générale, faites-vous exactement ce que l'on vous dit de faire ?*) Oh jamais. »

Le rire de notre agriculteur montre le plaisir qu'il tire de son insoumission au pouvoir des firmes agrochimiques. Mais bien qu'elle soit profondément enracinée dans la culture paysanne, cette autonomie est menacée par la volonté de puissance qui anime les entreprises multinationales dominant le capitalisme mondial. Parfaitement conscient de ce risque politique, Monsieur Rault pense que les firmes cherchent à imposer l'utilisation des OGM afin d'accroître l'hétéronomie des agriculteurs. Il craint en particulier que la liberté de jouer sur les dosages de pesticides ne disparaisse définitivement :

> « Avec les OGM, on n'aura plus le choix. C'est-à-dire qu'on n'aura pas besoin d'aller traiter parce qu'on mettra notre semence OGM dans le sol et on la regardera pousser. S'il y a quelque chose au bout, on prendra ; s'il n'y a rien, on ne prendra rien. On n'aura plus le choix de rien du tout puisque la marge brute sera fixée dès le départ (*Vous ne pourrez pas essayer d'ajuster vos traitements pour avoir le meilleur résultat*) Bien sûr que non. »

Monsieur Rault a raison de penser que les firmes agrochimiques cherchent à faire disparaître l'autonomie chère aux agriculteurs. Avec le maïs résistant à la pyrale[244] auquel il fait allusion, il n'aurait évidemment plus le loisir de décider du dosage de son insecticide. Dans d'autres cas, la possibilité de semer une partie de la récolte issue de semences certifiées[245], hybrides et modifiées, le droit de traiter les semences à la ferme[246], ou la liberté de choisir le pesticide utilisé sont visés comme avec cette plante résistante au glyphosate imposant l'herbicide commercialisé par l'entreprise. En fait, Monsieur Rault considère que compte tenu du rapport de force existant entre les firmes et les agriculteurs, les OGM s'imposeront sauf s'ils font perdre de l'argent aux multinationales :

---

[244] « Papillon type d'une famille de lépidoptères dont les chenilles s'attaquent aux végétaux. » (Rey, Rey-Debove, 1987).

[245] « Inspiré à l'origine par la défense de l'intérêt général et soucieux de reconnaître un droit aux agronomes/sélectionneurs, le certification d'obtention laisse l'agriculteur libre de semer le grain récolté. A la différence du brevet, il n'est pas tourné *contre l'agriculteur* ni par conséquent, contre l'intérêt général. Malheureusement, les responsables de l'UPOV [Union internationale pour la Protection des Obtentions Végétales] sont en train par une sorte de "darwinisme juridique" (expression de son secrétaire général) de tourner le dos aux principes fondateurs de l'Union pour faire concurrence au droit de brevet fondé sur des principes opposés. » (Berlan, 1999, 14).

[246] NOVARTIS a été condamné pour refus de vente de son traitement de semence Austral® (Berlan, 1999, 22).

« J'ai peur qu'on nous mette les OGM d'office. C'est-à-dire qu'on n'aura plus la liberté de choix et on n'aura surtout plus la liberté de dire "je voudrais baisser mes intrants". De toute façon, si c'est d'un excellent rapport financier, ça passera même si c'est très mauvais (*Pour les agriculteurs ?*) Tout à fait. »

Par conséquent, Monsieur Rault rejette les OGM qui lui semblent augmenter le risque économique de l'exploitation agricole. Il considère en effet qu'ils accroissent les charges mais aussi les aléas agronomiques liés aux insectes, aux plantes adventices et aux champignons parasites :

« Si on nous dit "vous aurez X francs de charges, à vous de faire le bénéfice ; s'il y en a, vous l'encaissez, sinon tant pis pour vous", c'est bien, il n'y a pas de questions mais par contre la prise de risques serait toujours pour nous. Moi c'est ça que je ne veux pas, c'est ça qui me fait peur. (*Y a-t-il des signes de cette évolution ?*) Des signes ? Avec les OGM, on le voit tout de suite. Parce que vous venez pour en causer mais on y vient. (*Les industriels cherchent à accroître leur pouvoir.*) Bien sûr. Par l'OGM. »

Lorsqu'on l'examine attentivement, il apparaît que l'attitude de Monsieur Rault n'est pas dénuée d'ambiguïté. Tout en faisant état de ses craintes et de son opposition aux OGM, il affirme en effet consentir à faire un effort à condition que le risque économique soit partagé entre les agriculteurs et les industriels. Illustrant le concept de servitude volontaire, il accepte finalement l'accroissement de la domination exercée par les firmes agrochimiques même s'il craint de perdre sa liberté et le plaisir qu'elle lui procure :

« Moi, ce qui me fait peur, c'est les OGM. On n'aura plus la liberté de faire ce qu'on veut. Donc moi je veux bien qu'ils fassent ça, mais le facteur risque, c'est eux qui le prennent aussi. Et là, [ça ne] rigole pas. »

Bien qu'il utilise des semences fermières, Monsieur Rault considère qu'il est inutile de résister au pouvoir des industriels jugés plus puissants que les opposants aux OGM. Mieux vaut s'accommoder du pire et tenter de trouver une solution pour « tirer son épingle du jeu ». Curieusement, il utilise le même argument que Monsieur Mathieu[247] pour expliquer sa soumission aux entreprises agrochimiques. Il affirme en effet que toute forme de résistance est désuète puisque les aliments contiennent d'ores et déjà des OGM. Qu'elle soit réelle ou imaginaire, l'incorporation fonctionne donc comme une acceptation symbolique de la puissance des firmes :

« Bové, le copain à Mamère, il peut faire tout ce qu'il veut mais demain, c'est les OGM qui seront-là. Tout est fait pour aller sur les OGM et de toute façon, il n'y a pas grand-chose que vous mangez où il n'y a pas des OGM dedans. Il y en a partout puisque presque tous les sojas sont OGM et qu'on trouve de la lécithine jusque dans les petits pots pour bébés. »

---

[247] Cf. chapitre cinq.

Bien que les OGM ne se soient pas imposés dans l'agriculture européenne, l'autonomie de Monsieur Rault est déjà limitée. Il est en effet dépendant du soutien de la puissance publique car il perçoit 240 000 francs de primes pour 150 000 francs de revenus annuels. De plus, sa capacité à négocier les prix de vente de ses produits est faible dans la mesure où il ne contrôle pas la logique capitaliste à l'œuvre dans les entreprises privées ou même coopératives. Il y a longtemps que les exploitants agricoles siégeant dans ces organismes ont oublié les valeurs mutualistes qui animaient leurs fondateurs. Désormais, conformément à l'individualisme extrême qui domine les sociétés occidentales, chaque syndicaliste cherche à tirer profit de son statut sans se préoccuper du sort de ses collègues :

> « S'ils veulent foutre les OGM en place, ils les mettront en place. On a des syndicats agricoles qui sont plus qu'à côté de la plaque, donc ils ne diront rien. Dès que les gouvernements nous font faire quelque chose, de toute façon, il n'y a aucune [résistance]. Que ce soit bien ou mal, ils ne disent rien. Et puis ils sont tous achetés, c'est une mafia. C'est-à-dire que ceux qui sont à la chambre d'agriculture, vous les retrouvez au Crédit Agricole, vous les retrouvez à la Mutualité Sociale Agricole, vous les retrouvez à GROUPAMA : partout quoi. Le groupe COOP-CAN, maintenant, c'est un autre groupe. Ça n'a rien changé à part les têtes. Le problème c'est que quand on met des législations en place, que ce soit sur les phytos ou sur n'importe quoi, il n'y a pas de réaction. Ils sont tous à garder leur siège. (*Ils pensent à leur intérêt.*) Personnel, oui. »

Sans le soutien de ses collègues syndiqués, Monsieur Rault ne peut guère peser sur la hauteur des primes publiques et des cours des céréales qu'il vend sur le marché parisien par le biais d'internet. Dans ces conditions, il n'y a rien d'étonnant à ce qu'il ait le sentiment d'être contraint par un système qui lui laisse de moins en moins de liberté.

Chapitre dixième

LE PROGRESSISME IMAGINAIRE

> « Comment justifier l'innovation et les nouvelles propositions ou réalisations, si nécessaires à la "croissance économique" (laquelle, en retour, finance les réformes politiques), si ce n'est en esquissant l'image d'un avenir plus radieux que le passé, une vision de l'après qui sera préférable à l'avant ou au présent ? Pour produire toujours plus et justifier l'existence des pouvoirs, il faut changer le présent et l'avenir. »
>
> Salvador Juan, *Critique de la déraison évolutionniste*

Après la démesure économique, la vulnérabilité symbolique et l'hétéronomie politique, l'adhésion à l'idéologie du progrès constitue notre quatrième hypothèse. Les agriculteurs productivistes croiraient ainsi que l'élevage des animaux et la culture des plantes n'existaient pas avant l'invention des pesticides au milieu du vingtième siècle. Comment comprendre un tel refoulement de la mémoire paysanne ? Cette négation de l'histoire proviendrait de l'idéologie moderne qui se propose de faire table rase du passé afin d'améliorer l'avenir. La puissance de l'imaginaire progressiste pourrait expliquer que l'héritage des anciens agriculteurs ait été si profondément oublié. L'invention des pesticides aurait tellement fait progresser l'agriculture qu'elle aurait fait disparaître le souvenir de cette époque « irrationnelle » où les techniques agricoles étaient totalement inefficaces parce qu'étrangères aux innovations technoscientifiques. La « science », en créant l'agriculture, aurait permis à l'humanité de sortir de la sous-alimentation chronique qu'elle subissait comme une fatalité naturelle. La conviction que la culture des plantes est impossible sans pesticides montrerait la toute-puissance imaginaire associée à l'idéologie du progrès. Seule la chimie agricole aurait le pouvoir de féconder la terre, ce substrat désenchanté, neutre et stérile que l'homme aurait le devoir de conquérir à l'aide de techniques de plus en plus perfectionnées. Les agriculteurs seraient en effet sommés d'adhérer au processus d'artificialisation du vivant par l'idéologie du progrès qui valoriserait les innovations technoscientifiques dotées *a priori* du pouvoir d'augmenter la production agricole. Ils considéreraient les récoltes traditionnelles comme nulles et non avenues parce qu'incapables de rivaliser avec les rendements obtenus par l'agriculture productiviste. Quant à ceux qui refusent d'aider l'humanité à « progresser » en appliquant les nouveautés mises au point par les ingénieurs travaillant au profit des firmes multinationales, ils seraient accusés de provoquer une régression inquiétante pour l'avenir de la profession. La métaphore du « train du progrès » constituerait ainsi une illustration de l'imaginaire légitimant l'industrialisation de l'agriculture. De plus, avec l'effacement de l'humanisme chrétien qui se proposait d'éradiquer la faim dans le monde, la finalité du productivisme n'aurait plus l'importance qu'il revêtait auparavant. L'idéologie du progrès suscitant toujours l'adhésion des agriculteurs productivistes, le jugement attribuant de la valeur à l'obtention du rendement maximum résisterait à l'épreuve du temps en adoptant différentes configurations idéologiques. L'individualisme ou l'esprit de compétition valoriserait le record productif au nom de la performance, le fantasme de maîtrise y verrait une possession symbolique de la nature, l'obsession sécuritaire l'interprèterait comme une éradication du hasard et l'hygiénisme l'apprécierait du fait de la propreté imaginaire des champs obtenue grâce aux pesticides. S'adaptant toujours aux orientations technoscientifiques de la modernité, le productivisme demeurerait pour de nombreux agriculteurs le moyen privilégié permettant à l'humanité de progresser indéfiniment. Dans cette optique, chaque innovation serait perçue comme un progrès parce que créditée *a priori* du pouvoir d'augmenter les rendements.

La famille Enouf

Pour Monsieur Enouf, les pesticides constituent un progrès car leur introduction dans les façons culturales a provoqué un accroissement des récoltes. De son point de vue, la valeur de l'agriculture est manifestement liée aux rendements obtenus conformément au préjugé productiviste qui valorise l'obtention de la quantité maximum. Il perçoit donc la chimie agricole comme une évolution positive dans la mesure où elle a favorisé un perfectionnement de l'exploitation des ressources naturelles :

> « (*Pensez-vous que les pesticides constituent un progrès ?*) Lui : Oui. (*Notamment pour le côté pratique ?*) Lui : Il y a le côté pratique et puis le côté rendement aussi. »

Dans l'optique évolutionniste, les agriculteurs refusant d'adopter les innovations proposées par les techniciens font figure d'« archaïques » ou de vestiges des stades antérieurs du processus de « civilisation » de l'agriculture. Le train du progrès, qui fait route vers le pays où la production est infinie, les a transportés pendant quelque temps mais ils n'ont pas su rester à son bord. Ainsi, même s'il considère que ces éleveurs atypiques ont le droit de refuser la culture du maïs,

Monsieur Enouf affirme aussi qu'ils ne peuvent prétendre incarner la modernité puisqu'ils utilisent une technique traditionnelle. Dans la conception linéaire et mécanique de l'histoire qui est la sienne, le progrès est donc une *machine mobile se déplaçant toujours dans le même sens* :

> « Lui : C'est leur droit, ils ont le droit de faire ce qu'ils veulent. Ils gagnent certainement des sous, mais on n'a jamais vu le progrès faire machine arrière. On n'a jamais vu la machine faire marche arrière. (*Ça fait un peu retour...*) Lui : Ah oui oui (*Retour vers le passé.*) Lui : C'est pour ça, revenir dans le temps, ça m'étonne. Peut-être que c'est ce qu'il faudrait faire, c'est possible, mais bon. (*Ça paraît bizarre, comme idée.*) Lui : Oui (*De revenir en arrière.*) Lui : Oui. »

Mais pourquoi Monsieur Enouf apprécie-t-il l'innovation technique ? Tout d'abord, il semble estimer que les pesticides font gagner du temps et diminuent la charge de travail car ils favorisent la suppression de certaines tâches comme le désherbage manuel. D'une manière plus générale, la mécanisation est jugée positivement car elle permet d'augmenter les performances de l'exploitant qui n'a plus besoin de recourir aux ouvriers agricoles qui ont déserté les campagnes. Monsieur Enouf considère ainsi qu'il est plus avantageux d'acheter un tracteur que d'embaucher deux journaliers car la machine coûtera moins cher et aura un rendement supérieur. De plus, il apprécie la sécurité prodiguée par le maïs qui permet de constituer facilement des stocks pour nourrir les bovins pendant l'hiver :

> « Lui : On a fait un peu plus de maïs surtout pour avoir les stocks d'avance. (*Avant, comment faisiez-vous pour l'hiver ?*) Lui : On tombait toujours juste mais cette année, les vaches vont avoir du maïs peut-être pas toute l'année mais presque. »

Grâce aux pesticides, le maïs est protégé des attaques des prédateurs naturels qui risquent de faire disparaître une partie de la récolte. Heureusement, avec l'atrazine et l'Arizona®, Monsieur Enouf a les moyens d'éradiquer le liseron comme les pionniers américains ont exterminé les indiens (Wilson, 2002). De son point de vue en effet, les désherbants, les fongicides et les insecticides ne peuvent être comparés à des médicaments puisqu'ils ont le pouvoir de faire mourir les animaux et les végétaux jugés indésirables :

> « (*Faut-il se méfier des médicaments des plantes ?*) Lui : Les médicaments des plantes ? (*On dit quelquefois que les pesticides sont les médicaments des plantes*) Lui : Non, ce n'est pas pareil. Je ne vois pas tellement de pesticides guérir, non, je ne pense pas. »

En revanche, Madame Enouf n'est insensible à l'idéologie qui transforme les pesticides en produits « phytosanitaires » car elle compare la chimie agricole à des antibiotiques toxiques à trop fortes doses[248]. De plus, elle désherbe le tour du

---

[248] Elle considère donc comme les défenseurs des firmes agrochimiques que c'est la dose qui fait le poison (cf. chapitre quatre).

poulailler conformément à la conception productiviste de la propreté. Quant à son mari, il n'est pas étranger à l'animisme (Descola, 2005, 183) caractéristique du rapport technoscientifique à la machine. Il confesse ainsi avoir acheté un nouveau tracteur « parce que celui qu'on avait était mort ».

Monsieur Rault

Manifestement fier que son père lui ait transmis l'idéologie du progrès, Monsieur Rault prend plaisir à perpétuer cette tradition moderne (Balandier, 1985) car il a le sentiment de poursuivre l'œuvre paternelle. Il considère ainsi que l'exploitation n'a pas cessé de progresser depuis 1961 même si la poursuite des quintaux a peu à peu laissé la place à la diminution des intrants :

> « Papa est jeune, il a soixante ans. Moi, j'en ai j'en ai trente-huit donc il n'y a pas eu de coupure de progrès entre nous deux. Papa a suivi le progrès des années soixante puisqu'il s'est installé en 1961. Jusqu'à 1980 ça a été le développement maximum, la poursuite des quintaux parce qu'il y avait une demande. Et puis jusqu'à ce que je m'installe officiellement en 1990, ça a été plus le regard, l'attente, savoir ce qu'il était possible de faire et où on pouvait aller chercher des quintaux. Par contre depuis 1990, ça a été la recherche de la rentabilité non plus par la poursuite des quintaux [mais par la diminution des intrants]. »

Chez Monsieur Rault, le progressisme imaginaire a donc survécu en dépit du fait que l'augmentation des rendements s'est interrompue. L'idéologie progressiste n'est donc pas obligatoirement liée à la croissance illimitée des récoltes. Lorsque cette dernière atteint un plafond agronomique, économique ou écologique, l'imaginaire du progrès s'attache à une autre dimension de la réalité. Tout facteur changeant avec le temps peut faire l'affaire pourvu que la variation soit jugée positive. Tel est le cas de la diminution des intrants ou des changements techniques qui sont perçus comme des évolutions inévitables car imputables aux lois de la nature ou aux forces de l'univers :

> « Le matériel évolue par la force des choses. Avec l'évolution du matériel, il y a beaucoup de risques de supprimés. Avant, on avait les tuyaux hydrauliques dans les cabines alors que maintenant c'est en dehors. »

L'innovation technique produit parfois une réelle amélioration des conditions de travail. La climatisation des tracteurs protège ainsi l'agriculteur des variations saisonnières de la température :

> « Quand le soleil est au plus fort, ce sont les heures les plus critiques – entre deux heures et quatre heures – pour botteler de la paille. On le sent beaucoup moins maintenant parce qu'on a des cabines climatisées, donc on souffre beaucoup moins, mais le matériel souffre toujours. Je me rappelle il y a une quinzaine d'années voire plus même, quand

> on n'avait pas de cabines climatisées et qu'on ressentait ce que pouvait ressentir le matériel. »

Monsieur Rault, qui donne une figure humaine à son tracteur conformément aux tendances animistes véhiculées par la culture productiviste, considère aussi que l'augmentation du nombre des pesticides constitue une avancée du progrès :

> « Ils utilisent les produits de traitement depuis les années soixante. Les soupes ça a toujours existé, ils mettaient ça dans l'arrosoir. Il n'y avait que quatre ou cinq produits mais maintenant, plus ça va, plus ça avance. »

Monsieur Rault semble pourtant avoir eu du mal à conserver sa croyance à l'imaginaire du progrès. En effet, l'abandon de la valorisation de rendements toujours plus élevés au profit de la diminution des intrants a provoqué de l'amertume chez notre exploitant qui s'irrite de la montée en puissance de la sensibilité écologique dans la population française :

> « Environnement, ça, ce mot-là, ils l'ont en tête. Ça, les Verts, ils ont réussi. Il n'y a rien à faire, on ne peut rien faire sans trouver partout "et l'environnement". Même s'il n'y a rien de fait, ce n'est pas grave, il y a marqué "environnement". »

Désormais, si elle souhaite survivre, l'idéologie du progrès ne peut faire l'impasse sur la question environnementale. Même de façon symbolique, elle doit afficher une préoccupation écologique sous peine de connaître la désuétude et la disparition. L'imaginaire progressiste peut ainsi continuer à prétendre améliorer n'importe quel aspect de la réalité :

> « La notion de progrès ce serait... (Presque inaudible). Dans le respect de l'environnement, bien sûr, de pouvoir améliorer nos résultats sans faire n'importe quoi. Le progrès, c'est de pouvoir... Moi j'y suis déjà. Quand je dis que j'y suis, dans le progrès, c'est parce qu'il y a plein de trucs que je pourrais toujours améliorer. C'est pouvoir produire comme je l'entends avec les produits du moment qui sont autorisés, bien sûr – il ne faut quand même pas faire de bêtises et s'il y a moyen de diminuer quoi que ce soit, il faut le faire – et pouvoir vendre à qui je veux. C'est ça le progrès. Le progrès, c'est de pouvoir diminuer nos intrants. »

Diminution des intrants, choix du partenaire commercial, liberté de produire à sa guise et amélioration des résultats financiers, tels sont donc les quatre composantes du progressisme imaginaire de Monsieur Rault. Mais la liste n'est pas close car notre exploitant aspire aussi à bénéficier de la législation sur la réduction du temps de travail tout en continuant à gagner de l'argent :

> « Le progrès, c'est de pouvoir gagner des sous et travailler moins. Comme on fourre tout le monde en RTT, pourquoi pas moi ? Pouvoir disposer de temps à consacrer à mes loisirs et à ma famille, ma famille et mes loisirs après quand même, et puis gagner ma vie. »

Chez Monsieur Rault, la culture productiviste semble donc susceptible de s'éloigner de la survalorisation traditionnelle du travail même si envisager de diminuer le temps consacré au labeur peut favoriser la peur de voir diminuer les revenus de la ferme. Le travail étant traditionnellement considéré comme la source de la richesse, seuls les agriculteurs les plus acculturés aux logiques sociales urbaines sont disposés à consommer des loisirs comme cet exploitant ornais qui considère que le sigle RTT signifie « range ton tracteur ». Par ailleurs, l'idéologie du progrès est liée aux innovations technoscientifiques produites par les firmes. Monsieur Rault considère ainsi que les pesticides sont des « produits phytosanitaires » car il utilise à trois reprises cette expression qui transforme les produits agrochimiques en médicaments. De même, les OGM constitueraient un progrès pour la santé publique et la préservation de l'environnement car ils provoqueraient mécaniquement une disparition des produits agrochimiques :

> « En mettant en place un OGM pour protéger contre la petite bête qui mange la fleur de coton, ils ne traitent plus du tout. Au niveau sanitaire et au niveau écologique, c'est exceptionnel. »

Particulièrement sensible à l'argumentaire développé par les firmes, Monsieur Rault ne comprend pas que les militants écologistes soient contre les OGM qui permettraient selon lui de satisfaire leurs revendications :

> « Les écolos sont contre les phytos et contre les OGM, alors il faut savoir. Parce que le gros avantage des OGM – moi je ne suis pas pour – mais le gros avantage c'est qu'il n'y a plus besoin de pesticides. Par la génétique, on peut supprimer les pesticides. C'est tordu, hein ? »

Pourtant, Monsieur Rault pourrait décider d'arrêter les « traitements » sans attendre l'autorisation de cultiver des plantes génétiquement modifiées, mais il serait alors exposé au risque de « l'infestation » ou de « l'invasion »[249]. Cette perspective intolérable pour un esprit structuré par la volonté de maîtrise serait interprétée comme un signe de faiblesse face aux forces de la nature. Et surtout, la résurgence de cette technique traditionnelle porterait atteinte au progressisme imaginaire qui habite Monsieur Rault. En effet, le train du progrès ne connaît pas la marche arrière :

> « A l'heure actuelle, on est en train de faire une marche arrière. (*Une marche arrière ?*) Une fausse marche arrière. On est en train de vouloir faire comprendre aux ménages que l'agriculture est dans une impasse de tourner au bio. Faux, je le clame haut et fort, c'est faux. A l'heure actuelle, il y a trois catégories de gens qui font les bios. Il y en a très très peu, je dis bien très très peu qui sont capables de tenir en bio. Et ceux qui le sont, ils sont

---

[249] Monsieur Rault a prononcé sept fois le mot « traitement », trois fois « infesté » ou « infestation » et une fois « invasion ». Que la métaphore soit médicale ou militaire, elle révèle un rapport agonistique à la nature.

très pointus, parce que ça demande peut-être même plus de technicité que d'être en système comme on est, et là je leur tire mon chapeau, je leur dis bravo. »

Finalement, les seuls agrobiologistes qui trouvent grâce aux yeux de Monsieur Rault sont ceux qui seraient à la « pointe » du progrès (Gras et Poirot-Delpech, 1989). L'agriculture biologique est valorisée si on peut la considérer comme le dernier « stade de l'évolution », mais elle ne vaut strictement rien lorsqu'on estime qu'elle constitue la réapparition d'une forme « primitive » incompatible avec le développement technique. En effet, dans l'optique progressiste, les agrobiologistes sont souvent considérés comme des obscurantistes qui souhaitent que l'humanité connaisse à nouveau les famines du Moyen-âge :

« Au temps des Romains, ils étaient capables de sortir trente-cinq quintaux de blé à l'hectare. Jusque dans les années seize cents où il y a eu les dernières famines, ils n'étaient capables de sortir que huit quintaux tellement ils ont appauvris les sols. Et jusqu'au début du vingtième siècle, on était remonté à dix huit quintaux. »

Monsieur Rault considère que la modernisation est positive car elle a finalement permis de doubler les rendements obtenus par les Romains. De son point de vue, les citadins refusent d'admettre que l'agriculture moderne a permis une évolution significative du « niveau de civilisation » de la société contemporaine. Même si l'agriculture a égalé les performances de l'industrie en termes de mécanisation et de disparition des emplois, les exploitants agricoles souffrent toujours d'un déficit de reconnaissance qui est ignoré des chefs d'entreprise. En effet, le « progrès » agricole n'est pas aussi bien accueilli que son homologue industriel :

« Ce qui est impensable, c'est que dans l'industrie, le progrès a été accueilli à bras ouverts – chez Renault Véhicules Industriels à Caen[250], il y avait 15 000 bonhommes, maintenant ils sont trois fois rien parce que tout est remplacé par des machines-outils qui sont capables de transporter la caisse du départ jusqu'à la fin sans que personne n'intervienne, c'est fantastique – alors que le progrès en agriculture est très mal vu par le consommateur. J'ai acheté un tracteur, il y a quatre ordinateurs dessus. Ce n'est pas ça qui fait peur au consommateur mais les progrès comme les OGM, les ménages sont tout de suite récalcitrants et on en souffre. (*Pardon ?*) Et on en souffre. (*Vous en souffrez ?*) Bien sûr. On le voit assez souvent à la télé : "agriculteurs-pollueurs". Alors qu'on ne pollue certainement pas plus que certaines industries (*C'est une discrimination.*) Le progrès est très bien vu dans l'industrie alors qu'il est très mal vu dans l'agriculture. »

Outre l'émerveillement qu'il manifeste devant le changement du processus de production provoqué par l'élimination de l'homme au profit de la machine, Monsieur Rault s'étonne de la réaction du consommateur qui ne comprend pas que les OGM constituent un progrès. De même, il considère que le refus de la

[250] De même que la Société Métallurgique de Normandie disparue en 1993, cette usine située à Blainville-sur-Orne a pendant longtemps fourni du travail à de nombreux habitants du village de Monsieur Louis (cf. chapitre deux, notamment page 54).

pollution est une attitude irrationnelle car les scientifiques sont incapables de déterminer les doses de produits agrochimiques susceptibles de provoquer des maladies :

> « Les chercheurs sont très pointus et c'est très bien. Le problème, c'est qu'on ne sait pas où est la barrière. Est-ce que c'est une micromole par litre, est-ce que c'est dix, est-ce que c'est cent ? Ils ne savent pas. Donc on a vite fait de faire peur à une population – on est aussi dans une ère très écolo – et de faire des bouleversements sur les peurs. On l'a bien vu pour l'ESB puisqu'il y aurait deux morts mais personne n'en est sûr encore à l'heure actuelle. »

L'attachement à la thématique de l'irrationalité populaire débouche logiquement sur une critique du mouvement social écologiste qui suscite une attitude ambivalente. D'une part, Monsieur Rault accepte certains arguments environnementalistes qu'il tente de concilier tant bien que mal avec sa tendance à animaliser les militants écologistes :

> « Je sais bien qu'on est dans une ère très écologique. Je n'aime pas ces bestiaux-là, mais on a besoin de ces gens-là. Heureusement qu'ils sont là pour surveiller un peu parce que tout le monde ferait n'importe quoi. »

D'autre part, il ne supporte pas que l'on touche à son bénéfice en application du principe pollueur-payeur formulé en 1972 par l'Organisation de la Coopération et du Développement Economiques (OCDE). Par conséquent, il considère que chaque pesticide interdit pour des raisons sanitaires ou environnementales devra être remplacé par un autre produit au moins aussi bon marché. De plus, il estime que la Taxe Générale sur les Activités Polluantes (TGAP) constitue une charge supplémentaire pour les agriculteurs sans lutter réellement contre la pollution :

> « Depuis le premier janvier 2000, tous les produits phytosanitaires et beaucoup d'engrais ont une taxe de pollution. Et alors là je suis en guerre contre les écolos parce que faire une taxe pollution comme à Paris… Qu'on mette une taxe sur les véhicules pour dire "les pairs vont conduire tel jour et les impairs l'autre jour", d'accord, c'est bien, pourquoi pas, mais que la taxe serve pour dépolluer l'air et non pour aller payer les trente-cinq heures ! Il faut m'expliquer la relation entre les trente-cinq heures et la dépollution des villes ou des cultures des campagnes ! On paye, hein, à l'heure actuelle. »

Le propos montre l'agressivité ou même la haine que Monsieur Rault ressent pour les écologistes qui prétendent restreindre le plaisir qu'il tire de la chasse :

> « J'aime bien aller au gabion parce qu'au gabion, on est avec des copains alors on ne cause plus de boulot. Ça nous arrive de causer de CPNT[251] ou plutôt des connards d'écolos qui nous font chier mais c'est tellement superbe, on essaye de penser à autre

[251] Chasse, Pêche, Nature, Traditions.

chose. On est dans la nature, on est bien, on s'évade. On en a besoin parce qu'autrement, s'il faut s'emmerder en permanence, bosser pour bosser, ça ne m'intéresse pas. »

Pour Monsieur Rault, qui est visiblement animé d'un rapport agonistique à la nature (Vivent, 2005, 55-101), les écologistes sont suspects de manquer de détermination dans leur rapport à l'environnement. Lorsque l'on appartient à la profession agricole et que l'on porte fièrement les attributs naturels du genre masculin, on doit faire preuve de force et de virilité pour dominer la nature qui est perçue comme une entité féminine. Dans cette optique, les pesticides sont appréciés car ils permettent d'augmenter la puissance de l'agriculteur ainsi que sa « force de frappe » :

« ZENECA, SOPRA, j'en n'ai rien à secouer. Ce que je veux, c'est un produit que je connais, qui est capable de me cibler ma maladie, mon insecte ou mon adventice et de pouvoir taper dessus. »

Bien entendu, les frappes n'étant pas toujours « chirurgicales », la chimie agricole peut aussi causer d'importants dommages collatéraux. Monsieur Rault pense ainsi que l'utilisation des pesticides est le principal facteur responsable de la raréfaction du gibier. Mais là encore, l'imaginaire du progrès impose une valorisation positive du préjudice subi par les chasseurs (Pingaud, 1990, 99). En effet, la situation se serait améliorée du fait de la disparition de certains produits et du changement de comportement des agriculteurs :

« Pourquoi la quantité de gibier a-t-elle diminué dans certaines plaines ? Ça peut être à cause des pesticides des années soixante-dix/quatre-vingts, les colorants nitrés qui ont certainement fait énormément de mal, c'est vrai. La méconnaissance d'une vidange de barrique à la même place, l'inconscience de gens qui ne savent pas. Moi qui suis chasseur, jamais je ne ferais ça. Maintenant c'est fini parce qu'on éparpille le résidu de barrique sur une surface donc ce n'est pas méchant. Mais avant, quand il restait cinquante litres de produits, on ouvrait la vanne, ça tombait par terre. Avant que ça ne parte, le gibier qui a soif, il boit. Même si ça ne le tue pas, qu'est-ce que ça fait sur des modifications pas génétiques mais comportementales comme la stérilité ? »

Heureusement, ces pratiques qui étaient liées aux premiers pesticides auraient disparu grâce à la prise de conscience des agriculteurs soucieux de respecter les intérêts des chasseurs. L'époque où l'on pouvait jouir sans modération de la possession imaginaire de la nature serait donc révolue. Quant à ceux qui s'obstinent à pratiquer le surdosage systématique des pesticides, le maïs génétiquement modifié pour éliminer la pyrale constitue un bon moyen de leur imposer une diminution de leur consommation de biocides :

« Le maïs BT est génétiquement modifié pour résister à la pyrale. Chaque insecte qui va se poser et vouloir grignoter le petit maïs va s'autodétruire. Ce n'est peut-être pas plus mal parce que le maïs, c'est productif et les marges vont être par terre parce qu'ils traitent trop. Et c'est peut-être pas plus mal de ne viser qu'un insecte plutôt que d'utiliser des produits dont on ignore le spectre. »

Les OGM permettant de perfectionner la sécurisation de la récolte obtenue par les pesticides, il considère que les modifications génétiques s'inscrivent dans le prolongement du travail de sélection qui a contribué à l'avènement du « progrès » en agriculture et à la réalisation de l'utopie productiviste :

> « Attention, entre les cinquante quintaux des années soixante sans quasiment rien faire, jusqu'à – c'est utopique – jusqu'à cent quintaux à l'heure actuelle – moi j'ai passé les cent quintaux –, il y a eu d'une part la mécanisation, les engrais, l'apport nutritionnel, la connaissance et une chose quand même qu'on oublie toujours : c'est la génétique. Il y a eu une grosse évolution sur la génétique animale ou végétale. Dans les années soixante-dix, ils cherchaient à augmenter la quantité de lait. Maintenant ils essaient de faire travailler le taux protéique. »

Pourtant, Monsieur Rault doute parfois que le progrès conduise réellement l'humanité au bonheur. Il semble penser que la perfection totale visée par l'utopie progressiste constitue un risque politique majeur. La promesse des « lendemains qui chantent » en particulier lui fait craindre l'apparition d'un nouveau totalitarisme :

> « En 1989, les Russes et les Allemands de l'Est en sont sortis mais nous on va complètement dedans. Donc si c'est ça le progrès... (Bougonne). Je ne suis pas du tout optimiste. »

Après avoir affirmé que les OGM constituent un progrès, Monsieur Rault hésite en déclarant que certains « peuvent être très biens » et d'autres « complètement inutiles ». Bien que profondément enracinée chez notre exploitant, l'idéologie progressiste vacille donc devant les conséquences politiques qui pourraient résulter de l'innovation technique. La simple perception de la réalité du risque peut ébranler en profondeur le puissant imaginaire du progrès.

CONCLUSION

Notre recherche a dévoilé les principaux facteurs socio-anthropologiques responsables de la transformation de la campagne française en une gigantesque usine fournissant des matières premières à l'industrie agro-alimentaire. Les agriculteurs qui étaient soumis aux pouvoirs féodaux sont désormais tributaires des appareils technocratiques obéissant à la logique de l'économie capitaliste. L'examen de la littérature et l'analyse des données statistiques du ministère de l'Agriculture ont montré que, à l'instar de l'Angleterre du XIXe siècle[252], la situation française se caractérise par une diminution des effectifs d'agriculteurs et un agrandissement des exploitations. Nous avons ensuite retracé les étapes du processus de modernisation tout au long du XXe siècle grâce à l'histoire de vie d'un agriculteur de la plaine de Caen. Le désir de rompre avec la mentalité traditionnelle, le déferlement de la technique éprouvé à l'occasion de la seconde guerre mondiale, l'adhésion au productivisme des trente glorieuses et le mouvement de concentration des structures agricoles sont appréhendés à travers la biographie de Monsieur Louis. Le témoignage d'un agriculteur converti au mode de production biologique depuis plus de vingt ans nous a permis d'analyser les principales composantes du profil anthropologique de l'agriculture dominante. L'*ethos* productiviste comprend la dépendance aux techniciens, l'amour de l'ordre et de la propreté, l'adhésion à l'idéologie du progrès, la souffrance liée au stress, à l'incertitude et à la vulnérabilité, l'endurance au mal, la passion du travail et de la compétition, la volonté de tirer profit du temps et la valorisation absolue de l'argent, l'obsession de sécuriser les récoltes et la soumission aux risques technico-économiques ainsi qu'un rapport à la machine et à la nature caractérisé par l'animisme et la volonté de domination.

Nous avons également examiné le pouvoir de l'industrie agrochimique à partir de l'observation d'une opération de communication menée dans les locaux de l'Assemblée nationale avec le soutien de deux députés et d'un sénateur de la République. Sous couvert d'un « colloque scientifique », il s'agissait en fait de convaincre la population qu'elle doit se conformer à l'opinion des industriels

---

[252] « Si l'emploi des machines dans l'agriculture est exempt en grande partie des inconvénients et des dangers physiques auxquels il expose l'ouvrier de fabrique, sa tendance à supprimer, à déplacer le travailleur, s'y réalise avec beaucoup plus d'intensité et sans contrecoup. Dans les comtés de Suffolk et de Cambridge, par exemple, la superficie des terres cultivées s'est considérablement augmentée pendant les derniers vingt ans, tandis que la population rurale a subi une diminution non seulement relative, mais absolue. » (Marx, 1867, 362)

pour lesquels l'utilisation des pesticides est « socialement acceptable ». Nous avons ensuite décrit la pression commerciale qui s'exerce sur les agriculteurs à partir d'une observation menée auprès d'un technicien commercialisant des intrants pour le compte d'une entreprise privée. Il est apparu que l'efficacité du vendeur dépend de son adhésion à l'idéologie productiviste. Par ailleurs, un matériau original nous a permis de saisir objectivement les principaux imaginaires du productivisme. Des publicités puisées dans un lot représentatif des journaux professionnels illustrent les valeurs que le pouvoir industriel cherche à mobiliser à son profit : le progrès, l'arrachement à la terre, la virilité, la puissance, l'argent, le divin, l'idéologie technoscientifique, la compétition ainsi que la maîtrise et l'artificialisation de la nature.

La comparaison développée dans la troisième partie a révélé que même s'ils ont tous adopté le modèle intensif caractérisé par la recherche du rendement maximum, les agriculteurs les plus modestes incarnent la tradition productiviste tandis que le plus cossu se reconnaît dans le paradigme de l'agriculture raisonnée. De plus, nous avons montré que le souci de la santé est un luxe que les petits agriculteurs ne peuvent se permettre alors qu'il constitue une préoccupation importante pour l'exploitant le plus aisé. Par ailleurs, la crainte de la désaffiliation n'est pas liée exclusivement à la pauvreté car ce dernier l'éprouve également mais sur un mode plus atténué. Dans le chapitre suivant, nous avons vu que les agriculteurs les plus prolétarisés sont tellement aliénés qu'ils ont définitivement rompu avec la recherche de l'autonomie qui caractérisait l'ancien paysan. L'exploitant bourgeois cherche à créer de nouvelles marges de liberté en diminuant ses intrants pour résister à l'accroissement de son hétéronomie consécutif à la baisse des cours des productions agricoles. Nous avons enfin montré que la conviction selon laquelle le « train du progrès » ne connaît pas la marche arrière est profondément enracinée chez les agriculteurs intégrés par la puissante entreprise de volailles. Quant au céréalier, il considère que l'automatisation de la production agricole et les OGM constituent un progrès tout en s'inquiétant des risques politiques liés aux innovations techniques.

En résumé, les agriculteurs productivistes ne travaillent plus pour vivre mais vivent pour travailler. A l'instar du monde industriel structuré par la volonté de rationaliser le travail pour augmenter toujours plus les rendements, ils font la chasse aux temps morts, comme s'il fallait éviter à tout prix la minute de désœuvrement qui pourrait révéler le vide de cette *existence machinale*. Les affaires économiques envahissent donc l'essentiel ou la totalité de leur vie qui se trouve colonisée par la préoccupation du gîte et du couvert. L'angoisse du lendemain, la peur de la faillite, la crainte de la maladie ou la désymbolisation de la mort favorisent la recherche d'une jouissance susceptible de faire oublier l'espace d'un instant l'inhumanité (Juan, 2001) d'un monde dominé par l'économie capitaliste. Dans cette optique, la technoscience fournit de nombreux imaginaires qui font rêver les exploitants agricoles. L'extension du pouvoir de l'homme sur la nature, la conquête de l'espace, le fantasme démiurgique ou la possession de machines merveilleuses qui obéissent « au doigt et à l'œil » sont autant de compensations à la pauvreté symbolique qui caractérise la modernité occidentale. Mais l'industrialisation de l'agriculture n'alimente pas seulement la volonté de puissance et la possession imaginaire de la nature, elle implique aussi un risque politique majeur pour les exploitants agricoles. L'aliénation propre au monde industriel, qui touche déjà principalement les agriculteurs les plus modestes, pourrait en effet se généraliser du fait de la diffusion massive d'innovations comme les céréales hybrides ou les organismes génétiquement modifiés. D'autres expérimentations impliquant un risque d'asservissement et même de désaffiliation sont menées comme l'élaboration de tracteurs automatiques susceptibles de réaliser certains travaux à partir d'un guidage par satellite. Dans un journal télévisé diffusé en 2005, on pouvait ainsi voir un exploitant agricole revêtu d'un costume et d'une cravate descendre de la machine qu'il venait de programmer pour réaliser un « traitement » sans son concours. Outre que son autonomie s'est réduite au profit des informaticiens seuls susceptibles d'intervenir sur le robot en cas de panne, son utilité sociale disparaîtra avec l'achèvement du processus d'automatisation. Dans ce cas, il est probable que *la robotisation de l'usine agricole provoquera la disparition d'une grande partie des agriculteurs qui ont momentanément échappé au processus de modernisation.* De même, des machines conçues pour effectuer automatiquement le travail de la traite sont commercialisées dans l'Ouest de la France, déchargeant l'agriculteur de cette tâche qui lui permettait de conserver un certain contact et même de l'affection pour ses animaux. Désormais, la rupture est consommée car ces derniers sont transformés en machines produisant des matières premières pour l'industrie agro-alimentaire et l'éleveur en contremaître surveillant du regard le déroulement du processus de production. Parce qu'il influe sur la quantité et la qualité de la production laitière, l'état sanitaire des vaches est évalué par le robot à partir d'analyses portant sur la composition chimique du lait. Dans cette optique, il est inutile de se fier aux éleveurs qui ont appris à connaître le bien-être et l'état de santé de leurs animaux au cours du processus de socialisation familiale et professionnelle. A cet égard, l'expérience vécue par un éleveur normand est significative. Ayant acquis un robot de traite, il n'ose plus considérer que ses vaches sont malades si la machine ne lui confirme pas son diagnostic empirique décidément trop insatisfaisant à l'ère technoscientifique. Même si le savoir-faire traditionnel lui avait déjà fourni la réponse, il est préférable que l'évaluation profane soit confirmée par le modèle de l'ingénieur qui a conçu la machine.

Pourtant, le productivisme agricole ne constitue pas un horizon indépassable. Les problèmes sociaux et les pollutions provoquées par l'utilisation intensive des intrants ne sont pas inéluctables (Salles, 2006). Ici et là, la résistance s'organise pour pallier les effets délétères de la modernisation menée au nom du progrès. Agricultures paysanne, durable, biologique, fermière, etc., plusieurs initiatives tentent d'opposer des limites au processus de développement qui continue à faire baisser les effectifs d'agriculteurs et à altérer les ressources naturelles. Elles participent à former un mouvement social contestant le modèle agricole dominant. Des agriculteurs bas-normands ont ainsi créé une association dans le but d'orienter leurs pratiques vers davantage de durabilité. Sollicités pour participer à une formation sur le thème du travail, nous avons eu l'occasion d'observer la vie du groupe durant une vingtaine de journées. Nous avons également exposé à trois reprises certains résultats de notre recherche afin d'examiner les réactions des uns et des autres. Certains, manifestement en rupture complète avec la culture productiviste, n'ont pas été affectés par nos propos. D'autres, piqués au vif, ont révélé par leur réaction leur implication dans l'industrialisation de l'agriculture et leur difficulté à construire une alternative réelle, imaginaire et symbolique au mode de production dominant.

Si la formation a révélé que ces agriculteurs ont abandonné certains aspects de la culture productiviste, il reste sans doute du chemin à parcourir pour perfectionner le processus d'innovation sociale porté par l'association. Réclamer le droit à la paresse, savourer l'oisiveté, inventer un nouveau rapport au corps ou renoncer à l'activité incessante constituent autant de pistes pour achever la mutation nécessaire à l'abandon du productivisme. L'acceptation de la mort mais aussi l'ouverture aux autres peuvent permettre de renouer avec l'amour du métier et de la vie. Une nouvelle façon de travailler, située aux antipodes de la souffrance liée au labeur productiviste, ainsi que la réhabilitation de la prudence contre la volonté de sécurisation absolue sont susceptibles de les amener à renoncer au plaisir du surtravail pour satisfaire leur désir de durabilité. Cette démarche implique le refus de l'aliénation encouragée par l'entourage marchand et bureaucratique qui étend toujours plus son pouvoir sur les agriculteurs. La volonté d'émancipation ou d'affranchissement nécessite évidemment la recherche de l'autonomie. Dans cette optique, la redécouverte de l'autoconsommation, de la transformation et de la vente directe peut fournir des conditions favorables à la résurrection de la liberté que l'ancien paysan affectionnait particulièrement. Le désir de durabilité est susceptible d'encourager ces agriculteurs à investir concrètement la question de la responsabilité face aux générations actuelles et futures. Convaincus de la légitimité de leur démarche du fait de la situation sociale et écologique produite par l'industrialisation agricole, ils rompront plus facilement avec la soumission aux appareils technocratiques, assumant éventuellement la désobéissance civile revendiquée par les militants les plus radicaux du mouvement altermondialiste. Mais, au-delà de la recherche de convergence avec d'autres contestataires de la société productiviste, l'agriculture durable ne parviendra sans doute à s'institutionnaliser que si elle crée un rapport de forces susceptible de diminuer la pression politique exercée en amont et en aval de la production agricole. De même, si les dimensions écologiques, sociales et économiques du concept de durabilité sont suffisamment explicites, les agriculteurs du groupe ne semblent pas s'accorder sur une définition de l'humanité de l'homme qui pourrait déboucher sur une véritable resymbolisation du monde.

BIBLIOGRAPHIE

ADORNO T., *Minima moralia. Réflexions sur la vie mutilée*, 1951, Paris, Payot, critique de la politique, 1980.

ARIES P., *L'Homme devant la mort*, Paris, Seuil, 1977.

ALPHANDERY P., BITOUN P., DUPONT Y., *L'Equivoque écologique*, Paris, La Découverte, 1992 ; *Les Champs du départ. Une France rurale sans paysans ?* Paris, La Découverte, 1988.

Alliance Paysans Ecologistes Consommateurs, « L'homme et les pesticides. Quels risques la présence de pesticides dans l'eau, l'air et les aliments entraîne-t-elle pour l'homme et son environnement ? », Actes du colloque du 13 novembre 2001.

ARENDT H., *Condition de l'homme moderne*, 1958, Paris, Calmann-Lévy, 1983 ; *Le Système totalitaire*, 1951, Paris, Seuil, 1972.

ARON R., « Théorie du développement et philosophie évolutionniste », in *Etudes sociologiques*, Paris, PUF, 1988.

BALANDIER G., *Le grand système*, Paris Fayard, 2001 ; *Le Détour. Pouvoir et modernité*, Paris, Fayard, 1985 ; *Anthropo-logiques*, Paris, PUF, 1974.

BARRES D., BONNY S., LE PAPE Y., REMY J., *Une Ethique de la pratique agricole. Agriculteurs biologiques du Nord-Drôme*, INRA-ESR, Grenoble-Grignon-Paris, 1985.

BATT A., CAMPEON A., KEARNS N., CORCORAN P., *Suicide et développement : un coût humain ?*, Rennes, Programme Régional de Santé de Bretagne, 2002.

BAUER G., ROUX J-M., *La Rurbanisation*, Paris, Le Seuil, 1976.

BERLAN J.-P., « Quelle politique 'semencière' ? », *OCL*, Dossier Génomique et sélection, vol. 6, n°2, mars/avril 1999.

BERLAN J.-P., HAENSEN M., LANNOYE P., PONS S., SERALINI G.-E., *La Guerre au vivant*, Marseille, Agone, 2001.

BERTHERAT T., *Le Corps a ses raisons, auto-guérison et anti-gymnastique*, Paris, Seuil, 1976.

BISAULT L., POINTEREAU P., *La Monoculture et ses dangers pour l'environnement*, Toulouse, Solagro, 2006.

BLOUET A., PERVANCHON F., PERVANCHON M., « L'agriculture raisonnée, limites et alternatives du modèle agricole dominant » in *Futuribles* n° 283, février 2003.

BOISEAU P., *L'Attitude des agriculteurs âgés à l'égard de l'indemnité viagère de départ*, Adasea de la Manche, 1970.

BONNEUIL C., THOMAS F., « Du maïs hybride aux OGM : un demi-siècle de génétique et d'amélioration des plantes à l'INRA », Colloque *L'Amélioration des plantes, continuités et rupture*, Montpellier, INRA, 2002.

BOURDIEU P., *Le Bal des célibataires. Crise de la société paysanne du Béarn*, Paris, Seuil, 2002 ; *Ce que parler veut dire. L'économie des échanges linguistiques*, Paris, Minuit, 1982 ; « L'opinion publique n'existe pas », *Les Temps modernes*, 318, janvier 1973.

BOURDIEU P., BOLTANSKI L., CHAMBOREDON J.-C., *La Banque et sa clientèle. Eléments pour une sociologie du crédit*, Paris, Centre de sociologie européenne, 1963.

BOURDIEU P., SAYAD A., *Le Déracinement. La crise de l'agriculture traditionnelle en Algérie*, Paris, Minuit, 1964.

Cahiers techniques de l'agriculture durable, « Evaluer la durabilité d'un système de production », Civam, 2001.

CARLSON R., *Le Printemps silencieux*, Paris, Plon, 1963.

CASSIRER E., *La Philosophie des formes symboliques*, 1923-1929, Paris, Minuit, 1972.

CASTEL R., *Les Métamorphoses de la question sociale : une chronique du salariat*, Paris, Fayard, 1995.

CASTORIADIS C., *L'Institution imaginaire de la société*, Paris, Seuil, 1975.

CHAMBOREDON J.-C., « Peinture des rapports sociaux et invention de l'éternel paysan : les deux manières de Jean-François Millet », *Actes de la Recherche en Sciences Sociales*, n° 17-18, 1977, pp. 6-28.

CHAMPAGNE P., *L'Héritage refusé, La crise de la reproduction sociale de la paysannerie française : 1950-2000*, Paris, Le Seuil, 2002 ; « Un avenir incertain », in Bourdieu P., *La misère du monde*, Paris, Seuil, 1993, pp. 533-549 ; *Faire l'opinion. Le nouveau jeu politique*, Paris, Les Editions de Minuit, Le Sens commun, 1990.

CHARCOSSET A., « Le fait hybride, conditions de l'innovation et choix stratégiques », Colloque *L'Amelioration des plantes, continuités et ruptures*, Montpellier, INRA, 2002.

CLASTRES P., *La Société contre l'Etat*, Paris, Minuit, 1974.

COLSON F., HOUEE P., LAMBERT Y., *JAC et modernisation de l'agriculture dans l'Ouest français*, Rennes, INRA-ESR, 1980.

COLSON R., *Un Paysan face à l'avenir : la JAC et la modernisation de l'agriculture*, Paris, EPI, 1976 ; *Motorisation et avenir rural*, Paris, CNER, 1950.

COPPENS Y., « Une réalité bien vivante », Le Monde, 3 septembre 1996.

DEBATISSE M., *La Révolution silencieuse*, Paris, Calmann-Lévy, 1963.

DELEAGE E., *Paysans de la parcelle à la planète. Socio-anthropologie du Réseau Agriculture Durable*, Paris, Syllepse, 2004.

DE MANDEVILLE B., *La Fable des abeilles, ou les frippons devenus honnêtes gens. Avec le commentaire où l'on prouve que les vices des particuliers tendent à l'avantage du public*, Londres, 1740.

DESCARTES R., *Discours de la méthode*, 1637, Paris, Gallimard, 1987.

DESCOLA P., *Par-delà nature et culture*, Paris, Gallimard, 2005 ; *La Nature domestique. Symbolisme et praxis dans l'écologie des Achuar*, Paris, Fondation Singer/Polignac-Maison des Sciences de l'Homme, 1986.

DIGARD J.-P., « Jalons pour une anthropologie de la domestication », *L'Homme* 108, v. 28 (4), pp. 27-58.

DOBRE M., « Vulnérabilité » in *Dictionnaire des risques*, Dupont (dir.), Paris, Armand Colin, 2003, pp. 412-414 ; *L'Ecologie au quotidien. Eléments pour une théorie sociologique de la résistance ordinaire*, Paris, L'Harmattan, 2002.

DOUGLAS M., *De la souillure. Essai sur les notions de pollution et de tabou*, 1967, Paris, Maspero, 1971.

DROZ Y., « Le paysan jurassien : un fonctionnaire qui s'ignore ? Le mythe du libre entrepreneur et la réalité des subventions fédérales », *Journal des anthropologues*, n°84, 2001.

DROZ Y., MIEVILLE-OTT V. (dir.), *On achève bien les paysans*, Genève, Georg, 2001.

DUMONT R., *Voyages en France d'un agronome*, Paris, Génin, 1951.

DUPONT Y., « Socioanthropologie du suicide en milieu rural », *Croix marine de Basse-Normandie*, n°12, 1998.

DUPUY J.-P., *Pour un catastrophisme éclairé. Quand l'impossible est certain*, Paris, Seuil, 2002.

DURKHEIM E., *Les Formes élémentaires de la vie religieuse*, 1912, Paris, PUF, 1968 ; *Le Suicide*, 1897, Paris, PUF, 2002 ; *Les Règles de la méthode sociologique*, 1895, Paris, PUF, 2002.

EHRENBERG A., *Le Culte de la performance*, Paris, Calmann-Lévy, 1991.

FAVRET-SAADA J., *Les Mots, la mort, les sorts*, Paris, Gallimard, 1977.

FERRY L., *Le nouvel ordre écologique. L'Arbre, l'animal et l'homme*, Paris, Grasset, 1992.

FORASTRIERE F., QUERCIA A. et al., « Cancer among farmers in central Italy », *Scandinavian journal of work, environment and health* 19 (1993) 6, pp. 382-389.

FORGET P., POLYCARPE G., *L'Homme machinal. Technique et progrès : anatomie d'une trahison*, Paris, Syros, 1990.

FOURCHE R., *Contribution à l'histoire de la protection phytosanitaire dans l'agriculture française (1880-1970)*, Thèse de doctorat, Université Lumière Lyon II, 2004.

FREUD S., « L'inquiétante étrangeté », 1919, in *Essais de psychanalyse appliquée*, Paris, Gallimard, 1933.

GARABRANDT D., HELD J., LANGHOLTZ B. et al., « DDT and related compounds and risk of pancreatic cancer », *Journal of the national cancer institute* 84 (1992) 10, pp. 764-771.

GASSON A., *Le Développement agricole durable. Fondements théoriques et éclairage bas-normand*, thèse pour le doctorat de géographie, Université de Caen, 2003.

GODBOUT J., « Homo donator versus homo oeconomicus », in *Plus réel que le réel, le symbolisme, revue du MAUSS* n° 12, Paris, La Découverte/MAUSS, 1998.

GRANDAZZI G., « Du risque territorialisé au fait social total : le suicide dans le Sud-Manche », in Juan S., Le Gall D. (dir.), *Conditions et genres de vie. Chroniques d'une autre France*, Paris, L'Harmattan, 2002, pp. 241-252.

GRAS A., *Fragilité de la puissance*, Paris, Fayard, 2003 ; « Les enfants de Galilée à l'ère informatique », in Gras A., Poirot-Delpech S.L. (dir.), *L'Imaginaire des techniques de pointe*, Paris, L'Harmattan, 1989, pp. 209-224.

GRAS A., POIROT-DELPECH S.L. (dir.), *L'Imaginaire des techniques de pointe. Au doigt et à l'œil*, Paris, L'Harmattan, 1989.

GRENADOU E., PREVOST A., *Grenadou, paysan français*, Paris, Seuil, 1966.

GRIGNON C., « L'enseignement agricole et la domination symbolique de la paysannerie », *Actes de la Recherche en Sciences sociales*, n°1, 1975.

GROUSSARD R., MARSAL P., *Monde du vivant, agriculture et société. La pépite et le grain de blé*, Paris, L'Harmattan, 1998.

GURVITCH G., « La technocratie est-elle un effet inévitable de l'industrialisation ? », in Gurvitch (dir.), *Industrialisation et technocratie*, Paris, Armand Colin, 1949.

HABERMAS J., *La Technique et la science comme idéologie*, 1968, Paris, Gallimard, 1973.

HALBWACHS M., *La Classe ouvrière et les niveaux de vie. Recherches sur la hiérarchie des besoins dans les sociétés industrielles contemporaines*, Paris, Félix Alcan, 1913.

HAUDRICOURT A.-G., « Domestication des animaux, culture des plantes et traitement d'autrui », *L'Homme* 2, v. 1, 1962, pp. 40-50.

HEIDEGGER M., « La question de la technique », *Essais et conférences*, Gallimard, 1958.

HERGE., *Objectif lune*, Paris, Casterman, 1953 ; *On a marché sur la lune*, Paris, Casterman, 1954.

HOUSSEL J-P., « Max Weber revisité : quand les pays de chrétienté réussissent le passage de la société paysanne à la modernité », Actes du colloque du Festival International de Géographie, Saint-Dié des Vosges, 2002.

JOLLIVET M., « Sociétés rurales et classes sociales », 1972, in *Pour une science sociale à travers champs. Paysannerie, ruralité, capitalisme (France XXe siècle)*, Paris, Arguments, 2001.

JUAN S., *Critique de la déraison évolutionniste. Animalisation de l'homme et processus de « civilisation »*, Paris, L'Harmattan, 2006 ; « La "socio-anthropologie" : Champ, paradigme ou discipline ? Regards particuliers sur les entretiens de longue durée ou d'observation », *Bulletin de Méthodologie Sociologique*, n° 87, Paris, 2005, pp. 61-79 ; « Qu'est-ce que la technocratie ? », in Y. Dupont (dir.), *Dictionnaire des risques*, Paris, Armand Colin, 2003, pp. 374-382 ; *La Société inhumaine, mal-vivre dans le bien-être*, Paris, L'Harmattan, 2001 ; *Méthodes de recherche en sciences sociohumaines*, Paris, PUF, 1999 ; « Une interprétation sociologique de l'action technocratique », *Les Temps modernes*, n°483, octobre 1986 ; *De la maison solaire au mouvement anti-technocratique : approche sociologique de l'écologisme en France*, Thèse de doctorat en sociologie, Université de Paris VII, 1985a ; « L'opinion publique ou le mythe d'une représentation du social », *Recherches sur le travail social*, n°46, novembre 1985b.

KLATZMANN J., *L'Agriculture française*, Paris, Le Seuil, 1978.

KAUTSKY K., *La Question agraire. Etude sur les tendances de l'agriculture moderne*, Paris, Giard et Brière, 1900.

KOGEVINAS M., KAUPINNEN T., WINKELMANN R. et al., « STS and NHL in workers exposed to phenoxy herbicides, chlorophenols and dioxyns : two nested case-control studies », *Epidemiology* 6 (1995) 4, pp. 396-402.

KOYRE A., *Du monde clos à l'univers infini*, 1973, Gallimard, 1988.

KRISTENSEN P., ANDERSEN A. et al., « Cancer in offspring of parents engaged in agricultural activities in Norway », *International journal of cancer* 65 (1996) 1, pp. 39-50.

LA BOETIE (de) E., *Discours de la servitude volontaire*, 1577, Paris, Flammarion, 1983.

LATOUCHE S., *La Mégamachine. Raison techno-scientifique, raison économique et mythe du progrès*, Paris, La Découverte, 1995 ; *L'Occidentalisation du monde*, Paris, La Découverte, 1992.

LE BRETON D., *L'Adieu au corps*, Paris, Métailié, 1999 ; *Anthropologie de la douleur*, Paris, Métailié, 1995 ; *Passions du risque*, 1991, Paris Métailié, 2000 ; *Anthropologie du corps et modernité*, 1990, Paris, PUF, 2001 ; *Corps et sociétés. Essai de sociologie et d'anthropologie du corps*, Paris, Librairie des Méridiens, 1985.

LEGRAND C., *Le Suicide chez les agriculteurs du Sud-Manche de 1969 à 1989*, mémoire de maîtrise de sociologie, Université de Caen, 1993.

LEVI-STRAUSS C., *Race et histoire*, 1952, Paris, Gallimard, 1987.

LÖWITH K., *Max Weber and Karl Marx*, 1932, London/New York, 1993.

LUNEAU G., *La Forteresse agricole. Une histoire de la FNSEA*, Paris, Fayard, 2004.

MADELINE P., MORICEAU J.-M., « La naissance de l'Office du blé », *La France agricole*, 29 septembre 2006, p. 114.

MALLET C., *Sorcellerie, échange symbolique, le particularisme de la société bocaine*, thèse de doctorat de troisième cycle, Université de Caen, 1980.

MARCUSE H., *L'Homme unidimensionnel*, 1966, Paris, Minuit, 1968.

MARX K., *Le Capital (Livre I)*, 1867, Paris, Champs/Flammarion, 1985 ; *Manuscrits de 1844*, 1844, Paris, Editions Sociales, 1968.

MARX K., ENGELS F., *Manifeste du parti communiste*, 1848, Paris, Editions sociales, 1966 ; *L'Idéologie allemande*, 1846, Paris, Editions sociales, 1966.

MAUSS M., « Essai sur le don. Forme et raison de l'échange dans les sociétés archaïques », 1923-1924, « Les techniques du corps », 1934, in *Sociologie et anthropologie*, 1950, Paris, PUF, 1993.

MELMAN C., *L'Homme sans gravité. Jouir à tout prix*, Paris, Denoël, 2002.

MENDRAS H., *La Fin des paysans*, 1967, Paris, Actes Sud, 1984.

MENDRAS H., FORSE M., *Le Changement social*, Paris, Armand Colin, 1983.

MILLS P.K., « Correlation analysis of pesticide use data and cancer incidence rate in California Counties », *Archives of environmental health* 53, 1998.

MORICEAU J.-M., *Les Fermiers de l'Ile-de-France. Ascension d'un groupe social (1400-1750)*, thèse pour le doctorat d'histoire, Université de Paris I, 1992.

MORISON H.-I., WILKINS, SEMENCIW et al., « NHL and agricultural practices. The prairie province of Canada », *Scandinavian journal of work, environment and health*, 1994, 1: 42-47; « Herbicides and cancer », *Journal of the National Cancer Institute* 84 (1992) n° 24, pp. 1866-1874.

NISBET R., *History of the idea of progress*, Londres, Heinemann, 1980; *La Tradition sociologique*, Paris, PUF, 1964.

PINGAUD, M.-C., « Le langage de l'assolement », in *Une Campagne voisine. Minot, un village bourguignon*, Paris, Maison des Sciences de l'Homme, 1990.

POCHON A., *Les Sillons de la colère. La malbouffe n'est pas une fatalité*, Paris, Syros, 2001.

POLANYI K., *La grande transformation. Aux origines politiques et économiques de notre temps*, 1944, Paris, Gallimard, 1983.

PORCHER J., « Bien-être et souffrance en élevage : conditions de vie au travail des personnes et des animaux », *Sociologie du travail* n°45, 2003, pp. 27-43.

PREVEL M., « La vie en danger. Les agriculteurs, les pesticides et le risque sanitaire », in Juan S., Le Gall D. (dir.), *Conditions et genres de vie. Chroniques d'une autre France*, Paris L'Harmattan, 2002, pp. 73-82.

PROCOLI A., « Le temps et la construction du regard sur l'animal de rente. Ethnographie des pratiques et récits des éleveurs bretons », *Cahiers d'économie et sociologie rurales* n°72, 2004, pp. 91-112.

QUESNAY F., *Physiocratie, ou constitution naturelle du gouvernement le plus avantageux au genre humain*, Yverdon, 1768.

RAINELLI P., WEAVER R., « Pollution diffuse par l'agriculture », *Risques* n° 20, octobre-décembre 1994.

REMY J., « Qui est agriculteur ?», in Coulomb P., Delorme H., Hervieu B., Jollivet M., Lacombe P. (dir.), *Les agriculteurs et la politique*, Paris, Presses de la Fondation Nationale des Sciences Politiques, 1990 ; « Incertitudes du développement agricole », in *La leçon des paysans*, bulletin du MAUSS n°15, septembre 1985.

REMY J., BRIVES H., LEMERY B., (dir.), *Conseiller en agriculture*, Paris, Educagri/INRA, 2006.

REY A., REY-DEBOVE J., *Le petit Robert 1*, Paris, Dictionnaires Le Robert, 1987.

RICHARD S., MOSLEMI S., SIPAHUTAR H., BENACHOUR N., SERALINI G.-E., « Differential effects of Glyphosate and Roundup on Human Placental Cells and Aromatase », *Environmental Health Perspectives*, Volume 113, n°6, June 2005.

RICOEUR P., « Aliénation », in *Encyclopédie Universalis*, 1975.

RIFKIN J., *Le Siècle biotech. Le commerce des gènes dans le meilleur des mondes*, Paris, La Découverte, 1998.

ROUSSEAU J.-J., *Contrat social ou principes du droit politique*, Genève, Bousquet, 1763.

SAHLINS M, *Age de pierre, âge d'abondance. L'économie des sociétés primitives*, Paris, Gallimard, 1976.

SALLES D., *Les Défis de l'environnement : démocratie et efficacité*, Paris, Syllepses, 2006.

SALMONA M., *Souffrances et résistances des paysans français. Violences des politiques publiques de modernisation économique et culturelle*, Paris, L'Harmattan, 1994.

SCHREINEMACHERS D.-M. et al., « Cancer mortality in agricultural regions of Minnesota », *Environmental health perspectives* 107 (1999) 3, pp. 205-211.

SERALINI G.-E., *OGM, le vrai débat*, Paris, Flammarion, 2000.

SERVOLIN C., « L'absorption de l'agriculture dans le mode de production capitaliste », in M. Gervais (dir.), *Les paysans et la politique*, Paris, Armand Colin, 1972.

SIGAULT F., « Critique de la notion de domestication », *L'Homme* 108, v. 28, 1988, pp. 59-71.

SCHIMMEL B., *Jamais je ne t'oublierai*, Paris, Fixot, 2000.

SMITH A., *Recherches sur la nature et les causes de la richesse des nations*, Londres, 1776.

STEVENSON R.-L., *Le Cas étrange du Dr. Jekyll et de M. Hyde*, 1886, Paris, Stock, 1924.

TAGUIEFF P.-A., *Du progrès, biographie d'une utopie moderne*, Paris, E.J.L, 2001.

TAROT C., *Le Symbolique et le sacré*, Paris, La Découverte, 2007 ; « Un phénomène-clé des sociétés contemporaines : la désymbolisation », in *Dictionnaire des risques*, Y. Dupont (dir.), Paris, Armand Colin, 2003, 108-120.

TETART G., *Le Sang des fleurs. Une anthropologie de l'abeille et du miel*, Paris, Odile Jacob, 2004.

Union des Industries de la Protection des Plantes, « L'Utilisation des pesticides est-elle socialement acceptable ? », Actes du colloque du 28 juin 2001.

TURNBULL C., *Un Peuple de fauves*, Paris, Stock, 1973.

VAN DER GULDEN J.-W. et al., « Farmers at risk for prostate cancer », *British journal of urology* 77 (1996) 1, pp. 6-14.

VAN GENNEP A., *Les Rites de passage*, Paris, Nourry, 1909.

VERNE J., *De la terre à la lune*, 1865, Paris, Hachette, 1967.

VIEL, J.-F., RICHARDSON S. T., « Lymphoma, multiple myeloma and leukemia among french farmers in relation to pesticide exposure », *Social science and medicine* 37, 1993, 771-777.

VIRNO P., *Opportunisme, cynisme et peur*, Paris, Editions de l'Eclat, 1991.

VIVENT C., *CPNT : entre écologisme et poujadisme ? Socio-anthropologie d'un mouvement des campagnes*, Paris, L'Harmattan, 2005.

WEBER L., *Le Rythme du progrès. Etude sociologique*, Paris, Félix Alcan, 1913.

WEBER M., *L'Ethique protestante et l'esprit du capitalisme*, 1905, Paris, Plon, 1964.

WILSON J., *La Terre pleurera. Une histoire de l'Amérique indienne*, Paris, Albin Michel, 2002.

TABLE DES MATIERES

L'HARMATTAN, ITALIA
Via Degli Artisti 15 ; 10124 Torino
L'HARMATTAN HONGRIE
Könyvesbolt ; Kossuth L. u. 14-16
1053 Budapest
L'HARMATTAN BURKINA FASO
Rue 15.167 Route du Pô Patte d'oie
12 BP 226
Ouagadougou 12
(00226) 50 37 54 36
ESPACE L'HARMATTAN KINSHASA
Faculté des Sciences Sociales,
Politiques et Administratives
BP243, KIN XI ; Université de Kinshasa
L'HARMATTAN GUINÉE
Almamya Rue KA 028
En face du restaurant le cèdre
OKB agency BP 3470 Conakry
(00224) 60 20 85 08
harmattanguinee@yahoo.fr
L'HARMATTAN CÔTE D'IVOIRE
M. Etien N'dah Ahmon
Résidence Karl / cité des arts
Abidjan-Cocody 03 BP 1588 Abidjan 03
(00225) 05 77 87 31
L'HARMATTAN MAURITANIE
Espace El Kettab du livre francophone
N° 472 avenue Palais des Congrès
BP 316 Nouakchott
(00222) 63 25 980
L'HARMATTAN CAMEROUN
Immeuble Olympia
Face à la Camair
Yaoundé

501973 - septembre 2012
Achevé d'imprimer par
1livre.com

Made in United States
Orlando, FL
04 November 2026

90202668R00168